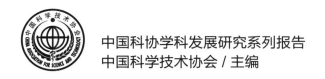

中国科协学科发展研究系列报告

中国科学技术协会 / 主编

2022—2023
农学
学科发展报告
基础农学

中国农学会　编著

中国科学技术出版社
·北　京·

图书在版编目（CIP）数据

2022—2023 农学学科发展报告 . 基础农学 / 中国科学技术协会主编；中国农学会编著 . —北京：中国科学技术出版社，2024.6

（中国科协学科发展研究系列报告）

ISBN 978–7–5236–0699–5

Ⅰ . ① 2… Ⅱ . ①中… ②中… Ⅲ . ①农业科学—学科发展–研究报告—中国–2022–2023 Ⅳ . ① S–12

中国国家版本馆 CIP 数据核字（2024）第 090112 号

策　　划	刘兴平　秦德继
责任编辑	杨　丽
封面设计	北京潜龙
正文设计	中文天地
责任校对	邓雪梅
责任印制	徐　飞

出　　版	中国科学技术出版社
发　　行	中国科学技术出版社有限公司
地　　址	北京市海淀区中关村南大街 16 号
邮　　编	100081
发行电话	010–62173865
传　　真	010–62173081
网　　址	http://www.cspbooks.com.cn

开　　本	787mm×1092mm　1/16
字　　数	289 千字
印　　张	13.5
版　　次	2024 年 6 月第 1 版
印　　次	2024 年 6 月第 1 次印刷
印　　刷	河北鑫兆源印刷有限公司
书　　号	ISBN 978–7–5236–0699–5 / S·793
定　　价	79.00 元

2022—2023
农学学科发展报告：
基础农学

首席科学家	刘　旭　陈剑平　梅旭荣
组　　　长	梅旭荣　莫广刚
副 组 长	（按专题排序）
	陈　阜　周雪平　许世卫　赵立欣　李新海
	廖小军
组　　　员	（按姓氏笔画排序）
	马有志　王　禹　王　勇　王红彦　王宏伟
	王宝宝　王海洋　王筠钠　尹小刚　田儒雅
	任雅欣　刘　杨　刘万学　刘文德　刘连华
	刘佳佳　刘荣志　闫晓静　孙　巍　杨韵龙
	李　奎　李　瑾　李灯华　谷晓峰　张礼生
	张永恩　张春江　张晴雯　张德权　陆宴辉

序

习近平总书记强调，科技创新能够催生新产业、新模式、新动能，是发展新质生产力的核心要素。要求广大科技工作者进一步增强科教兴国强国的抱负，担当起科技创新的重任，加强基础研究和应用基础研究，打好关键核心技术攻坚战，培育发展新质生产力的新动能。当前，新一轮科技革命和产业变革深入发展，全球进入一个创新密集时代。加强基础研究，推动学科发展，从源头和底层解决技术问题，率先在关键性、颠覆性技术方面取得突破，对于掌握未来发展新优势，赢得全球新一轮发展的战略主动权具有重大意义。

中国科协充分发挥全国学会的学术权威性和组织优势，于2006年创设学科发展研究项目，瞄准世界科技前沿和共同关切，汇聚高质量学术资源和高水平学科领域专家，深入开展学科研究，总结学科发展规律，明晰学科发展方向。截至2022年，累计出版学科发展报告296卷，有近千位中国科学院和中国工程院院士、2万多名专家学者参与学科发展研讨，万余位专家执笔撰写学科发展报告。这些报告从重大成果、学术影响、国际合作、人才建设、发展趋势与存在问题等多方面，对学科发展进行总结分析，内容丰富、信息权威，受到国内外科技界的广泛关注，构建了具有重要学术价值、史料价值的成果资料库，为科研管理、教学科研和企业研发提供了重要参考，也得到政府决策部门的高度重视，为推进科技创新做出了积极贡献。

2022年，中国科协组织中国电子学会、中国材料研究学会、中国城市科学研究会、中国航空学会、中国化学会、中国环境科学学会、中国生物工程学会、中国物理学会、中国粮油学会、中国农学会、中国作物学会、中国女医师协会、中国数学会、中国通信学会、中国宇航学会、中国植物保护学会、中国兵工学会、中国抗癌协会、中国有色金属学会、中国制冷学会等全国学会，围绕相关领域编纂了20卷学科发展报告和1卷综合报告。这些报告密切结合国家经济发展需求，聚焦基础学科、新兴学科以及交叉学科，紧盯原创性基础研究，系统、权威、前瞻地总结了相关学科的最新进展、重要成果、创新方法和技术发展。同时，深入分析了学科的发展现状和动态趋势，进行了国际比较，并对学科未来的发展前景进行了展望。

报告付梓之际，衷心感谢参与学科发展研究项目的全国学会以及有关科研、教学单位，感谢所有参与项目研究与编写出版的专家学者。真诚地希望有更多的科技工作者关注学科发展研究，为不断提升研究质量、推动成果充分利用建言献策。

前　言

　　基础农学是基础研究在农业科学领域的应用和体现，在农业科学中具有基础性、前瞻性和主导性作用。基础农学及相关学科的新概念、新理论、新方法是推动农业科技进步和创新的动力，是衡量农业科研水平的重要标志。随着数、理、化、天、地、生等基础科学对农业科学的日益渗透，不断产生新的边缘学科、交叉学科和综合学科，基础农学同农业科技与生产结合得愈加密切，逐步向一体化、集成化和综合化发展。持续开展基础农学学科发展研究，总结、发布基础农学领域最新研究进展，能够为国家农业农村科技和经济社会发展提供重要依据，对农业科研工作者和管理工作者跟踪基础农学学科发展动态、指导农业科学研究具有重要意义。

　　2022 年，中国农学会申请并承担了《2022—2023 农学学科发展报告：基础农学》的编写，在以往 7 轮研究基础上，选择作物栽培与耕作学、植物保护学、农业信息学、农业资源环境学、农业生物技术、农产品贮运与加工学 6 个分支学科领域，总结学科最新发展状况，分析研究热点和重要进展，开展国内外学科发展比较，预测未来发展趋势，并结合农业强国建设提出学科发展建议。

　　按照中国科协统一部署和要求，中国农学会成立了以刘旭院士、陈剑平院士、梅旭荣研究员为首席科学家，梅旭荣、莫广刚为主持人，陈阜、周雪平、许世卫、赵立欣、李新海、廖小军为学科牵头人，52 位专家参加的课题组，针对 6 个分支学科领域展开研究，并由课题主持人同步组织综合研究。研究期间得到了中国科协科学技术创新部、中国农业科学院、中国农业大学等单位的支持，课题组专家倾注了大量精力，高质量完成了综合报告和专题报告。在此，一并致以衷心的感谢。

　　限于时间和水平，本报告某些问题研究和探索尚待深入，敬请读者不吝赐教。

中国农学会

2023 年 12 月

目录
CONTENTS

ABSTRACTS

Comprehensive Report

Reports on Special Topics

综合报告

基础农学学科发展研究

一、引言

基础农学是基础研究在农业科学领域的应用和体现，在我国现代农业科技发展中具有基础性、全局性、战略性作用，是促进农业科学进步的重要支撑。基础农学及相关学科的新概念、新理论、新方法是推动农业科技进步和创新的动力，是衡量农业科研水平的重要标志。随着现代科学技术的迅猛发展，特别是数、理、化、天、地、生等基础科学对农业科学的不断渗透和交叉融合，新的边缘学科、交叉学科和综合学科不断涌现，基础农学同农业科技与生产结合得越来越密切，逐步走向一体化、集成化和综合化。

基础农学学科发展研究是一项长期性、基础性和系统性工作，需要不断地对基础农学的关键科学问题、重要科学方法和重大技术趋势等进行研判和谋划，为我国现代农业科学技术创新发展奠定基础。从 2006 年起，中国农学会在中国科协的长期支持下，组织全国农业科研机构、高等院校的院士和专家教授，选择基础农学一、二级学科的分支领域，开展研究进展、重大成果、国内外比较、发展趋势和展望等的综合分析。截至 2023 年，已经完成的 7 轮 53 个频次的基础农学学科的发展研究情况如下。

2006—2007 年，开展了农业植物学、植物营养学、昆虫病理学、农业微生物学、农业分子生物学与生物技术、农业数学、农业生物物理学、农业气象学、农业生态学、农业信息科学 10 个分支领域的专题研究。

2008—2009 年，开展了作物种质资源学、作物遗传学、作物生物信息学、作物生理学、作物生态学、农业资源学、农业环境学 7 个分支领域的专题研究。

2010—2011 年，开展了农业生物技术、植物营养学、灌溉排水技术、耕作学与农作制度、农业环境学、农业信息学、农产品贮藏与加工技术、农产品质量安全技术、农业资源与区划学 9 个分支领域的专题研究。

2012—2013 年，开展了作物遗传育种、植物营养学、作物栽培、耕作学与农作制度、农业土壤学、农产品贮藏与加工技术、植物病虫害、农产品质量安全技术、农业资源与区划学、农业信息学、农业环境学、灌溉排水技术 12 个分支领域的专题研究。

2014—2015 年，开展了动物生物技术、植物生物技术、微生物生物技术、农业信息技术、农业信息分析、农业信息管理 6 个分支领域的专题研究。

2016—2017 年，开展了农业环境保护、农产品加工、农业耕作制度 3 个分支领域的专题研究。

2018—2019 年，开展了作物种质资源学、作物遗传育种学、作物生理学、农业生态学、农业微生物学、农业生物信息学 6 个分支领域的专题研究。

党的二十大报告指出，加快实施创新驱动发展战略，加快实现高水平科技自立自强，全面推进乡村振兴，坚持农业农村优先发展，加快建设农业强国，全方位夯实粮食安全根基，确保中国人的饭碗牢牢端在自己手中。这就要求农业科技顺应新时代新需求，直面新机遇新挑战，紧盯农业基础科学和前沿技术发展态势，加强农学基础学科研究，增强农业科技竞争力和引领产业发展的能力。因此，在往年 7 轮基础农学学科发展研究的基础上，本次重点选取作物栽培与耕作学、植物保护学、农业信息学、农业资源环境学、农业生物技术、农产品贮运与加工学 6 个分支学科领域，旨在通过总结各学科领域最新发展状况，分析学科研究热点与重要进展，进行国内外学科发展比较研究，预测未来发展趋势，结合农业强国建设，提出加快农学学科发展建议，为农业科学高质量发展提供有力支撑。

作物栽培与耕作学（Crop Cultivation and Farming System）是研究作物高产、稳产、优质、高效生产理论和技术措施的农学重要分支学科，主要包括高效农作制度、作物生长发育及其与环境互作的生理生化机制、作物高产优质高效栽培理论与技术等研究方向。近年来，作物栽培与耕作学在理论建设、技术创新和技术体系构建等方面取得了显著成效，在支撑中国粮、棉、油等农产品生产能力提升，保障国家粮食安全、农民增产增收和区域经济发展中发挥了重要作用。

植物保护学（Plant Protection）指利用多学科知识与手段等综合措施，预防、控制和消除植物病虫草鼠害及其他有害生物对作物生长发育危害的综合性学科，包含植物病理、农业昆虫、农药学、生物防治、杂草、鼠害和生物入侵等重点学科方向。近年来，有害生物功能基因组、有害生物基因编辑与调控等新兴学科，以及雷达昆虫学、昆虫毒理化学、昆虫分子生物学、植物与病原互作组学等交叉学科均获得了长足发展。

农业信息学（Agricultural Information Science）是以农业科学理论为基础，以信息技术为手段，以农业相关活动信息为对象，研究农业信息获取、处理、分析、贮存、传播规律和应用方法的学科。信息已成为和人力、资本、水土资源、农业投入品等同等重要的生产要素。农业信息学涉及农业科学、信息科学、计算机科学、统计学、经济学、管理学等多个领域，是一门新兴交叉学科，主要包括农业信息获取技术、农业信息分析技术和农业信息应用技术等重点方向。

农业资源环境学（Agricultural Resources and Environment）重点研究农业生产与土、水、气、生等农业资源环境要素相互作用规律及其合理配置和高效利用，以尽最大可能提高农业资源环境要素的利用效率，尽可能降低对环境的负面影响。研究方向主要包括耕地资源、水资源、气候资源、生物资源、农业废弃物资源、面源污染防控等重点方向。随着农业信息和生物技术与农业资源环境学交叉融合发展，将赋能未来农业绿色低碳高质量发展和转型升级。

农业生物技术（Agricultural Biotechnology）指运用基因工程、发酵工程、细胞工程、酶工程等生物技术改良动植物及微生物生产性状，培育动植物及微生物新品种，以及生产生物农药、肥料与疫苗等生物制品的技术。研究方向主要包括生物技术基础理论、生物技术创新及生物技术产品开发3个方向。随着基因组学、系统生物学、合成生物学、计算生物学等学科发展，农业生物技术正在重塑国际农业生物产业格局，催生新型产业集群，赋予未来社会经济发展新动能。

农产品贮运与加工学（Storage, Transportation and Processing of Agricultural Products）是以动物、植物和微生物等可食性农产品为对象，研究其在贮藏、运输和加工过程中涉及的物理、化学、生物学等特性和变化，以及其加工产品的营养、安全、风味等品质涉及的科学与技术的学科。研究方向主要包括粮油、果蔬、畜产品、水产品贮运与加工技术和装备等重点方向。农产品初加工本地化、精深加工梯次化、适度加工智能化、质量体系标准化、全链条体系化是本学科未来的发展趋势。

新时代赋予新使命。本次研究的6个基础农学学科结合了当下农业科学研究热点和前沿，是现代农业科学技术发展的基础和支撑。研究过程中，专家组多次召开研讨会，广泛参阅各个领域最新研究成果，征求各个领域专家的意见与建议，由多位专家共同执笔，经反复研讨和修改，形成了6个专题学科发展报告。在此基础上形成综合发展报告。研究报告是广大农业科技人员的集体智慧。由于研究时间短、数据资料收集有限，难免存在不妥之处，恳请读者批评指正。

二、本学科近年的最新研究进展

（一）作物栽培与耕作学

近年来，围绕作物生产丰产、提质、增效、绿色发展新趋势和技术创新需求，作物栽培与耕作学科在挖掘作物高产潜力、提高水肥资源利用效率、作物产量－品质协同提升、精确智慧化栽培耕作技术构建、作物布局配置和农作制度优化等方面取得显著进展。

1.揭示作物高产生理及其分子机制，进一步挖掘作物高产潜力

随着现代植物生理和分子生物学的发展，基于形态、组织、细胞、分子等层面的作

物栽培形态生理生化的基础理论研究成果颇丰，与基因组学、蛋白组学互相渗透，开辟了栽培机理认识与调控新领域。中国农科院作物所周文彬团队鉴定出一种水稻转录因子OsDREB1C，该基因的表达受光照和低氮状态的诱导，能够调控光合能力、氮利用率和开花时间。田间试验发现，OsDREB1C 的过量表达可提高水稻产量 41.3%~68.3%，并且该因子在小麦中的过表达也能提高其生物量和产量。李少昆团队针对玉米增密种植遇到的倒伏、空秆、小穗、早衰等一系列问题，创新了密植栽培、水肥一体化精准调控、机械粒收等关键技术，于 2020 年在新疆奇台农场创造了亩产 1663.25 千克的全国玉米高产纪录，光能利用率高达 2.49%。2020 年以来，我国水稻、小麦、玉米等主要农作物的高产纪录和单产水平不断被刷新，全国已有多地水稻亩产突破 1100 千克，平均单产稳定在 460 千克 / 亩 [①]；小麦亩产突破 820 千克，平均单产稳定在 380 千克 / 亩；玉米亩产突破 1500 千克，平均单产稳定在 430 千克 / 亩。

2. 不断深化作物 – 环境 – 栽培措施的互作机制解析，推动作物优质丰产绿色栽培技术创新

从优化作物群体生育动态、产量与品质形成调控机理等角度，探索大田作物高产、水肥高效利用和品质提升的生育生理生态特征及其精准调控技术，针对不同区域作物提出旨在协同提升产量、品质与资源利用的品种 – 环境 – 栽培措施一体化调控技术与途径，创建适合不同区域特点作物的丰产、高效、优质、绿色栽培技术模式。在水稻栽培方面，创建了毯苗、钵苗、机插"三协调"高产优质栽培技术新模式，多苗稀植、精准施肥、少水灌溉、适时早收等香稻增香增产关键栽培技术，东北寒地水稻机直播技术体系等，其中 1 项成果获 2020 年国家科技进步奖二等奖，5 项技术入选农业农村部十大引领性技术。针对制约小麦加工品质、产量和资源利用协同提升的关键问题，从群体、个体、生理、分子等方面深入揭示小麦碳氮物质合成、积累、转运机制及其与产量、品质和资源利用的关系，明确小麦加工品质（淀粉品质、蛋白质品质）和营养品质（氨基酸和微量营养素）的关键主控因子、提升途径及关键技术，创建不同区域小麦优质高产高效协同的栽培技术体系。冬小麦"节水、省肥、高产、简化"四统一栽培技术为破解华北地区水资源匮乏、地下水超采做出了重要贡献，2020 年被农业农村部遴选为"十三五"农业科技十大标志性成果之一。针对玉米生产，以增强专用性、促进籽粒均衡发育、提高灌浆速率、提升粒重与容重、降低收获期水分含量和霉变率为核心，构建起不同区域品种 – 环境 – 栽培措施一体化的产量品质与资源利用协同提升技术途径及优质专用栽培技术模式。

3. 作物生产农机农艺深度融合和智慧农作技术水平不断提升，推动作物生产转型发展

作物生产的全程机械化不仅需要农机装备智能化水平提升，而且对配套的作物栽培耕作技术创新提出新要求，这是现代作物生产转型迫切需要解决的问题。近年来，在耐密

---

① 亩：中国市制土地面积单位，1 亩 ≈ 666.67 平方米。

高产宜机收品种筛选、种管收关键环节技术优化、配套栽培耕作技术集成，以及体现数字化、智慧化、无人化的作物智慧农作模式的示范应用等方面都取得了重要进展。以玉米为例，通过解析高产宜机收玉米品种穗－秆－粒生物学特性和穗－秆－粒特性对增密的响应特征，建立了以"以熟期换水分，以密度换产量"为核心的品种筛选策略和通用性指标。在玉米主产区的 16 省 51 个点开展了高产耐密宜机收品种筛选共性联网试验，完善了玉米主产区品种生态适应性布局，建立了品种生态适应性评价标准与区域布局体系共 27 套，创新了高通量低损摘穗、低破碎脱粒、高效清选机械化收获技术 3 套，玉米机械化籽粒收获技术连续 3 年（2018—2020 年）入选农业农村部重大引领性技术。我国在作物智慧农作技术研发和"无人农场"构建方面也取得了显著进展，在作物生长与生产力动态监测预测技术、作物生长定量诊断与动态调控技术，以及面向多尺度应用的作物生长监测诊断设备等领域不断取得创新和突破，已经在长江中下游、黄淮海、东北三大粮食主产区进行了应用示范。在作物管理处方设计、智能推送技术与可支持变量投入的作物管理决策与评估系统方面的技术越来越丰富，基于农艺农机信息融合的作物生产精确作业装备和系统开发也不断创新，有力支撑了作物精确栽培技术体系构建。

4. 兼顾产能提升和生态效益的新型多熟种植得到发展，推动现代多熟制发展

以复种、间套作、再生作和多年生种植为主体的多熟制，实现了作物从时间和空间上的集约化生产，能够充分利用光热与土地资源、协调粮经饲作物生产，对保障我国粮食安全、生态安全和农民增收作用显著。四川农业大学等单位研发的"玉米－大豆带状复合种植理论与技术"成果，构建了"选配品种、扩间增光、缩株保密"的核心技术和"减量一体化施肥、化控抗倒、绿色防控"配套技术，对缓解我国玉米大豆争地矛盾做出积极贡献，2022 年和 2023 年均被写入中央一号文件，在全国 16 个省推广 1500 万亩以上。华中农业大学等单位研发的"机收再生稻丰产优质高效栽培技术模式"，创建了再生稻品种优选、肥水协同管理、机收减损等关键技术，周年产量超过 1000 千克 / 亩，高产和经济效益显著，推动了我国再生稻面积从 2017 年的 1100 多万亩增加到目前 2000 万亩左右。云南大学胡凤益团队利用长雄野生稻和亚洲栽培稻杂交，把长雄野生稻地下茎无性繁殖特性转移到栽培稻中，成功创制了多年生稻，入选《科学》杂志 2022 年度十大科技突破。多年生稻对劳动力和劳动强度的要求小，有益梯田修复保护，具有广泛的应用前景。中国农业大学等单位完成的"多熟农作制丰产增效关键技术与集成应用"成果，针对南方双季稻三熟区稻田多熟制、长江中下游麦－稻两熟制、黄淮海平原建立麦－玉两熟制、西南丘陵避旱减灾多熟制、华南粮菜轮作多熟制的模式优化与技术研发方面取得进展，有效集成保护性耕作、水肥资源高效利用、轻型栽培耕作及全程机械化等技术，推动用养结合、粮经饲协调和增产增效。

5. 探索气候韧性与低碳农作技术，构建抗逆丰产和绿色栽培技术体系

发展气候韧性和低碳绿色农作制度是我国农业绿色转型发展的必然选择。2014—

2020 年，农业农村部与世界银行共同实施了"气候智慧型主要粮食作物生产项目"，分别在安徽和河南建立了小麦 – 玉米、小麦 – 水稻示范区，开展作物生产减排增碳技术集成示范、配套政策的创新与应用、公众知识拓展与能力提升等活动，提高化肥、农药、灌溉水等投入品的利用效率和农机作业效率，减少作物系统碳排放，增加农田土壤碳储量。项目成果入选 2021 年联合国气候变化峰会全球"基于自然的解决方案"32 个最佳案例，发表于 2022 年联合国粮农组织官方出版物 *Climate-Smart Agriculture in China—from Policy to Investment* (《中国气候智慧型农业——从政策到投资》)。"十三五"期间国家重点研发计划"粮食丰产增效科技创新"专项分别设立水稻、小麦和玉米应对气候变化技术研发与示范项目，明确了影响各区域主粮作物生产的主要气候要素及其变化特征，作物生育、产量、品质对关键气候因子响应机制，构建了不同气候变化情景对作物生产影响的评估模型。在栽培耕作应对技术上，提出了通过品种筛选、种植方式与播期调整、水肥优化管理、保护性耕作、生长调节剂应用等实现抗逆稳产和丰产优质的栽培技术途径。

6. 完成基于大数据平台的耕作制度新区划，为农业产业布局及种植结构调整提供科学依据

鉴于近 30 年我国气候资源、生产要素、品种与栽培技术及作物种植结构都发生了较大变化，传统耕作制度区划已无法准确反映当前种植制度与养地制度特征，中国农业大学等单位在"十三五"国家重点研发计划项目支持下更新了我国耕作制度区划方案。新区划基于 1980—2015 年县域单元的作物生产与资源要素空间数据库，在分析资源与作物生产匹配特征及其变化动态基础上，综合应用遥感、GIS、模型模拟与专家评价等方法重新界定了我国耕作制度的熟制界限和区域划分。新的耕作制度区划清晰地体现了气候变化、品种更替及栽培耕作技术进步对我国作物生产的深刻影响，更新了一熟制、二熟制、三熟制界限指标及耕作制度大区与亚区范围，该成果在第三次全国土地资源调查相关地力及产量潜力评价中发挥了重要作用。

（二）植物保护学

植物保护科学发展已进入复杂性研究的新领域，与生物学、生态学、数学、物理学、化学、生物信息学、组学、材料学等学科深度交叉融合，提出了许多新概念和新研究领域。近年来我国植物保护学科通过多学科联合攻关，取得了大量高水平原创性研究成果。

1. 构建草地贪夜蛾监测预警与可持续控制体系，保障我国农业生物安全

草地贪夜蛾于 2018 年 12 月入侵我国，针对草地贪夜蛾灾变规律不明确、防控手段缺乏的状况，开展了草地贪夜蛾的致灾机制、监测预警和综合防控技术研究，明确了草地贪夜蛾的发生规律、寄主植物范围和致灾机理；阐明了草地贪夜蛾在我国的越冬区域与虫源区域，揭示了其远距离迁飞轨迹，建立了草地贪夜蛾监测预警技术；明确了我国草地贪夜蛾的优势寄生性天敌和病原微生物类群，结合生态调控技术保护和利用自然天敌控制草地贪夜蛾；建立草地贪夜蛾优势天敌的大量繁殖技术、微生物农药的生产技术和田间应用技术；筛选鉴定普通玉米抗虫资源和高效毒杀草地贪夜蛾的苏云金芽孢杆菌（Bt）基因资源，通过转基因技术创制抗草地贪夜蛾玉米新材料。创制 Bt 工程菌 G033A 可湿性粉剂并于 2020 年 11 月 25 日获农业农村部批准扩作登记，用于草地贪夜蛾的防治。研发微型颗粒剂造粒工艺和施用技术，该项技术将成为植保无人机应用发展的一个重要方向。创制了蠋蝽、夜蛾黑卵蜂等天敌昆虫新产品。在此基础上建立的以新型生物农药、种衣剂和植保无人机撒施微型颗粒剂施用技术为主，结合高效低毒化学农药 12% 甲维·茚虫威水乳剂应急防控为辅的区域性草地贪夜蛾全程综合防控技术体系，精准、及时、有效地控制草地贪夜蛾为害，施药次数减少 2~3 次，防控效果达到 90% 以上。这一综合防控技术体系荣获 2021 年农业农村部重大引领性技术。

2. 发掘及利用植物抗病及感病基因，开启病虫抗性治理新局面

植物抗病及感病基因发掘与利用成为植物保护学重要研究领域之一。研究揭示了植物 ZAR1 抗病小体作为 Ca^{2+} 离子通道，激活植物免疫反应和细胞死亡的机制，为设计抗广谱、持久的新型抗病蛋白奠定了基础。针对 3000 多种不同水稻品种的基因序列分析发现，ROD1 单个氨基酸的改变可以影响其抗性和地理分布，说明作物抗病性受地域起源的选择，丰富了作物驯化的理论基础；发现 ROD1 的功能在禾谷类作物中是保守的，通过编辑或操纵这类新的感病基因，有望实现广谱抗病。克隆了水稻中一个广谱抗病类病斑突变体基因 RBL1，并通过基因编辑创制了增强作物广谱抗病性且稳产的新基因 RBL1Δ12，该基因在作物中高度保守，与传统抗病基因相比，可打破物种界限、普适性更强，具有巨大抗病育种应用潜力。首次鉴定到小麦中被病原菌效应子 PsSpg1 劫持的感病基因 TaPsIPK1（胞质类受体蛋白激酶），TaPsIPK1 负调控小麦的基础免疫，能够被条锈菌分泌的毒性蛋白 PsSpg1 劫持，从细胞质膜释放进入细胞核，在细胞核操纵转录因子 TaCBF1，抑制抗性相关基因的转录；增强 TaPsIPK1 的转录水平，放大 TaPsIPK1 介导的感病效应，促进小麦感病；利用基因编辑技术精准敲除该感病基因，破坏毒性蛋白和感病基因的识别和互作，可实现对小麦条锈病的广谱抗性。阐明了小麦新型 mlo 突变体兼具抗病性与高产的分子机制，并利用基因组编辑技术快速获得具有广谱抗白粉病且高产的小麦优异新品系。鉴定了玉米中一个新的感病基因 ZmNANMT，编辑该基因提高了玉米对多种病害的广谱抗性，且不影响玉米的重要农艺性状。

3. 杂草危害机制和防控技术持续深入，缓解我国抗性杂草严峻压力

采用重测序技术，将全球稻田稗属杂草分为 *E. crus-galli*、*E. oryzicola*、*E. walteri* 和 *E. colona* 四个种，*var. crus-galli*、*var. crus-pavonis*、*var. praticola*、*var. oryzoides* 和 *var. esculenta* 五个变种，揭示了稗属杂草系统发生及其环境适应演化机制。研究了千金子的染色体级参考基因组和基因变异图，明确了千金子基因组由两个 1090 万年前分化的二倍体祖细胞组成，通过转录组分析证明四倍体化在千金子抗除草剂基因来源的重要贡献，为深入了解千

金子的抗药性及适应性进化提供了参考。分析了采自我国麦田 192 份节节麦材料的遗传多样性，发现我国节节麦具有较高的遗传多样性，主要分为黄河流域东部亚群、黄河流域西部亚群，以及部分山东、河北、河南和陕西节节麦种群组成的混合群体，对明确我国麦田节节麦传播扩散路线和制定节节麦综合防控策略提供新思路。首次在抗五氟磺草胺的稗草中发现了靶标基因 ALS 发生 Phe-206-Leu 突变；在抗噻吩磺隆的反枝苋中发现了 Gly-654-Tyr 突变，该突变可导致其对五大类乙酰乳酸合成酶（ALS）抑制剂产生交互抗性；从中国和马来西亚的抗草铵膦种群中鉴定到一个胞质型 EiGS1-1 蛋白发生 Ser-59-Gly 突变，间接地通过影响重要残基的空间构象促进草铵膦抗性种群的进化；在抗草甘膦的稗中发现了转运蛋白 EcABCC8 可在质膜上将进入膜内的草甘膦转运至膜外，从而减少草甘膦对植株的伤害；在多抗五氟磺草胺和氰氟草酯的稗中发现 CYP81A68 基因高水平表达。揭示了杂草种子长期适应在稻田生态系统的灌溉水流的传播规律，基于"断源""截流""竭库"生态学理念，降低直至耗竭种子库来减轻或免除草害；建立了稻田杂草群落消减控草技术，可使杂草种子库规模下降 51%，稻 - 麦两季的杂草发生量显著下降 53%。在科学运用基于杂草发生程度和抗性水平的监测数据基础上，基本实现麦田杂草防治策略精准、防治药剂精准和施药时间精准。上述两项技术分别入选 2021 年和 2022 年农业农村部主推技术。

4. 原创性农药分子靶标发现取得新突破，开创我国农药研发新高度

原创性分子靶标发现是 2021 年中国工程院和中国科学院发布的农业领域的卡脖子问题之一。通过解析大豆疫霉几丁质合成酶 PsChs1 的冷冻电镜结构，阐明了几丁质生物合成的机制，从而为针对几丁质合成酶的新型绿色农药精准设计奠定了基础；几丁质合成机制在病虫害中的保守性使得几丁质合成酶作为绿色农药分子靶标具有重要意义，此研究成果具有里程碑意义，标志着中国农药研发水平提升到了基础理论原始创新的高度。解析了细胞膜受体蛋白 RXEG1 识别病原菌核心致病因子 XEG1 激活植物免疫的作用机制，为开发绿色新型植物免疫激活剂奠定核心理论基础。RNA 生物农药被称为"农药史上的第三次革命"。 通过严谨的生信分析和筛选验证，成功获得两个靶向疫霉关键生理基因的 dsRNA 片段，并创造性地研制了聚乙二醇二胺功能化的碳点纳米颗粒（CDs），精准组装了 dsRNA-CDs 纳米复合物；首次系统研究了 CDs 功能纳米材料负载 dsRNA 抑制多种作物疫病的特异性、高效性、稳定性和协同增效作用，阐明了疫霉吸收 dsRNA-CDs 复合物的转运机制，提示了 RNA 杀菌剂可以少量高效地实现抗性治理的应用前景；发现根际微生物种间 RNAi，创建了微生物诱导的基因沉默（microbe-induced gene silencing，MIGS）的全新的作物病害防控技术；利用有益真菌哈茨木霉创制 RNAi 工程菌，开发了"sRNA 抗菌剂"微生物制剂，有效抑制了棉花和水稻的土传真菌病害。

5. 空地一体化精准施药技术迅速发展，推动我国进入智慧植保新时代

随着我国航空植保技术的发展，植保无人飞机已成为我国病虫害快速、高效防治的主要作业模式之一，截至 2022 年，我国植保无人飞机保有量达 15.75 万架，防治面积达

16.8 亿亩次。植保无人飞机保有量和防治面积均居世界第一。目前我国已经初步建成从地面到低空立体化的施药技术体系。植保无人飞机施药技术研究主要包括飞行轨迹规划技术、喷雾系统技术、传感器技术、控制系统技术、安全保障技术、数据处理和分析技术及智能化技术等。飞行轨迹规划技术是植保无人飞机施药技术的核心，它能够根据农田作物的分布情况、风向、风速和地形等因素确定最优的飞行轨迹，实现精准施药。喷雾系统技术则能够实现高效、均匀、精准的喷雾效果，为植保施药提供了重要支持。传感器技术能够实现对农田的高精度测量、作物生长状态的监测、病虫害的识别等功能，为施药提供科学依据。控制系统技术能够实现对飞机的自动控制，实现精准施药。安全保障技术则能够确保施药的安全性和有效性。数据处理和分析技术能够实现对施药数据的采集、处理和分析，为精准施药提供科学依据和决策支持。智能化技术则能够实现对作物的智能分析和识别，为精准施药提供更加科学的依据。植保无人飞机除了广泛应用于小麦、玉米、水稻和棉花等大田作物，还逐步向经济作物、果树等扩展应用。其在作物有害生物高效、精准防控方面的成果有效补足了我国智慧农业发展的短板，推动我国进入智慧植保新时代。

（三）农业信息学

近年来，我国农业信息学科发展迅速，在基础理论、技术研发和装备应用等方面取得了一系列重要进展，信息获取手段不断创新，信息分析模型取得新的进展，应用场景不断拓展，有力支撑了农业现代化发展。

1. 农业信息获取手段不断创新，提高了采集效率和准确性，为农业决策提供重要保障

智能搜索引擎为农业信息获取提供了快速通道，神经网络算法为智能搜索引擎提供了技术支撑。神经网络和深度学习等技术为实时化、自动化、智能化处理大规模数字资源并实现深度挖掘与分析提供了工具支撑。基于网络爬虫技术的农业垂直搜索引擎为农业信息高效检索和获取提供了快捷方式。

天－空－地一体化遥感信息获取技术积累了海量农业遥感数据。我国遥感卫星实现了从"有"到"好"的发展，形成了遥感卫星多谱段、多模式的观测能力。基于无人机的遥感监测技术逐步成熟，在精准农业生产、作物表型辅助育种、农业资源调查和灾害监测评估等方面得到了良好应用。

新型农业专用传感器研发取得重大突破。我国农业领域专用传感器的研发取得较大突破，部分实现国产化。"智嗅"系列农业气体传感器打破了欧美国家技术产品垄断。便携式拉曼光谱仪实现了水稻氮、磷、钾的缺失症状的诊断及中高盐胁迫症状的预诊断。SmartSoil 系列土壤成分快速检测系统首次实现了土壤主要养分、重金属、微量元素三大类 38 个指标的田间现场测量，检测时间由实验室标准方法的数天缩短至 10 分钟以内，是全球第一台可以在田间对多种土壤成分进行测量的仪器。

车载传感器成为农机智能作业的重要支撑。利用物理、化学、生物学等原理和技术来获取农业机械状况数据，对农机工况、农机作业状态等进行感知，实现农机自动导航、作业过程实时监测、运行自适应调控及变量作业，是实现农机智能化作业的重要支撑。以激光传感器为信号捕获源，采用单片机作为主控制器，将传感器安装在导种管底端，实现对播种量、合格率、漏播率、重播率等参数的实时在线监控。

机器视觉技术不断加速农业智慧化、数字化转型。机器视觉通过采集器和传感器获取图像，根据需求对图像进行处理分析，基于获取的目标所需的信息和特征进行判断或控制设备动作。机器视觉为实现无人自主作业、信息自动获取、全天候实时监测等农业需求提供了技术支撑，已广泛应用到病虫草害监测、畜牧个体识别和体尺测量估重、产品品质检测分级、农业机器人等智慧农业领域。

2. 农业信息分析模型取得重要进展，为提高农业生产效率提供有力支撑

作物生长模型研究在生长机理模拟、大数据建模、遥感综合建模、指导实践生产应用等方面取得进展。研发了由参数数据库、模拟模型、优化模型和决策系统四部分组成的 CCSODS 系列模型，可以直接指导作物生产；研建了小麦、玉米及连作模拟模型，构建了基于 Agent 的"作物－环境－管理措施"数字化模拟系统，实现了作物生长过程形态三维可视化表达；构建了以 WOFOST、ORYZA2000、WheatSM、ChinaAgroy 4 个作物模型为核心的中国作物生长监测系统 CGMS-China，可提供作物长势实时监测与评估、作物产量预报、农业气象灾害影响评估等农业气象业务产品。畜禽生长模型目前在畜禽生长发育模型、畜禽行为监测模型、畜禽个体精准识别模型、畜禽智能称重等方面取得重要进展。研发了基于"个体－环境－营养－健康"等生猪养殖全过程多元异构大数据融合技术，所创制的智能化猪场数字化管控平台可实现猪只全生产周期的远程化管理、精细化生产及可视化决策；研建了基于姿态与时序特征的猪只行为识别方法、基于立体视觉技术的生猪体质量估测模型等；利用机器和计算机监视水下生物的生长，提出养殖相关决策，实现自动化养殖；开发了主要依靠机器视觉的方法对鱼种类进行识别的模型技术，提出了基于深度学习的鱼类目标检测方法，利用 BP 神经网络方法建立了池塘养殖疾病诊断模型，利用计算机视觉、红外光谱等方法完成了对鱼类摄食行为监测和投喂自动控制的研究。

在农业监测预警技术方面，在生产环节集成创新了土壤、气象、动植物生命信息等各大类几十种系列化传感产品，研制了一批作物－环境信息快速监测设备、畜禽生长监测设备、水产养殖监测设备；在市场环节研发了市场全息信息即时获取关键技术，研发了农产品市场信息采集设备"农信采"；研建了农业信息监测预警大数据资源库，建成了资源、生产、流通、市场、贸易等 8 个方面的数据资源集群，建立了农产品产量自适应估测、消费量关联分析、价格智能仿真预测模型等核心算法，创建了"因素分类解耦、参数转用适配"的农产品多品种集群建模技术，建立了主要农产品生产、消费、价格多场景预警阈值表，具备自适应预警判别和对标触发能力，首创了中国农产品监测预警系统 CAMES，支持定期召开中国农业展望大会，发布了 18 种主要农产品生产量、消费量、贸易量等未来 10

年展望定量信息，实现了中国农产品预测性信息由国外主导向中国自主发布的历史性转变。

人工智能技术不断发展并在农业领域得到了广泛应用。研发了基于深度学习长短时记忆神经网络的多种农产品供需预测模型，平均预测准确率提升；利用机器学习模型直接预测植物根部从土壤中吸收累积农药等有机污染物的量，为农产品在产地环境化学污染的预测提供了新的工具和手段；将人工智能、大数据、智能装备等技术与分子设计育种、基因编辑、合成生物学深度融合，相继研发了高通量数字植物成像技术与性状演绎技术、高通量表型获取平台。农业机器人的研究和应用逐渐渗透到种植、养殖产业各个生产应用场景。室外高精度定位导航、轨迹规划、机器视觉、智能控制等技术逐渐成熟，为农业机器人大田作业场景落地提供了技术支撑；在工厂化育苗、水产和畜牧养殖等领域较早开展了移栽、水肥一体化、环境控制、个性化饲喂、挤奶机器人等的研发与应用。当前，农业机器人研究进入多学科交叉融合高技术整体驱动的新时期，人工智能技术工程化趋于成熟并进入复杂农业场景，表型机器人、田间作物巡检机器人、果蔬采摘机器人等实现了示范应用。

3. 农业信息技术得到广泛应用，助力实现农业现代化

农业机器人关键技术发展与应用催生了一批无人化农场。物联网、大数据、人工智能和智能农业装备等技术产品的使用，可实现农场状态数字化监测、智能信息感知、自动导航控制、装备智能作业和智能决策。水稻无人农场、智慧大田种植场景下的生态无人农场等模式已经基本成熟。湖南长沙、安徽芜湖、黑龙江建三江等地开展了无人化或少人化农场建设。

以植物工厂为代表的设施工厂化生产得到广泛应用。设施工厂化生产实现了作物生长环境和作物本体自动监测、环境远程调控、水肥药精准管理、智能植保、自动收获等。目前，中国已掌握植物工厂的五大核心技术，成为少数几个完全掌握植物工厂核心技术的国家之一。其中，在 LED 人工光源技术领域的研究取得重大突破，研究成果处于全球领先地位。

畜牧业智慧化转型取得阶段性重大成效。智慧牧场管理平台、动物个体识别、智能饲喂系统、自动配料控制系统、疫病监测预警系统、智能分群系统、智能耳标和脚环等设备在规模养殖场得到广泛应用，多地开展了智慧牧场、无人牧场示范基地建设。

农产品智慧冷链物流有效保障食品安全。我国研发了"冷鲜肉精准保鲜数字物流关键技术"，研创了仓储物流数字化监控、数字立体冷库、品质数字监测等精准物流关键技术设备，补齐冷鲜肉物流设备自控精度低、温度波动大、能耗高的短板，整体技术处于国际领先水平。

农业智能知识服务为农业生产提供智能决策支撑。中国农技推广信息平台可提供农技互动式人工智能问答云、农技服务工作轨迹云、农业生产智能管控云、农情立体化监测云、在线直播会商云、社会化服务云、区域产业应用云 7 类服务。平台覆盖全国 2845 个县（农场 / 垦区），承载国内 5 万名农业专家、50 万名基层农技人员和 1045 万个农业龙

头企业 / 生产经营主体 / 种养大户 / 种养能手。

农作物数字化育种技术大大提高了育种效率。作物表型高通量获取平台、作物籽粒及果穗自动化考种系统等技术产品与装备，实现了作物表型数据的自动化、高通量、连续获取和基于多传感器的作物表型指标智能解析。在商业化育种方面，金种子育种云平台、百奥云数字育种服务平台、华智育种管家等商业化育种软件和数据平台相继上线运行服务。

（四）农业资源环境学

近年来，我国在土壤培肥与退化耕地修复、雨水高效利用和智慧灌溉、丰产增效与绿色低碳协同发展、农业废弃物高值转化利用及全过程全链条面源污染等方面取得显著进展，为保障粮食安全和改善农业农村生态环境提供了强有力的技术支撑，加快推进了农业发展全面绿色转型升级。

1. 推进耕地土壤培肥改良与退化耕地治理修复，全方位夯实耕地质量提升

近年来，标准农田和绿色农田建设在全国大范围推进，以土壤改良培肥、节水节肥节药、废弃物循环利用等农业绿色生产技术为代表的耕地质量提升行动稳步推进，全方位夯实粮食安全根基。"我国典型红壤区农田酸化特征及防治关键技术构建与应用"研究探明了红壤酸化的时空演变特征，揭示了化学氮肥硝化、硝酸盐淋失、氢铝离子富集的土壤酸化机制，并创建"降、阻、控"酸化防治关键技术、石灰物质精准施用快速降酸技术、有机肥替代阻酸技术、氮肥减施控酸技术，集成创新了不同酸化程度红壤农田防治的综合技术模式。黑土耕地质量提升"四位一体"技术：针对质量等级高、有机质丰富的耕地，创建了以秸秆全量深翻还田为核心的高等地保育技术模式；针对有机质含量低、耕层变薄和养分缺乏的中等耕地，确保有机质提升和耕层增厚的基础上，创建了秸秆全量还田、配施堆沤有机肥为核心耕地质量提升模式；针对存在障碍因子的低等耕地，创建了以保护性耕作、工程和农艺措施相结合为核心的土壤改良技术模式；针对长期地膜覆盖导致地力消耗过度的耕地，提出了"有机无机肥配施、地膜覆盖、残膜回收、深耕整地"土壤肥力恢复技术模式；提出了"农户 + 农场 + 合作社"与"定位 + 配方 + 展示"的"三维三位"的推广模式。

2. 突破旱地雨水高效利用和智慧灌溉技术，为粮食生产提供稳定可靠的水资源安全保障

突破了作物节水调质灌溉、农田精量高效灌溉、灌区高效输配水、旱地雨水高效利用等关键技术，研制了一批耐用、可靠、经济的节水灌溉产品或设备、灌区输配水装备和绿色集雨保墒抗旱产品，通过智慧云平台和智慧系统解决方案发展了精准化智慧灌溉。应用新一代信息技术赋能灌溉工程，以数据知识为基础、模型算法为核心、装备产品和系统平台为载体，通过灌溉全过程全环节数字化、网络化和智能化，实现节水、高效、高产、优质协同。在旱作节水技术与模式方面，"北方旱地农田抗旱适水种植技术及应用"项目针对旱地作物需水与降水匹配难、降水有效性低、蓄水保水性能差等问题，在系统揭示我国旱地农业若干重大基础规律基础上，突破了集雨、蓄水、保墒、提效等旱作农业共性关键技术，形成了旱地主要作物抗旱适水技术体系，集成创建半湿润偏旱、半干旱、半干旱偏旱和西南季节性干旱区等不同类型区综合技术体系与典型模式，为实施国家旱地农业规划和旱作节水示范提供了重要科学依据与关键技术支撑。在先进的节水灌溉技术与装备产品的推广应用下，灌溉水利用系数达到 0.572，降水利用率达到 0.63，作物水分利用效率为 1.2 千克 / 立方米，为我国粮食生产提供了稳定可靠的水资源安全保障。

3. 深化农业生产应对气候变化的适应机制解析，协同推进丰产增效与绿色低碳发展

围绕气候变化与我国粮食作物生产之间关系，以"农学机理 – 影响评估 – 适应途径"为主线，在作物应对气候变化与适应、绿色低碳减排等方面开展了科学研究。基于气候变化对我国粮食作物生产的影响与适应机制方面的研究，阐明了气候 – 作物 – 管理交互作用机理，为准确开展气候变化影响评估和适应途径分析提供了科学依据。揭示了气候变化对粮食作物生产的影响程度和过程，为区域作物生产适应气候变化提供了方向参考。在农业碳排放评估和绿色低碳减排方面，发展了碳排放监测网络和减排固碳核算评价体系，形成了涵盖种植业减排固碳、畜牧业减污降碳、渔业减排增汇和农村可再生能源替代等重点领域的农业农村减排固碳十大技术模式，基本建立了农业农村绿色低碳转型的战略、政策和技术体系。中国农业科学院首次发布了《2023 中国农业农村低碳发展报告》，剖析了当前我国农业农村低碳发展面临的主要问题和挑战，提出要全面贯彻落实《农业农村减排固碳实施方案》，报告的发布支撑了政府决策，为建设农业强国、全面推进乡村振兴提供了强有力的科技支撑。

4. 创新农业废弃物资源化和高值转化技术和产品，为绿色循环全新产业链持续发展提供科技支撑

在"双碳"政策背景下，基于微生物强化的农业废弃物高效转化及产品创新与应用、农林废弃物高效连续热解炭化关键技术、农废和生物调控的土壤修复技术等农业废弃物资源化与高值化利用技术的研发，创新了农林废弃物资源化利用及环境污染治理新途径，对促进生态文明建设，保障国家资源安全具有重要意义。"典型农林废弃物快速热解创制腐植酸环境材料及其应用"研究，首创农林废弃物自混合下行循环床快速热解成套技术，破解了油中控灰、产品高含水、异重流化与返料、钾离子导致结焦死床等生物质热解工程等难题，在国际上首次实现了农林废弃物制高纯高活性生物腐植酸的工业化。将生物腐植酸通过可控化交联聚合创制系列高值靶向腐植酸环境材料，在国际上首次实现了污染退化土壤的可持续修复，为重金属污染土壤、盐碱化和沙化等退化土壤修复的绿色循环全新产业链持续发展提供科技支撑。研制多功能一体化微生物肥料产品，创建了功能微生物驱动的耕地质量提升新模式，提升了农业废弃物资源化效率及产品价值。创制了全生物降解地膜评价技术体系，提出了全生物降解地膜应用评价"五性一配套"评价技术规范，创建了不同区域主要覆膜栽培作物全生物降解地膜替代技术规程，有效解决了农业生产与地膜残留污染防控的技术难题。

5. 创新集成全过程全链条面源污染防控技术，推动农牧生产和环境保护协同发展

从粮食安全、资源高效利用和生态环境保护的多目标多角度协同创新等，构建种植业全过程全链条、生态种养结合和流域农业面源污染分区协同防控的面源污染防控技术体系。在种植业面源污染减拦净化全过程防控方面，以农田化肥氮磷合理减量为源控突破点，以农田排水安全循环利用为流域末端控制突破口，实施全过程多节点的联控联防，实现了农田面源污染的流域防控。研发了稻田退水"零直排"技术，构建了全域管控、技术赋能、全要素投入的稻田面源污染"田－沟－河－圩"全过程全链条系统治理模式，在浙江省平湖市实现稻田退水"零直排"全域应用；农业农村部农业主推技术"稻田氮磷流失田沟塘协同防控技术"的应用推广，可以充分发挥稻田－沟－塘系统全过程的调蓄净化能力，提高氮磷和水资源利用效率，有效减少稻作区氮磷流失。在生态种养和废弃物资源循环利用方面，跨界融合的"稻渔生态种养关键技术创新与应用""种养废弃物资源循环利用关键技术研发与应用"等技术，形成了基于污染物减控的种养结合和废弃物循环利用技术体系，推进了种养结合产业循环畅通。针对云贵高原、南方丘陵山区和南方平原水网区农业面源污染流失的差异性，突破污染治理与资源利用结合的关键技术，创新性地提出大理模式、兴山模式和宜兴模式的"流域农业面源污染分区协同防控"技术，有力支撑了流域面源污染分区分类的全过程全链精准防控。

（五）农业生物技术

农业生物技术已成为重构全球生物育种创新版图和重塑世界种业新格局的革命性技术。近年来，我国农业生物技术初步形成了"自主基因、自主技术、自主品种"的发展格局，已进入世界第一方阵。

1. 农业生物技术理论取得系列突破，支撑生物育种创新的能力不断加强

我国已对约 17000 份水稻、小麦、玉米、大豆、棉花、油菜、蔬菜等种质资源的重要性状进行精准表型鉴定评价，发掘出一批作物育种急需的优异种质。随着高效低成本测序技术的发展及国内外科学家的努力，目前多种重要农业生物如水稻、小麦、玉米、大豆、油菜、棉花、马铃薯、黄瓜、番茄、西瓜、猪、牛、羊及农业微生物的代表性基因组已完成组装，再测序或重测序工作正飞速发展。如今，已经有超过 40 份水稻、超过 45 份玉米、超过 10 份小麦、超过 30 份大豆种质的完整基因组完成组装。此外，已有超过 3000 份水稻、超过 7000 份玉米、超过 500 份小麦、超过 3000 份大豆种质完成了重测序的分析，为后续相关作物的基因发掘和设计育种奠定了坚实基础。

育种性状形成基础研究更加系统和深入，推动了主要农业生物重要基因资源和育种元件挖掘、性状形成的遗传基础和分子调控网络解析等研究的不断发展。如今，我国科学家已克隆并功能解析了水稻、玉米、小麦、大豆等主要农作物产量、生育期、株型、品质、抗病、抗虫、抗逆（耐盐、抗旱和耐低温等）、养分高效利用（氮磷肥等）、育性、遗传转化调控、细胞全能性与器官发育等复杂性状，主要畜禽生长性能（体重、料重比）、产肉性能（出肉率、胴体率）、品质性状（肌内脂肪含量、脂肪酸）、抗逆抗病性状（成活率、抗体总量）等形成的重要基因，解析了相关性状的遗传调控网络。

重要农业生物品种或性状形成演化的遗传基础研究越来越深入，相继阐析了水稻、小麦、玉米、大豆等主要农作物的基因组结构变异、染色体重组特征、基因组选择与驯化机制、育种演化规律、类群分化规律、倍性演化机制、核心种质基因组变异与形成规律、基因同源重组等遗传基础，并开展了农业生物复杂基因组和重要性状形成演化的遗传基础研究，不断创新发展现代动植物分子育种理论。

2. 农业生物技术方法原始创新取得系列突破，推动新一轮技术变革发展

表型组、智能设计等新型育种技术不断涌现，并表现出巨大的应用潜力。表型组学技术的应用正使种质资源和育种材料的重要性状表型鉴定实现规模化、高效化、个性化和精准化。表型组技术是国际上竞争的热点。目前，我国中国农业科学院生物技术研究所、北京农林科学院、华中农业大学、中国科学院植物逆境生物学研究所、垦丰种业、中国科学院遗传与发育生物学研究所等单位相继投入植物表型平台的建设，这些表型设备运转良好，为各建设单位带来了很多技术上的革新。作物智能设计育种是基于作物重要农艺性状形成的遗传和分子基础，通过人工智能决策系统设计最佳育种方案，进而定向、高效改良和培育作物新品种的一门新兴前沿交叉学科。我国科学家越来越重视对人工智能技术的研究和农业应用，如今在算法开发、人工模拟、应用场景实用等领域已取得不错的进展。最近开发出从基因组 DNA 序列预测基因表达调控模式的人工神经网络模型，有望借助人工智能（AI）技术实现定向育种，新一代人工智能技术具有更强的数据挖掘能力，正推动育种走向智能化"4.0"时代。

前沿关键技术突破推动生物种业进入新一轮技术变革，以"生物技术 + 信息化"为特征的第 4 次种业科技革命正在世界范围内孕育，转基因、基因组编辑、全基因组选择、合成生物等已成为生物种业最具代表性的前沿核心技术。目前，我国创新了农业生物高效遗传转化技术，开发出不依赖组织培养的新型转化系统，培育的抗虫耐除草剂玉米 DBN9936（epsps 和 Cry1Ab）、瑞丰 125（cry1Ab/cry2Aj 和 g10evo-epsps），以及耐除草剂大豆 SHZD3201（g10evo-epsps）等相继获得转基因生物安全证书，正推动我国转基因产业化快速向前发展。基因编辑技术已在我国广泛应用于主要农作物、林木种质资源创制与性状改良，现已获得抗旱高产玉米、抗病小麦、抗病水稻、油分品质改良大豆、存储质量改良马铃薯等基因编辑种质储备；开发出具有自主知识产权的 Cas12i/12j 工具酶，山东舜丰生物公司利用该工具酶开发的高油酸大豆获得国内首个基因编辑安全证书；预计 3~5 年，我国会有一大批基因编辑农业产品推向市场。全基因组选择技术已在玉米等农作物中得到广泛的应用，使农业生物育种效率大幅提高。合成生物技术为未来农业技术革新奠定基础，我国在人工染色体组装、回路重构等合成生物技术体系构建，人工光合回路、人工合成淀粉、人工合成药物、营养和代谢物强化等新型合成生物学产品研发领域不断取得突破。未来，合成生物技术将在高产、优质、高效、智能农业生物品种创制，新一代农产品、未来食品生产、细胞工厂建立等方面实现重大突破，引领未来种业、养殖业和食品加工与先进制造的发展。

3.学科交叉融合促进生物技术潜能的快速突破和扩大，成为科学发展的时代特征

交叉学科能更好地将学科优势进行整合，实现优势互补，对推动科学进步、重要科学问题及产业问题的解决有重要意义。多学科交叉深度融合正催生新的技术变革，已成为科学发展的时代特征和创新源泉，也是科学发展的必然趋势。我国在跨领域研究、多种传统育种技术（杂交育种技术、干细胞技术、单倍体技术、细胞工程等）交叉融合方面取得系列突破：杂交育种技术与基因工程技术融合开发出的智能不育制种技术，杂交与基因编辑结合开发出的无融合生殖固定杂种优势的技术，单倍体技术与基因编辑技术结合开发出的"单倍体介导基因编辑技术"等，都表现出广阔的应用前景。尤其是智能设计育种技术，其基于遗传学及经验的传统育种技术，将基因组技术、表型组技术、生物技术、人工智能技术、机器学习技术、物联网技术等跨学科技术深度交叉，以实现作物新品种的智能、高效、定向培育。今后，跨学科研究和系统方法将成为解决重大关键问题的首选。

4.农业生物新品种培育实现突破，支撑产业化的能力增强

当前，我国农业生物品种研发呈现以产量为核心向优质专用、绿色环保、抗病抗逆、资源高效、适宜轻简化和机械化的多元化方向发展。随着组学、系统生物学、合成生物学和计算生物学等前沿科学的不断发展，现代动植物新品种培育技术体系正在向专业化、规模化、智能化和工程化方向高速发展，形成了以高通量基因鉴定、高效率遗传转化、高水平蛋白表达、智能化设计育种和安全性科学评价等为核心的五大共性技术操作平台，为重要育种价值的功能基因挖掘和新一代优良品种培育提供重要技术支撑。我国利用分子设计育种技术已培育出优质、高产、抗病、抗倒伏的"宁粳系列"和"嘉优中科系列"等综合性状优良的水稻新品种。采用多亲本复合杂交和分子标记预测杂种优势等方法实现了油菜多个优良性状的聚合，选育出"中油杂系列"油菜新品种。利用基因组编辑技术获得对白粉病有广谱抗性的小麦材料和具有高产、多抗、优质等特性的玉米材料。值得一提的是，我国转基因抗虫耐除草剂玉米、耐除草剂大豆获批生产应用安全证书，产业化应用的技术条件成熟。研发出禽流感DNA疫苗、猪圆环病毒病新型疫苗、大菱鲆鳗弧菌基因工程活疫苗等。功能菌剂产品、复合微生物肥料和生物有机肥类产品等占总类别的比例超过30%。未来，农业生物新品种将是综合高产、优质、多抗、高效等诸多优良性状的颠覆性产品，是结合计算生物学、全基因组选择、智能设计和基因组编辑等颠覆性技术的工程品种。

（六）农产品贮运与加工学

我国农产品贮运与加工学研究聚焦产业发展的基础性、方向性、全局性、关键性重大科技问题，加强基础性研究、应用基础研究、前沿技术创新、关键核心技术与装备和重大产品创制，通过持续推进大宗农产品加工、强化粮食产后减损、生鲜农产品仓储物流、粮食油料加工提质增效、特色农产品品质评价与高值化利用和预制菜肴与传统食品加工等任务，在"一保障、三支撑"，即保障国家粮食安全与重要农产品供给，支撑实施乡村振兴、健康中国和制造强国战略等方面发挥重要作用。

1. 推进粮油贮运与全产业链加工理论和技术创新，实现粮食减损和提质增效

节粮减损是粮食增产的重要措施，近年研究的热点包括节粮减损战略研究、智能化烘储技术体系的构建、粮食贮藏过程中的防腐剂应用、高效的湿度和温度控制技术、害虫综合防治技术、毒素等污染物预警、防控和降解技术等。针对我国玉米、花生产后干燥不均匀易霉变、真菌毒素防控技术装备缺乏、毒素污染原料未能高效分级利用等问题，在真菌毒素精准防控理论、防控技术、智能分级分选和通风干燥装备创制等方面取得重大进展。淀粉、油脂和蛋白质作为粮食作物的主要营养成分，其精细化提取和加工在新观念和新技术的融入下得到了较快发展，提取与加工的目的由聚焦于纯度的提升转向性质和功能的改善，以适应不同食品的需求。首次提出了大豆蛋白柔性化加工理论、大豆蛋白热不可逆凝胶提升技术、整块植物蛋白肉制备关键技术，为实现大豆蛋白质绿色加工和高值化利用提供重要的理论依据和技术支撑。突破了花生蛋白高水分挤压与植物肉研发关键技术，阐述了植物蛋白高水分挤压技术在植物基肉制品研究中的关键核心作用及其未来的发展方向。在大豆多层次精深加工方面，研发大豆蛋白食品加工利用的关键技术，创建大豆油脂加工工艺的关键技术，制备仿生肉、高品质茶干、豆渣酱、豆渣饼干、食用色素红曲与纤维果醋等产品。粮油加工副产品高价值利用是节粮减损工作的又一突破口，结合发酵、浸提和加热等处理手段，对豆制品加工副产物的有效成分进行了提取和应用；研发大豆副产物加工的关键技术，完善了副产物豆粕适度水解制备高营养蛋白肽的工艺；从油脚料中分离提取维生素 E、甾醇及脂肪酸，制备生物柴油；应用改善技术处理大豆加工黄浆水及高盐卤水，实现了废水的达标排放及大豆的全加工全利用，应用产品产值达到 54.08 亿元，有效促进了行业技术升级和产业发展。

2. 强化营养导向型果蔬保鲜及副产物综合利用，实现果蔬全程减损保质增效

近年来，苹果、番茄、柑橘等传统大宗果蔬产业持续发展之余，辣椒、杧果、蓝莓、刺梨等特色果蔬产业规模也迅速扩大。产地预冷、全程冷链、物理保鲜等技术成为果蔬贮运领域的研究热点。创建"产地预冷 + 臭氧熏蒸 + 智能分级 + 低温贮藏"柑橘贮运模式，解决了柑橘保质期短和季节性停产的难题。研发特色浆果采后加工品质劣变机理及核心技术，创建特色浆果物流保鲜与加工综合调控技术体系。超高压等非热加工技术不断向大容量、连续化和智能化方向发展，其中间歇式超高压装备的最大高压舱容量已达到600升，且实现了商业化生产。研发第二代超高压非热杀菌加工技术（超高压＋），并制定了我国首个超高压加工国家标准《超高压食品质量控制通用技术规范》，于2022年正式实施。突破露地蔬菜全程减人工智能化技术自主路径规划、机具协同控制、可靠安全避障、作业质量调优等关键技术，构建我国首个蔬菜无人农场系统，破解露地蔬菜全程智能化生产、昼夜全天候连续作业等难题。针对柑橘皮渣、番茄皮籽、甘蔗皮渣、蓝莓果渣等副产物综合利用的研究增多，且从传统的作为饲料、肥料逐渐转向开发天然营养素、色素等高附加值产品。突破番茄红素产业化制备技术，解决了番茄综合利用难和附加值低的问题。建立蓝莓精深加工和蓝莓花色苷高效制备与稳态化关键技术和理论体系，有力支撑了蓝莓花色苷于2023年成功获批新食品原料。建立荔枝、龙眼等亚热带特色果蔬中多糖、多酚等主要活性物质的高效分离解析技术及其健康效应机制。此外，利用合成生物学技术生产植物天然产物的技术实现突破，通过底盘构建、流程重构、单元替代、过程强化等路径，利用微生物细胞工厂实现了叶黄素、类胡萝卜素、赤藓糖醇等配料的高效生产。

3. 解析畜产品智能贮运与加工理论和技术，推动新型生产加工方式迭代升级

畜产品品质评价与智能仓储物流保鲜研究取得突破，首次提出并确证了与我国饮食习惯和烹饪加工方式相匹配的畜禽肉能量代谢酶控僵直保质新理论，填补了宰后早期畜禽肉品质调控理论空白。突破了时空品质与多维品质数字化表征、品质快速检测与智能识别、超快速冷却控僵直保质的冷鲜肉加工、静电场辅助冰温／超冰温、冷鲜肉专用包装靶向抑菌保鲜、冷鲜肉品质与环境因子信息智能感知等关键技术。建立了风味与健康双导向的传统肉制品绿色制造理论，突破了传统熏烧烤肉制品品质增益与危害物消减协同关键技术，研制了定量熏制、连续烤制等核心装备。畜产品高值化全组分利用技术体系日益成熟，突破了畜禽骨营养组分"水－热"选择性同步提取技术，在蛋白肽酶解工艺优化、生物活性功能挖掘、活性肽高效分离等方面取得进展。可食性畜禽副产物利用研究主要聚焦在预处理、调制过程中特征品质形成、不良风味的消减和高值化产品研发方面，尤其是风味调制、定量卤制、嫩化等工业化加工技术取得突破，畜禽杂预制菜肴产品纷纷涌现。乳蛋白的高值化利用水平逐渐提高，突破了牛乳中的 α－乳白蛋白、β－乳球蛋白、乳铁蛋白及其功能性肽的高效制备和分离关键技术，助力国产高端乳品基料的开发。另外，作为融合了细胞生物学、组织工程和食品工程先进技术的新兴产业，细胞培养肉近年来在基础理论和关键技术攻关上不断取得突破，生产规模逐渐扩大，生产成本大幅降低。继南京农业大学周光宏教授带领团队研发出中国第一块细胞培养肉后，国内学者在种子细胞库建立、低成本培养基研制、大规模培养工艺、食品化加工技术等规模化生产核心技术上不断取得突破，推动了细胞培养肉行业迅速发展。3D生物打印、静电纺丝、片层堆叠、电流体动力等用于细胞培养肉三维结构重塑。2022年11月，细胞培养肉科技公司周子未来实现了细胞培养肉种子细胞国内首次百升级生物反应器试生产，标志着我国细胞培养肉产业进入高速发展阶段。

4. 突破水产品生产、加工、流通全过程的品质和安全控制技术，促进水产品安全、高品质、低损耗流通

我国是世界水产品生产大国，2021年产量为6690.29万吨，连续33年保持世界第一。近年来，水产品贮运与加工领域在精深加工、营养健康、新型装备、生物合成、预制菜开发等方面实现了跨越式发展。突破特色海洋食品精深加工关键技术创新及产业化应用，解决了海洋食品品质难以控制、营养及功能性成分高效利用技术缺乏、加工的机械自动化程度低等问题，构建并推广了"从量到质，从粗到精，从手工到自动"的关键技术集成体系。营养功能性水产品在功能成分的高效制备、功能解析等方面取得了重要进展，构建了海参功效成分解析与精深加工关键技术及应用，在海参功效成分解析、营养保持与精深加工关键技术及装备研发、产品质量标准技术体系构建等方面取得了重大突破。水产品新型装备快速向自动化、智能化和柔性化转型，建立了南极磷虾资源可持续利用关键技术，推动了我国南极磷虾加工产业的快速发展。生物技术在水产品领域的应用不断拓展，通过干细胞分离、工厂化培养与组织化构建技术，合成国内首例厘米级细胞培养大黄鱼组织仿真鱼排。元育生物在莱茵衣藻底盘细胞中成功合成出天然虾青素，利用莱茵衣藻合成虾青素用于工业化生产，相比于雨生红球藻更具成本、产能及质量优势。突破了水产预制菜在质构保真、风味保持、营养减损等关键技术瓶颈，快速实现了以佛跳墙、大盆菜、虾滑虾饺、鱼糜鱼丸、酸菜鱼、酸汤鱼、烤鱼、青花椒牛蛙、醉蟹、鲍鱼花胶鸡、一夜埋金鲳鱼、免浆鱼片、免浆牛蛙等为代表的水产预制菜的产业化应用。

三、本学科国内外研究进展比较

近年来，我国基础农学学科研究发展迅速，取得了一定的成绩，但也存在一些不足。本部分先从论文和专利这两个具有代表性的研究成果出发，对2018—2022年我国在基础农学总体和6个基础农学学科的表现进行国际比较，进而从更细粒度的研究层面对6个基础农学学科进行研究进展比较分析。

（一）基于论文专利的国际比较

1. 中国基础农学学科科技论文"量质"双优

中国基础农学学科科技论文产量再创新高。从代表论文产量的发文量指标看，2018—2022年，全球的发文量为656649篇，从2018年开始，各年发文量呈逐年增长趋势，2022年略有下降。5年间发文量排名前五的国家分别是中国、美国、印度、巴西和德国。中国5年发文量为218972篇，与全球发文量的发展大体一致，呈现逐年增长趋势；发文量占全球的比例也呈逐年增长趋势。与全球趋势不同的是，中国基础农学学科科技论文产量未受新冠疫情影响，在 2022 年持续保持增长，达到新高。中国发文量年均增长率为 19.02%，增速显著高于全球平均水平（年均增长率 9.08%，图 1）。排名第二的美国发文量呈现前 4 年增长、最后一年（2022 年）下降的趋势；印度的发文量在 5 年间持续增长，与中国的发展趋势类似，但发文总量较中国相去甚远。

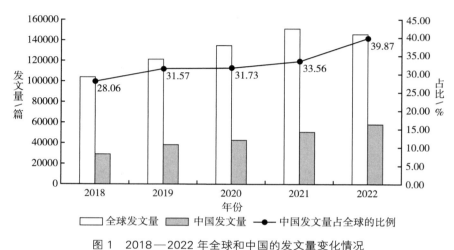

图 1　2018—2022 年全球和中国的发文量变化情况

数据来源：Web of Science 核心合集收录的 SCI 和 SSCI 数据库。检索时间为 2023 年 5 月。

分别从 6 个基础农学学科的论文产量看，中国在全部 6 个学科均排名全球第一。从论文产量的年度变化趋势看，中国在作物栽培与耕作学、农业信息学、农业资源环境学、农业生物技术和农产品贮运与加工学 5 个学科都呈现逐年增长趋势；在植物保护学科呈大致增长趋势，仅在 2022 年略有下降。

美国在作物栽培与耕作学、农业信息学、农业资源环境学、农业生物技术和农产品贮运与加工学 5 个学科的发文量大致呈增长趋势，但都在 2022 年有小幅下降；在植物保护学科的发文量先增长后下降。印度在全部 6 个学科的发文量都呈现逐年增长趋势。

从发文量占全球的比例看，中国在作物栽培与耕作学、植物保护学、农业资源环境学、农业生物技术 4 个学科呈现逐年增长趋势；在农业信息学、农产品贮运与加工学科的发文量占比大致呈现逐年增长趋势，只在部分年份有所下降。中国在全部 6 个学科的发文量年均增长率都超过全球平均水平，农业科技论文成果的产出增速明显高于全球。

中国基础农学学科科技论文质量持续提升。从代表论文质量的高被引论文量指标看，2018—2022 年，全球高被引论文量为 6389 篇，且各年的发展趋势与总发文量一致。5 年间高被引论文量排名前五的国家分别是中国、美国、英国、德国和印度。中国高被引论文量从 2018 年起持续增长，累计 3200 篇。中国高被引论文量的全球占比高于总发文量的全球占比，且数值呈逐年增长趋势。中国高被引论文量年平均增长率（18.31%）比全球

（10.74%）高了近 8 个百分点，增速同样高于全球（表 1）。美国和英国的高被引论文量都是先上升，后于 2020 年开始下降。

表 1　2018—2022 年全球和中国的高被引论文量变化情况

年份	全球的高被引论文量 / 篇	全球的高被引论文量年增长率 / %	中国的高被引论文量 / 篇	中国的高被引论文量年增长率 / %	中国的高被引论文量占全球比例 / %
2018	990	—	425	—	42.93
2019	1131	14.24	534	25.65	47.21
2020	1271	12.38	617	15.54	48.54
2021	1528	20.22	807	30.79	52.81
2022	1469	−3.86	817	1.24	55.62
5 年总量	6389	—	3200	—	—
5 年平均	—	10.74	—	18.31	50.09

数据来源：Web of Science 核心合集收录的 SCI 和 SSCI 数据库。检索时间为 2023 年 5 月。

分别从 6 个基础农学学科的论文质量看，中国在全部 6 个学科均排名全球第一。中国在作物栽培与耕作和农业资源环境学科的论文质量呈逐年提高趋势；在另 4 个学科大体呈提高趋势，仅在部分年份略有下降。从高被引论文量的全球占比看，中国在全部 6 个学科的各年增长趋势均十分明显，年平均增长率都远远高于全球水平。

美国在农业信息、农产品贮运与加工学科的论文质量大致呈提高趋势，在作物栽培与耕作学科先提高后下降，在植物保护、农业生物技术、农业资源环境学科大致呈下降趋势。英国在农业资源环境、农业生物技术、农产品贮运与加工学科的论文质量上下浮动明显；在作物栽培与耕作、植物保护、农业信息学科论文质量排名未进前五。

2. 中国农业专利成果产出水平不断提升

中国成为全球农业发明专利的重要贡献力量。2013—2022 年，全球农业领域发明专利申请量为 295.91 万件，中国农业领域发明专利申请数高达 142.93 万件，位居全球第一，远超过排名第二位的美国。2018—2022 年中国农业发明专利年均申请量保持在 15.31 万件的高位，成为全球农业发明专利的重要贡献力量（图 2）。

2018—2022 年，中国农业发明专利占全球农业发明专利申请总量的 50.97%，与 2013—2017 年相比，专利申请量增加 13.61%，专利全球占比增加 4.73 个百分点（图 3）。

中国在多个重点技术领域的专利产出优势显著。从整体看，2018—2022 年，中国在植物保护技术、农业信息技术、农业生物技术、农产品贮运与加工技术等领域的专利产出均保持领先优势。与上一个统计时段（2017—2021 年）的专利申请量相比，中国农业信

图 2　2013—2022 年全球及中国农业发明专利申请趋势

数据来源：incoPat 数据库。检索限定时间为申请年 2013—2022 年 [①]。

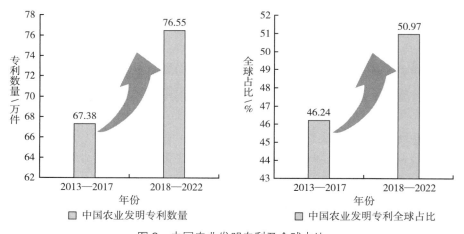

图 3　中国农业发明专利及全球占比

息技术发明专利全球占比增加 6.09 个百分点（图 4）。作为农业信息应用的重要技术领域，中国的农业机器人技术和农业传感器技术近年来得到快速发展。中国在农业传感器技术领域发明专利的全球占比从 2017—2021 年的 50.84% 上升至 2018—2022 年的 66.34%。

中国农业发明专利质量不断提升。2018—2022 年中国农业领域授权发明专利数量约 12.33 万件，约占全球农业授权发明专利的半数（48.35%），比上一个统计时段（2017—

①　发明专利申请的审批程序分为受理、初审、公布、实质审查和授权 5 个阶段，一般情况下自受理到公布需要 18 个月左右，因此报告中最近两年的专利数据呈现下降趋势。

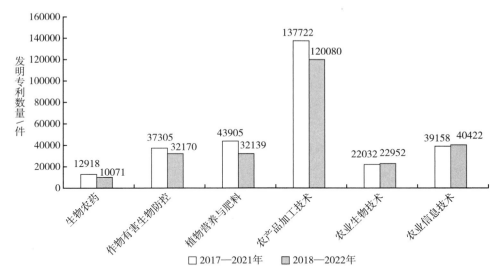

图 4　2018—2022 年中国农业领域重点技术专利产出概况

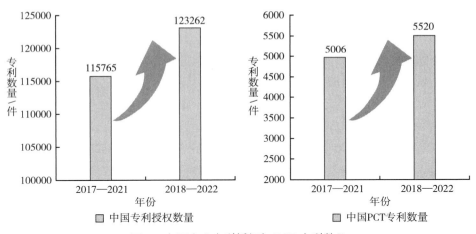

图 5　中国农业专利授权与 PCT 专利数量

2021 年）增加 6.48%，授权量居全球首位。体现专利质量的评价指标中，中国农业发明授权数量和 PCT[①] 专利申请数量均有所提升（图 5）。

中国农业专利影响力不断提升。从整体看，中国农业领域发明专利的总被引频次从 2017—2021 年的 74.68 万次增加到 2018—2022 年的 75.01 万次。中国在各重点技术领域

---

① PCT 是《专利合作条约》（Patent Cooperation Treaty）的英文缩写，是有关专利的国际条约。根据 PCT 的规定，专利申请人可以通过 PCT 途径递交国际专利申请，向多个国家申请专利。通过 PCT 途径申请的专利称为 PCT 专利，利用 PCT 专利可以更好地拓展国际市场、提高品牌影响力并获取竞争优势。

的专利产出优势显著，专利影响力稳中有升。中国农业整体发明专利平均被引频次有所下降，从上一个统计年度的 1.19 下降至 1.05，仅次于美国的 1.18 和以色列的 1.07，居第三位，略高于全球平均水平（0.93）。2018—2022 年，中国农业机器人技术领域的专利被引率高达 43.46%，平均被引频次也由 2017—2021 年的 1.35 增至 1.49，与美、英等国差距缩小；中国作物有害生物防控技术领域发明专利平均被引频次由 2017—2021 年的 1.45 提升至 2018—2022 年的 1.51。

中国农业专利保护水平有待提高。2018—2022 年，中国在专利家族规模和平均权利要求数量分别为 1.04 和 8.04，与美国、英国、以色列等国仍存在较大差距。中国向 60 个国家递交过农业领域的专利申请，但域外专利占比仅为 2.57%，低于全球平均水平（28.22%）。2018—2022 年，中国在农产品贮运与加工技术领域的发明专利申请量为 12.04 万件，占全球总量的 63.68%。但是，中国农产加工技术领域 PCT 专利数量为 437 件，远低于美国的 1863 件。中国专利技术的保护力度依然不足，多数申请人仍然不重视专利国际保护。追求数量的年代已经过去，推动专利高质量发展和专利保护是我国农业知识产权事业当下和未来的主旋律。

（二）作物栽培与耕作学

我国作物栽培与耕作学对于以高产为目标的高效栽培、耕作理论与技术研究已处于世界前沿。水稻、小麦、玉米三大粮食作物高产创建处于国际领先水平。但在现代农业新技术、新装备应用及综合推广上与国际先进水平存在一定差距，主要表现在以下几个方面。

我国水稻、小麦、玉米大面积生产的产量水平提升不明显。玉米、水稻大面积单产与国际最高水平存在 200 千克 / 亩以上的差距，小麦大面积单产与国际最高水平有 120 千克 / 亩的差距，大豆的差距更为显著。发达国家已经有成熟的规模化生产农机农艺配套和标准化生产技术，而我国目前农作物耕种收综合机械化水平仅为 70%，规模化、机械化生产仍处于不断调整、探索的发展阶段，农机农艺配套和标准化生产技术距发达国家差距显著。

我国在优质专用型作物生产和绿色标准化技术方面相对落后。发达国家均制定了本国主要的绿色农产品标准，完成了绿色农业发展政策、技术标准、管理体系、市场营销、科学研究等体系的建设。而我国自 20 世纪 90 年代才开始重视农作物优质和绿色标准化技术研发，针对优质专用品种的绿色农业标准化技术体系创建已取得一些成效，但形成品牌效应的较少、绿色标准化技术体系仍然不健全，适应绿色生态发展的生物肥料、生物农药及化学农药科学施用技术覆盖率不高，目前仍处于起步阶段，整体与世界发达国家有近 20 年的差距。

在作物精准化、智慧化现代生产技术研究方面刚刚起步。我国的农情信息立体化获取与解析、监测模型构建、农情专题产品生成分别处于研究和示范应用阶段，农作模型构建、处方设计与诊断调控及集成的作业系统也基本处于中试阶段。缺乏有效的多尺度农情感知信息发布和共享平台，以及基于数字化种植管理模型的农作处方生成与服务平台，在农田管理精确化作业和先进智能农机应用方面差距也非常明显，在作物耕种管收精确作业技术的稳定性和先进性方面有很大提升空间。

（三）植物保护学

我国植物保护学整体处于世界先进水平，其中监测预警、生物防治处于国际领先水平，转基因安全评价与控制、基因编辑等处于国际先进水平，而在外来入侵、新农药创制和智慧植保等方面与国际先进水平还存在一定差距。

农作物病虫灾变规律研究越发深入，努力追赶国际先进水平。国外创新利用分子生物学、结构生物学、组学大数据及人工智能理论与技术，系统性地解析了农作物重大病虫害致害性及其变异与作物特异抗病虫性的机理，为农药的开发提供了候选靶标，利用高通量蛋白－蛋白互作网络大规模鉴定和分析病原物效应因子与植物抗病相关蛋白间的互作关系，为基于感病基因编辑提高作物抗病性提供了新策略；利用信息技术定量分析昆虫的种群时空特征。我国在部分重大病虫如小麦赤霉病、稻瘟病、作物疫病、棉铃虫和稻飞虱等在病虫害－作物－环境互作机制的研究中取得突破，与国际先进水平的差距逐步缩小。

农作物病虫灾变监测预警技术快速发展，与国际先进水平并跑。欧美等针对重大病虫害利用人工智能精准诊断，专家系统结合气候模拟开展的中长期预测预报准确率较高。我国通过研发与应用昆虫雷达、高灵敏度的孢子捕捉器等新型仪器设备，并与生物学、信息学、互联网＋技术融合，开展暴发性和流行性生物灾害识别诊断，实现了重大病虫害预测预报，结合有害生物精准防控，显著提高了防御农业生物灾害的能力，其研究和技术均处于国际先进水平。

农作物病虫害防控核心技术及产品更新换代，逐步跟上国际先进水平。当前，国际上基于天然产物结构衍生和精准靶标导向的绿色生态农药创制成为研究焦点，RNAi 技术、基因编辑技术、免疫诱抗技术、昆虫行为调控、纳米农药技术等均得到了大力发展。我国虽然自主创制农药 50 多种，但大面积推广应用的仅有 10 多种，不足我国农药使用量的 10%。从整体看，与发达国家相比较仍有不小的差距，仍缺乏"重磅炸弹"级战略意义的绿色新农药产品。但随着近年来国家对农药创制的持续投入，我国农药创制已经处于并跑状态，某些领域已经开始领跑。我国天敌昆虫、虫生真菌、Bt 制剂等有不同程度的生产，害虫食诱剂、性诱剂等商品化也有一定成效，部分领域处于国际先进水平。

农作物病虫害防控治理理论体系日臻完善，综合防控水平国际领先。国外近年基于信息化、智能化、机械化等技术进步，提出病虫害大面积种群治理等新理论；基于生物防治与生态调控的学科融合，创新了有害生物生态调控策略。我国完善了"公共植保、绿色植保、科学植保"的农业病虫害防控理论，以主要粮棉油果菜茶为对象，确定了有害生物防治指标，通过统防统治等组织形式开展病虫治理，一度处于领跑状态。

（四）农业信息学

我国农业信息学科的发展已取得重要成就，与发达国家相比有一定的特色优势，但整体上尤其是在原始创新上还有一定的差距。需要在高端农业传感器、农业人工智能多模态模型、农业高端智能装备等方面发力。

农业传感器研发应用有所突破，整体水平与国外相比差距大、对国外产品依赖度高。我国农业环境信息传感器的国内市场占有量超过进口产品，但在精度、稳定性、可靠性等方面与国外产品差距较大，核心感知元器件主要依赖进口，高端产品严重依赖进口。目前，我国空气温湿度、光照、土壤水分、地温等农业常用物理量传感器已较为成熟，部分传感器已经实现量产，土壤氮素传感器、气体传感器、水质传感器等研究取得重大突破。但是，我国在传感技术基础研究方面起步晚，在敏感材料制备、传感器工艺方面与发达国家也有一定差距，直接影响了我国农业传感器产业链供应链的稳定和安全。美国、德国、日本等国家在农业传感器领域处于领先地位，垄断了感知元器件、高端农业环境传感器、动植物生命信息传感器、农产品品质在线检测设备等相关技术，我国农业传感器研发应用水平整体上与发达国家差距在10年以上。

农业信息分析技术个别领域应用处于国际前列，模型算法等原始创新不足。我国在农产品产量预测、消费量分析、价格信息建模方面具有特色，在农产品全产业链监测预警集群建模方面具有先进性，但在大数据深度学习、数据挖掘及模型算法等方面的原始创新不足。我国研建的多因素集群建模方法、产量测算自适应模块化技术、消费量估算追溯关联技术、价格预测多维时间序列分析技术等，在解决农产品分析预警难题方面具有独特优势。美国、荷兰、以色列、日本等国家在农业数字模型与模拟、农业认知计算与农业知识发现、农业可视交互服务引擎等技术、算法、模型等方向处于国际前列。

智能农机装备技术及产品体系基本构建，关键技术及核心零部件落后于发达国家。我国自主研发设计的北斗导航农机自动驾驶系统在全国范围大批量推广应用，大马力高效智能拖拉机整机、高性能播种收获机具、无人化植物工厂成套技术装备、水稻/小麦/玉米全程无人化技术装备等智能农机装备创制取得重要进展。但与发达国家相比，存在着高端智能农机装备与关键核心部件高度依赖进口，适用于小农生产、丘陵山区作业的小型智能农机具严重缺乏等问题。美国、德国、英国、日本等国家的主要农业生产作业环节已经或正在实现"机器换人"或"无人作业"，大幅度提高了劳动生产效率和农业资源利用效率。

（五）农业资源环境学

近年来，我国在耕地质量提升、旱地适水种植、农业废弃物高值化利用等领域达到国际先进水平。在土壤有机质提升、农业农村减排固碳和全链条面源污染防控研究方面取得一系列理论和技术突破。与国际相比，仍需在农业资源环境信息化技术融合和集成创新、场景驱动应用等方面加强基础理论和技术研发。

水土资源保护利用。在耕地质量方面，突破了国际上水田有机质动态无法准确预测的难题，实现了有机质提升潜力的定量化，丰富了有机质提升的基础理论。周卫院士团队在耕地质量提升、养分资源效率和作物产量综合效益方面的研究整体达到国际先进水平。在耕地质量监测信息化、标准化建设方面，耕地土壤健康快速诊断方法体系和中低产田障碍消减和养分资源高效利用有了一定进展。国际上，发达国家在耕地质量提升方面注重农业可持续发展，致力于减少化学农药的使用，提高有机农业的比例，关注农业废弃物处理和资源循环利用促进耕地质量保护与提升。在农业高效节水与循环利用方面，我国当前已能够自主研发与农业灌溉相配套的各种设备和产品，形成了智慧灌溉技术体系。梅旭荣研究员在作物水分生理生态、生物性节水理论与技术、旱作农业与节水农业模式等领域的研究取得了国际领先的科技成果。与发达国家相比，在节水农业应用基础研究、节水农业设备与产品研发及节水农业综合技术应用等方面还存在一定的差距。在节水农业综合技术应用方面，多数灌溉区还没有建立适宜当地水土条件的节水农业技术集成体系和应用模式。

农业生产减缓与适应气候变化。气候变化对农业资源环境影响突出，国际上多集中于宏观农业适应性政策框架制定，农业适应性理论、适应性措施制定、评估和应用，气候变化认知及适应性等方面的研究。中国一贯坚持减缓和适应并重，在气候变化与农耕文化、作物应对气候变化与适应机制、农业生态系统对气候变化的响应取得了成效，基本建立了农业农村绿色低碳转型的战略、政策和技术体系。中国拟在2035年基本建成气候适应型社会，在农业生产中，不仅要减排固碳，而且应增强其适应性，以提高农业生产应对各种不利气候条件的韧性。应对气候变化对农业的不利影响，应因地制宜地采取适应措施，加强中长期气候变化对农业影响的研究。尤其是在全球气候日趋复杂的大背景下，极端天气事件频发，农业适应性微观尺度农户的决策行为、农业适应性技术、农业适应性定量评估方法及模型等方面有待强化研究。此外，品种改良和技术措施优化也是粮食作物适应气候变化的关键途径。

农业废弃物热解与生物质资源化利用。我国农业废弃物研究主要集中于畜禽粪污、农作物秸秆、农膜等农业废弃物资源化及高值化利用方面，在农业废弃物热解方面成效显著，首创农林废弃物热解制腐植酸技术。国际上侧重于农业废弃物利用质量提升、废弃物收储运体系、综合利用链、政策法规等方面研究。目前，我国畜禽粪污综合利用率达到76%，农作物秸秆综合利用率超过88%，农膜回收率稳定在80%以上，农业废弃物综合利用率虽较高，但产业链总体效益较低，如农作物秸秆直接还田仍是其主要利用方式，原料化利用率仅占1%，需挖掘"高值化"综合利用潜力。基于"双碳"政策背景，应融合多学科深度挖掘农业废弃物高值化利用途径，创新相关技术，以提升利用质量。此外，打通农业废弃物收储－运输－高值产品应用链条的堵点，建立与完善市场流通保障体系，仍需各级政府配套政策支持。

农业面源污染控制技术。近年来，我国形成了一批较为成熟的面源污染防控技术，建立了一批面源污染监测和防治示范区，农业面源污染得到了一定程度的控制。张福锁院士在农业资源与环境和农业绿色发展研究方面取得了具有国际先进水平的研究进展。但与国际相比，已有技术多是关注技术层面的防控，缺乏流域尺度系统和全面的防控体系，不同区域农业面源污染输出及防控手段差异很大；在监管制度方面，覆盖面源污染监测全要素的技术或标准规范及面源污染治理制度有待进一步加强。亟需建立分区分类面源污染防治管理模式、健全面源污染防控的考核评估体系、制定相关管理政策和相关制度标准，强化面源污染防治实施效果的监测与评价，探索整建制全要素全链条推进农业面源污染综合防治机制。

（六）农业生物技术

我国农业生物技术在基础理论、技术创新和产品创制方面都取得了长足的进步，整体上已经进入国际前列，但不同方向的原始创新及发展的深度还需进一步加强。

我国农业基础研究的广度和原创性取得长足进展，不过研究的深度需进一步加强。在农业生物基因组、代谢组、表型组等组学数据产生与应用方面取得了明显进步，不过在农业组学数据解析深度、关键科学问题解决能力、数据创新与应用方面与发达国家还有一定差距；在动植物产量、品质、抗逆重要性状形成的分子调控网络解析上取得系列突破，但其遗传网络的系统性及应用于农业品种分子设计育种的能力还需进一步加强。

我国前沿农业生物技术的拓展开发和迭代升级不断突破，但技术的原始创新明显不足。我国主要农作物生物育种技术领域的授权为2510件，而美国为14037件，是我国的5.6倍，美国的高价值专利是我国的30.7倍。基因编辑的核心技术源自美国，我国基因编辑技术方面的专利多是改进性、延伸性、尾随性的，原始创新不足。人工智能技术、全基因组选择技术、大数据技术等领域的核心算法和模型缺乏，对外依存度高。

我国农业生物技术产品的储备充足、成熟度不断提升，不过生物技术产品的产业化及生物技术重大产品迭代升级滞后。我国目前已在不同农业生物中实现重要农业性状基因的遗传转化或基因编辑，农业生物技术产品的储备充足。不过，目前转基因产业化作物种类少，仅有棉花和木瓜两种进行了产业化推广，转基因产业化规模小，多基因叠加多性状复合产品缺乏。生物农药防治覆盖率仅有10%左右，远不及发达国家20%~60%的水平。菌剂与作物品种的匹配技术等瓶颈尚未解决，生物肥料保活材料筛选与保活技术落后。在生物疫苗方面取得较大进步，但种类仍然有限，应对突发公共事件能力仍较弱。

（七）农产品贮运与加工学

我国农产品贮运与加工学科建设已取得重大突破，与发达国家相比有一定的特色优势，尤其农产品加工技术装备不断创新，生鲜农产品保鲜实现了从"静态保鲜技术"向"动态保鲜技术"的迭代升级，农产品精深加工向着全组分梯次利用和绿色低碳适度加工方式转变，农产品加工技术与装备向着智能化、精准化方向发展，精准营养的个性化未来食品不断涌现。但在原始创新上还存在一定的差距，亟需在多维品质评价、低碳化和智能化加工、全组分利用、精准营养的基础理论和前沿技术探索等重点方向发力。

大宗粮食贮运与加工技术装备研发整体处于国际先进水平，基础理论创建和智能化技术装备集成应用不足。随着我国自主创新能力的显著提升，粮油学科的研究成果不断取得突破，减损增效措施有力，品牌建设初见成效，需求导向的高质量发展格局正在加速形成，在国际上也占据一定的位置。但是我国粮油加工学科在生产提效、产品创新和质量提高方面的整体水平相对落后，食品加工设备的智能化、数字化、规模化程度相对较低，还面临着基础性研究较为薄弱、应用水平有待提高、技术设备缺乏自主创新性及国际竞争力弱等诸多问题。

果蔬多元加工技术装备不断迭代升级，保鲜和副产物综合利用技术装备处于"跟跑"和"并跑"阶段。近年来，生物技术、膜分离技术、高温瞬时杀菌技术、热泵烘干技术、微波技术、真空冷冻干燥技术、无菌贮存与包装技术、超高压技术及相关设备等已在我国果蔬烘干加工领域得到普遍应用。在冷链物流方面，欧美等普遍采用物流精准控温、产品追溯等技术，实现了果蔬采收、仓储、物流和销售全程精准控制，冷链流通率达95%以上，损耗能控制在5%以下。我国果蔬保鲜冷链物流研究与产业化进程起步较晚，果蔬产地初加工设施简陋，保鲜工艺、贮藏、物流设施落后，冷链流通率仅为8%，导致水果采后损失高达15%~20%，蔬菜采后损失率达20%~25%，出现集中上市、产品价格低等现象。

肉品加工与多元化梯次利用处于国际领先水平，智能化绿色加工与保鲜技术体系亟待完善。我国基于国人肉类饮食习惯的烹饪加工方式，构建了自主的肉类品质评价与智能识别、预制菜肴工业化、副产物的食品化利用技术与装备体系，在数字化、工程化和智能化加工技术与装备、个性化营养、新型安全因子控制研究等方面逐渐缩小差距。发达国家在肉类品质评价、智能仓储物流保鲜、绿色制造与营养安全、活性物质提取与利用等方面一直处于领先地位，产业已进入工业4.0阶段，广泛应用基于智能传感、物联网等技术的智能化评价识别技术与装备。

水产品加工向多元化、高产化、高质化迈进，精深加工和副产物综合利用关键技术装备亟待突破。我国水产品加工产业已形成以鲜冻加工为主体的多样化加工体系和以功能健康食品为核心的多元营养产品供应体系，成为食品行业发展快、效益高的产业之一。但是我国水产品贮运与加工研究起步较晚，科技支撑能力仍不足。发达国家重点关注全产业链的体系构建，如三文鱼、鱼糜、鱼粉和鱼油产业已是实践全产业链理念的典范，而我国在水产品加工精深程度、综合利用率、加工装备创新能力、制造水平、智能化和规模化等方面与发达国家存在较大差距。

四、本学科发展趋势及展望

（一）作物栽培与耕作学

不断挖掘作物丰产潜力和提高资源利用效率，破解作物丰产增效协同和降低资源环境代价一直是国际农业科技的研究热点与前沿。一方面，世界各国均把提高粮食产量作为农业的重中之重，围绕作物高产、优质、高效、抗逆生产等开展了大量而卓有成效的研究；另一方面，围绕协调解决粮食安全与资源环境保护矛盾，改变作物高产依赖水肥药等资源高投入状况，构建资源节约、环境友好型作物生产技术模式已成为国际研究焦点和创新发展方向。

当前，我国农业生产逐步从过度依赖资源的粗放型模式向作物丰产、资源高效利用、绿色优质型生产转变，技术发展趋势是作物高产、优质、高效、生态、安全的协同提高。因此，需要通过作物群体结构和光合机能的改良提高光能利用率；通过提升作物对高温、霜冻、干旱等逆境的抗性，确保作物产量与品质稳定性；通过工程、农艺和生物学技术不断提高水分生产率，以应对全球性的水资源缺乏；通过地力增肥减少化肥投入，实现作物施肥和环境友好的可持续生产；通过揭示多资源优势的内在作用关系和协调机制，运用综合技术定量优化、协同提高资源效率，实现作物产量 – 品质双赢。

今后一个时期，积极探索作物生产精确化、智慧化技术，不断提升农作物生产技术水平，将现代作物生产理论、信息技术、农业智能装备等综合应用于作物生产管理过程，实现作物生产管理从粗放式到精确化、从经验性到智慧化转变，是作物栽培与耕作学科的发展方向。

（二）植物保护学

适应农业生产新形势的农作物病虫害新规律、新对策。基于全球气候变暖、中国农业生产结构调整、免耕技术和秸秆还田等耕作制度变革、国际农产品贸易频繁等农业生产新形势和多种要素交互作用，加强主要农作物生物灾害发生与危害的新规律与新对策研究，满足新形势下农作物生物灾害防控的需要。

适应现代科技新发展的植物保护新理论、新方法。基于病虫防控的信息化、智能化、机械化，研究农作物生物灾害大面积种群治理新理论；基于生物防治与生态调控的学科融合，创新有害生物生态调控策略、微生物农药效价提升理论、天敌产品货架期滞育调控理论等。在新方法方面，基于现代生命科学和信息科学等基础学科的新理论，不断拓展和研发植物有害生物的检测、监测、预警与控制新方法，系统性地解析农业重大病虫害致害性及其变异与作物特异抗病虫性的机理。

满足大区域、长时效要求的农作物病虫害检测、监测和预警技术。进一步深化新型昆虫雷达、高灵敏度的孢子捕捉器等仪器设备的研发应用，针对迁飞性、流行性、暴发性农作物有害生物的监测预警技术将更加精准。对东南亚、南亚国家的草地贪夜蛾、稻飞虱、稻纵卷叶螟等迁飞性害虫入侵我国的时间、规模、降落区域等预警，可满足提前防控的要求；针对我国境内的小麦锈病、白粉病、棉铃虫、黏虫等重大病虫害，其越冬越夏基地、扩散蔓延程度等，中长期预测的准确率进一步提升，区域迁飞阻断的植物保护新手段或将成为可能。深化遥感、地理信息系统、全球定位技术、分子定量技术、计算机网络信息交换技术，结合大数据、云计算等手段，采用空间分析、人工智能和模拟模型等手段和方法进行农作物有害生物的预测预报。深入探索农作物病虫害监测预警需求的先进检测、监测，以及信息化、数字化技术，提升远距离、高精度的监测预警技术，建立检测技术、监测方法及预警水平的标准化，为病虫害及时阻截、快速扑灭、科学防治提供技术支持。

满足农产品安全需求的农作物病虫害防控新技术、新产品。在绿色化学农药方面，聚焦原药化合物合成，开展不对称合成、微流控反应等制造技术创新，发展农药分子设计技术，产业化具有国际竞争力的绿色化学农药新品种和新制剂，降低"卡脖子"风险。在生物农药方面，对标微生物农药效价提升和产品不稳定瓶颈，创制高效价工程菌株，优化微生物发酵和稳定表达技术，优化天敌工厂化扩繁技术，提升天敌昆虫货架期，研制 RNA 干扰剂、信息素诱控剂等新产品，建立生防微生物资源库。同时研究生物防治、植物免疫、信息素防控、理化诱杀、信息迷向及生态调控、对害虫诱杀新型光源与应用技术、害虫化学通信调控物质利用技术和害虫辐照不育技术等，降低环境风险，提升防控效果，为农作物生物灾害绿色治理提供技术和产品保障。

满足自动化、智能化要求的智慧植保新装备与施用技术研发。研发适合中国劳动力人口结构变化的专业化大中型现代植保机械和匹配的施药技术，加快研制大型自走式植保机械和仿形施药机械，大力发展植保无人飞机，突破病虫害图像与光谱识别技术，优化超低容量喷雾技术，实现变量喷雾与自动控制，提高农药利用率；研制装备中央处理芯片和各种传感器或无线通信系统的装置，实现在动态环境下通过电子信息技术逻辑运算传导传递发出适宜指令指挥植保机械完成正确动作，从而达到病虫害准确监测、精准对靶施药等植保工作智能化目标，解决目前局部发病全田用药的难题。

（三）农业信息学

立足"保障国家粮食安全、食品安全、生态安全，促进农民持续增收"的目标，全面推动农业"机器替代人力""电脑替代人脑""自主技术替代进口"，集中力量攻克农业信息获取、处理、利用与服务等重大科学问题和关键技术难题，牢牢掌握我国农业信息学科发展的主动权，提升农业生产智能化和经营网络化水平，助力乡村振兴。

农业数据获取技术朝着智能化、自动化、网络化和大数据化方向发展。无人机、卫星遥感技术、智能采集设备、物联网技术与大数据和人工智能的结合，推进农业信息数据获取技术的发展，为农业生产提供更有价值的信息和建议。重点发展领域包括农业专用传感器研发与设计，针对土壤参数、动植物生理生化参数、环境参数等开展传感机理、算法、元器件和多参数传感器芯片研发，探索器件工艺优化和功能集成化设计。农业大数据技术基础理论与关键核心技术研究，围绕农业大数据计算系统、大数据驱动的颠覆性应用模型、数据挖掘应用等开展重大基础研究和关键技术攻关，突破机器学习、神经网络等人工智能技术在农业信息获取处理和应用中的关键技术。

农业信息分析技术朝着精细化、模型化、集成化方向发展。随着机器学习与深度学习技术的不断发展，在农业中的应用也日益广泛。农业信息分析技术重点研发领域包括动植物生长模型与算法研究，开展基于图像增强技术的植物表型信息解析、植物生产环境可塑性反应、植物参数化建模和结构功能仿真计算等关键技术研究和软硬件工具开发；建立动物智能群养管理决策系统，实现畜禽环境精准控制、动物行为自动识别、投入品按需供给，以及常见疾病的远程诊断。研究农产品生产量、消费量、市场价格监测智能预警模型技术，研发大尺度农田作物单产动态监测评估、全产业链协同精准调控、农产品供需安全风险早期识别与预警模型技术，进行农产品全产业链供需安全在线动态监测与智能预警研究，研究农产品供需智能调控决策技术，建立动态预警阈值智能算法，开发预测预警调控决策人工智能决策系统。研发农业智能知识服务系统，开展基于多源跨领域农情信息精准感知与智能融汇、跨媒体农业知识图谱构建、多模式协同的农情反演预测、多场景农业知识精准智能服务的认知搜索、知识匹配、智能问答、个性化服务等关键技术研发，实现线上线下交互、生产销售业务自适应协同、云网端无缝耦合和个性化信息推荐等智能服务。

农业信息技术将进一步融入农业生产、经营、管理、市场、服务等环节的应用场景。通过构建农产品生产经营管理系统与全产业链信息平台，实现农产品全产业链数据采集监测、资源要素数据共享，面向政府管理提供辅助决策，面向经营主体提供育种选种、生产管理、产品检测与分级、质量追溯、精准营销、市场监测预警等数据服务。通过对农业产业链、价值链和供应链的链式监测，以及对信息流、物质流和资金流等的流式预警，提高农业全产业链数据关联预测、农业数据预警多维模拟等能力，实现对现代农业全生命周期的实时化、精准化和智能化管理调控。同时，智能化农业机械的应用越来越广泛，无人驾驶拖拉机、自动化种植机和收割机等机械的使用，大幅降低了农业生产中的人工成本，这些智能机械还可以进行自我维护和故障诊断，使得农业生产更加稳定和可靠。农业电子商务的兴起也为农业发展注入了新活力，通过网络平台，农民可以更方便地销售自己的农产品，拓宽了销售渠道。农业信息应用技术重点研发领域是农业人工智能关键技术研发与应用。开展农业机器视觉和图像处理、基于深度学习的植物病虫害识别、基于无人机的作物表型信息获取与解析、农业机器人等技术研发与应用研究，突破大语言模型、虚拟现实、数字孪生等关键技术，促进人工智能技术和农业深度融合。

（四）农业资源环境学

强化生物与信息技术和农业资源环境学的交叉融合，推动农业资源环境学向信息化、定量化迭代升级。生物与信息技术在农业资源环境学中的应用将为世界性农业生产中的资源高效利用和环境难题提供革命性解决方案。在资源高效利用领域，应基于多组学手段揭示宿主－微生物相互作用关系，开展农业有益微生物菌群的筛选及其应用研究；开展水碳氮高效利用的遗传基础与调控网络研究，加强作物水碳氮高效利用的遗传基础研究，培育高产和水氮高效协同改良的新品种，在减少农业资源要素投入的情况下持续提高作物产量；依托生物技术、信息技术和智能装备，实现单株、农田和区域不同尺度水与作物表型信息的智能感知、用水智能决策与智能控制。在环境污染防控领域，加强学科交叉，从遗传、生理等角度挖掘和开辟农业废弃物的生物质资源化利用途径；创新运用人工智能技术，整合物联网数据和污染源大数据，通过遗传算法和深度学习神经网络进行训练，对污染源进行识别、预警和提前防范。

突破农业资源环境基础性和技术性"卡脖子"技术。发挥学科交叉优势，强化农业资源、环境要素、废弃物资源理论创新和关键技术突破。在水土气资源高效利用领域，以耕地保护和利用为核心，突破耕地地力提升与关键技术、厚沃耕层构建和中低产田障碍消减配套技术、耕地养分资源激发活化与作物高效利用技术的创新研究；开展盐碱地"以种适地"生物学基础与潜力提升研究，筛选噬盐微生物，突破改良共性技术和水肥个性关键技术，创制改土新材料新装备，形成以种适生作物生物学基础与潜力提升的解决方案；以农业高效节水与循环利用为核心，破解作物生命需水信息高通量表型诊断与高水效靶向立体调控、水－土－气系统耦合与结构解析难题，突破精准用水和水效益最大化的智慧化新型农业用水技术，重点突破农业水网智慧管控、超大规模化系统高端节水装备等基础性和技术性"卡脖子"难题；加强稻田甲烷减排、畜禽低碳减排、农田碳汇提升、农机绿色节能、可再生能源替代等农业农村绿色低碳核心技术及装备的研发。在环境污染防控领域，加强农业废弃物的肥料化、饲料化、新型生物基原料产品化等技术研发与相关技术的耦合，基于纳米生物技术研发农业废弃物纳米化的生物质产品；基于"双碳"政策背景研发农业废弃物高值化和绿色循环利用的综合技术，提高农业废弃物附加值，实现绿色循环利用，减少对农业资源的过分消耗和对环境污染的压力。

加强农业资源环境场景驱动式的集成创新。系统探讨农业资源环境场景驱动创新的内涵特征、理论逻辑、实践进路，以"问题诊断－消减障碍－资源高效－环境友好"为总体思路，深入研究典型场域资源环境要素时空演变规律及环境响应机制，基于绿色低碳和资源高效未来趋势与愿景需求，驱动农业绿色低碳战略、产业创新链、资源环境全要素等整合共融，创新集成农业资源环境"信息感知数字化、决策支持智能化、应用服务场景化"模式，实现农业资源环境从创新追赶到创新引领的跨越，以场景驱动农业资源环境原始性创新、关键核心技术突破和重大技术应用，引领带动区域农业绿色发展水平整体提升。

（五）农业生物技术

农业生物技术相关的基础理论研究将更加系统和深入。世界各国越来越重视种质资源的收集、保存、鉴定及利用，种质资源收集和鉴评更加全面；主要农业生物重要基因资源和育种元件挖掘、性状形成的遗传基础和分子调控网络解析等研究不断深入，性状形成基础研究更加系统；重要农业生物产品或性状形成演化的遗传基础研究越来越深入，不断创新发展现代生物农业。该方向上，农业生物技术原始创新能力的提升、重大育种价值基因克隆、复杂性状形成的遗传基础与调控网络解析将是下一步亟需突破的重点。

农业生物技术将向精准化和高效化方向推进。随着新一轮科技革命的兴起，新一代遗传转化、基因编辑、全基因组选择、合成生物等育种前沿技术将进一步向着精准高效的方向发展，并将与大数据、人工智能等信息技术深度融合（IT+BT），实现农业生物高效精准改良，驱动生物育种技术迭代升级；同时多学科交叉深度融合催生了新的技术变革，跨领域研究重大突破将为农业发展带来新机遇。该方向上，突破基因编辑技术原始创新，开发新型基因编辑核心工具，推动以多维数据收集挖掘为基础、以数据建模预测为指导的智能化育种技术体系是未来的研究重点。

农业生物新产品逐步向规模化和工程化转变。未来农业生物新品种将是综合高产优质、多抗高效等诸多优良性状的颠覆性产品，是结合全基因组选择、智能设计和基因组编辑等颠覆性技术的工程品种。病虫害绿色防控生物农药成为各国研发重点，根瘤菌生物肥料等新产品日新月异。该方向上，玉米、大豆、生猪、奶牛、肉牛等突破性种源的创制，转基因、基因编辑等产品产业化应用推进，是未来的突破重点。

（六）农产品贮运与加工学

多学科交叉融合赋能农产品加工科技创新发展。世界正迎来新一轮科技革命和产业变革，加快抢占农产品贮运与加工制高点，谋划布局农产品加工领域合成生物学、智能感官和数字加工等关键核心技术与方法体系，加强生物、纳米等高新技术与农产品加工科技的交叉融合，催生新型健康与功能性农产品加工业、新资源食品制造业、食药同源产业等新业态；促进大数据、云计算、区块链与智能制造、冷链物流等技术结合，实现农产品的智能加工、安全防控、精准配送，开辟新领域、提出新理论、发展新方法。

创建未来加工理论和技术，突破耕地等自然条件对农业生产的限制。在严守18亿亩耕地保护红线基础上，亟需通过突破耕地等自然条件对农业生产的限制来夯实国家粮食安全。以"大食物观"为引领，构建多元化食物供给体系，从生产、加工、消费等环节入手，努力拓展食物来源，提升传统加工上限，开辟新资源加工高地，突破新型加工方式，向大自然要蛋白、要热量，充分利用自然能量圈，创造新能量转化形态，优化路径、原理、技术等未来加工关键环节，为人类增加食物源、能量源。

加强农产品冷链物流、仓储和加工技术体系建设。加快果蔬、畜水产等生鲜农产品的冷链物流体系建设，提高农产品跨季节、跨区域供应能力。加强绿色储粮、害虫综合防治、实时监测粮情等技术的研发，将贮运过程中的粮食损失降到最低。深入挖掘农产品原料特性，建立低碳适度加工理念，关注加工过程品质变化，发展绿色、高效、可持续加工技术和颠覆性技术，打破传统加工的局限性，通过理论和技术创新带动产业的转型升级，实现提质增效。

促进农产品加工的营养化和功能化转型。在新时代背景下，国民对食物数量和安全的基础需要逐渐转向对营养健康的高层次需求。推动营养导向型农产品加工体系建设，以"大食物观"为指引，深入挖掘各类农产品中的蛋白、油脂、多酚、多糖等营养成分，建立以营养健康产品开发为核心的研发技术体系，突破大宗粮油、果蔬、畜产、特色食用农产品原料中功能因子对特定人群健康功效的重大基础理论，创新功能因子生物合成、高效富集及靶向递送等关键技术，在保证食用品质的基础上，创制个性化营养健康新产品，助力"健康中国 2030"国家战略的实施。

参考文献

［1］ ABRAR MM, XU M, SHAH SAA, et al. Variations in the profile distribution and protection mechanisms of organic carbon under long-term fertilization in a Chinese Mollisol［J］. Science of the Total Environment, 2020,723: 138181.

［2］ BAILEY-SERRES J, PARKER J E, AINSWORTH E A, et al. Genetic strategies for improving crop yields［J］. Nature, 2019, 575: 109-118.

［3］ BEVAN M W, UAUY C, WULFF B B, et al. Genomic innovation for crop improvement［J］. Nature, 2017, 543: 346-354.

［4］ CHEN B, NIU Y, WANG H, et al. Recent advances in CRISPR research［J］. Protein & Cell, 2020, 11(11): 6.

［5］ CHEN F, YIN X G, JIANG S C. Climate-smart agriculture in China: from policy to investment［M］. FAO Investment Centre Country Highlights No. 20. Rome, FAO, 2023.

［6］ CHEN J, ZHAO Y X, LUO X J, et al. NLR surveillance of pathogen interference with hormone receptors induces immunity［J］. Nature, 2023, 613(7942): 145-152.

［7］ CHEN K, WANG Y, ZHANG R, et al. CRISPR/Cas genome editing and precision plant breeding in agriculture［J］. Annual Review of Plant Biology, 2020, 70:28.01-28.31.

［8］ CHEN S, GONG B. Response and adaptation of agriculture to climate change: Evidence from China［J］. Journal of Development Economics, 2021,148: 102557.

［9］ CHEN W, CAO P, LIU Y S, et al. Structural basis for directional chitin biosynthesis［J］. Nature, 2022, 610(7931): 402-408.

［10］ DENG N Y, GRASSINI P, YANG H S, et al. Closing yield gaps for riceself-sufficiency in China［J］. Nature Communications, 2019, 10: 1725.

［11］ DU J J, LU X J, FAN J C, et al. Image-based high-throughput detection and phenotype evaluation method for multiple lettuce varieties ［J］. Frontiers in Plant Science, 2020, 11: 563386.

［12］ GAO C. Genome engineering for crop improvement and future agriculture ［J］. Cell, 2021, 184: 1621-1635.

［13］ GAO F, SHEN Y, Sallach J B, et al. Direct Prediction of Bioaccumulation of Organic Contaminants in Plant Roots from Soils with Machine Learning Models Based on Molecular Structures ［J］. Environ. Sci. Technol., 2021, 55: 16358-16368.

［14］ GONG L, WANG W, WANG T, et al. Robotic harvesting of the occluded fruits with a precise shape and position reconstruction approach ［J］. Journal of Field Robotics, 2022, 39(1): 69-84.

［15］ HICKEY L T, A N H, ROBINSON H, et al. Breeding crops to feed 10 billion ［J］. Nature Biotechnology, 2019, 37: 744-754.

［16］ HOU D, O'CONNOR D, IGALAVITHANA A D, et al. Metal contamination and bioremediation of agricultural soils for food safety and sustainability ［J］. Nature Reviews Earth & Environment, 2020, 1: 366-381.

［17］ JACQUIER N M A, GILLES L M, PYOTT D E, et al. Puzzling out plant reproduction by haploid induction for innovations in plant breeding ［J］. Nature Plants, 2020, 6(6): 610-619.

［18］ JIANG K, ZHANG Q, CHEN L, et al. Design and optimization on rootstock cutting mechanism of grafting robot for cucurbit ［J］. International Journal of Agricultural and Biological Engineering, 2020, 13(5): 117-124.

［19］ JING J, CONG W-F, BEZEMER TM. Legacies at work: plant-soil-microbiome interactions underpinning agricultural sustainability. Trends in Plant Science, 2022,27(8): 781-799.

［20］ LI S N, LIN D X, ZHANG Y W, et al. Genome-edited powdery mildew resistance in wheat without growth penalties ［J］. Nature, 2022, 602(7897): 455-460.

［21］ LI S, ZHUANG Y, LIU H, et al. Enhancing rice production sustainability and resilience via reactivating small water bodies for irrigation and drainage ［J］. Nature Communications, 2023,14: 3794.

［22］ LI X F, WANG Z G, BAO X G, et al. Long-term increased grain yield and soil fertility from intercropping ［J］. Nature Sustainability, 2021,4: 943-950.

［23］ LING X, ZHAO Y, GONG L, et al. Dual-arm cooperation and implementing for robotic harvesting tomato using binocular vision ［J］. Robotics and Autonomous Systems, 2019, 114: 134-143.

［24］ MARTIN R, QI T C, ZHANG H B, et al. Structure of the activated ROQ1 resistosome directly recognizing the pathogen effector XopQ ［J］. Science, 2020, 370(6521): eabd9993.

［25］ PAN L, YU Q, WANG J Z, et al. An ABCC-type transporter endowing glyphosate resistance in plants ［J］. Proceedings of the National Academy of Sciences of the United States of America, 2021, 118(16): e2100136118.

［26］ PENG H, ZHAO W, LIU J, et al. Distinct cellulose nanofibrils generated for improved pickering emulsions and lignocellulose-degradation enzyme secretion coupled with high bioethanol production in natural rice mutants ［J］. Green Chemistry, 2022,24(7): 2975-2987.

［27］ SHA G, SUN P, KONG X, et al. Genome editing of a rice CDP-DAG synthase confers multipathogen resistance ［J］. Nature, 2023, 618(7967): 1017-1023.

［28］ SUN Y, WANG Y, ZHANG X, et al. Plant receptor-like protein activation by a microbial glycoside hydrolase ［J］. Nature, 2022, 610(7931): 335-342.

［29］ TAO J, RAZA S, ZHAO M, et al. Vulnerability and driving factors of soil inorganic carbon stocks in Chinese croplands ［J］. Science of the Total Environment, 2022,825: 154087.

［30］ WALLACE J G, RODGERS-MELNICK E, BUCKLER, E S. On the road to breeding 4.0: unraveling the good, the bad, and the boring of crop quantitative genomics ［J］. Annual Review of Genetics, 2018, 52: 421-444.

［31］ WANG N, TANG C L, FAN X, et al. Inactivation of a wheat protein kinase gene confers broad-spectrum resistance to rust fungi ［J］. Cell, 2022, 185(16): 2961-2974.

［32］ WANG Y E, YANG D C, HUO J Q, et al. Design, synthesis, and herbicidal activity of thioether containing 1, 2, 4–triazole schiff bases as transketolase inhibitors ［J］. Journal of Agricultural and Food Chemistry, 2021, 69(40): 11773–11780.

［33］ WANG Y J, GONG Q, WU Y Y, et al. A calmodulin–binding transcription factor links calcium signaling to antiviral RNAi defense in plants ［J］. Cell Host & Microbe, 2021, 29(9): 1393–1406.

［34］ WEI S B, LI X, LU Z F, et al. A transcriptional regulator that boosts grain yields and shortens the growth duration of rice ［J］. Science, 2022,377: 6604.

［35］ XIAO F M, ZHENG Z, SHA Z M, et al. Biorefining waste into nanobiotechnologies can revolutionize sustainable agriculture ［J］. Trends in Biotechnology, 2022, 40(12): 1503–1518.

［36］ XU S W , WANG Y, WANG S W, et al. Research and application of real–time monitoring and early warning thresholds for multi–temporal agricultural products information ［J］. Journal of Integrative Agriculture, 2020, 19(10): 2582–2596.

［37］ YANG W N, FENG H, ZHANG X H, et al. Crop phenomics and high–throughput phenotyping:past decades,current challenges,and future perspectives ［J］. Molecular Plant, 2020, 13(2): 187–214.

［38］ YANG W, GUO Z, HUANG C, et al. Combining high–throughput phenotyping and genome–wide association studies to reveal natural genetic variation in rice ［J］. Nature Communications, 2014, 5(1): 1–9.

［39］ YU H, HU M, HU Z, et al. Insights into pectin dominated enhancements for elimination of toxic Cd and Dye coupled with ethanol production in desirable lignocelluloses ［J］. Carbohydrate Polymers, 2022,286: 119298.

［40］ YUAN M H, JIANG Z Y, BI G Z, et al. Pattern–recognition receptors are required for NLR–mediated plant immunity ［J］. Nature, 2021, 592(7852): 105–109.

［41］ ZENG M, DE VRIES W, BONTEN LT, et al. Model–based analysis of the long–term effects of fertilization management on cropland soil acidification ［J］. Environmental Science & Technology, 2017,51(7): 3843–3851.

［42］ ZHAI K R, LIANG D, LI H L, et al. NLRs guard metabolism to coordinate pattern–and effector–triggered immunity ［J］. Nature, 2022, 601(7892): 245–251.

［43］ ZHANG S L, HUANG G F, ZHANG Y J, et al. Sustained productivity and agronomic potential of perennial rice ［J］. Nature Sustainability, 2023,6: 28–38.

［44］ ZHANG S, JIANG S F, HUANG B C, et al. Sustainable production of value–added carbon nanomaterials from biomass pyrolysis ［J］. Nature Sustainability ,2020, 3: 753–760.

［45］ ZHOU H, HU L, LUO X, et al. Design and test of laser–controlled paddy field levelling–beater ［J］. International Journal of Agricultural and Biological Engineering, 2020, 13(1): 57–65.

［46］ 曹卫星. 农业信息学 ［M］. 北京：中国农业出版社，2005.

［47］ 陈宝雄，孙玉芳，韩智华，等. 我国外来入侵生物防控现状、问题和对策 ［J］. 生物安全学报，2020，29（3）：157–163.

［48］ 陈阜，姜雨林，尹小刚. 中国耕作制度发展及区划方案调整 ［J］. 中国农业资源与区划，2021，42（3）：1–6.

［49］ 陈阜，赵明. 作物栽培与耕作学科发展 ［J］. 农学学报，2018，8（1）：50–54.

［50］ 陈浩成，袁永明，张红燕，等. 池塘养殖疾病诊断模型研究 ［J］. 广东农业科学，2014，41（7）：186–189.

［51］ 陈澜，杨信廷，孙传恒，等. 基于自适应模糊神经网络的鱼类投喂预测方法研究 ［J］. 中国农业科技导报，2020，22（2）：91–100.

［52］ 褚光，陈松，徐春梅，等. 我国稻田种植制度的演化及展望 ［J］. 中国稻米，2021，27（4）：63–65.

［53］ 崔永祯，杨晓云，李绍祥，等. 转基因技术与基因编辑技术在抗除草剂农作物上的应用 ［J］. 中国种业，2022（4）：19–22.

［54］ 董力中，孟祥宝，潘明，等 . 基于姿态与时序特征的猪只行为识别方法［J］. 农业工程学报，2022，38（5）：148-157.

［55］ 高亮之 . 农业模型研究与21世纪的农业科学［J］. 山东农业科学，2001（1）：43-46.

［56］ 高振，赵春江，杨桂燕，等 . 典型拉曼光谱技术及其在农业检测中应用研究进展［J］. 智慧农业（中英文），2022，4（2）：121-134.

［57］ 顾红雅，左建儒，漆小泉，等 . 2020年中国植物科学若干领域重要研究进展［J］. 植物学报，2021，56：119-133.

［58］ 韩佳伟，朱文颖，张博，等 . 装备与信息协同促进现代智慧农业发展研究［J］. 中国工程科学，2022，24（1）：55-63.

［59］ 侯英雨，何亮，靳宁，等 . 中国作物生长模拟监测系统构建及应用［J］. 农业工程学报，2018，34（21）：165-175.

［60］ 胡涛 . 基于深度学习的鱼类识别研究［D］. 杭州：浙江工业大学，2019.

［61］ 胡媛敏，张寿明 . 基于机器视觉的奶牛体尺测量［J］. 电子测量技术，2020，43（20）：115-120.

［62］ 江连洲，田甜，朱建宇，等 . 植物蛋白加工科技研究进展与展望［J/OL］. 中国食品学报，2022，22（06）：6-20［2023-4-9］. https://kns.cnki.net/kcms2/article/abstract?v=3uoqIhG8C44YLTlOAiTRKibYlV5Vjs7iJTKGjg9uTdeTsOI_ra5_XXQ0SKCemKBZxw2ZfWWXRHPUmDJW9B0BvRJ1GwFWE0yJ&uniplatform=NZKPT. DOI：10.16429/j.1009-7848.2022.06.002.

［63］ 矫雷子，董大明，赵贤德，等 . 基于调制近红外反射光谱的土壤养分近场遥测方法研究［J］. 智慧农业（中英文），2020，2（2）：59-66.

［64］ 孔红铭，赵楠星，陈秋平 . 利用合成生物学改善食品营养研究进展［J］. 食品安全导刊，2021（15）：166-168.

［65］ 李道亮，刘畅 . 人工智能在水产养殖中研究应用分析与未来展望［J］. 智慧农业（中英文），2020，2（3）：1-20.

［66］ 李灯华，许世卫，李干琼 . 农业信息技术研究态势可视化分析［J］. 农业展望，2022，18（2）：73-86.

［67］ 李少昆，王克如，谢瑞芝，等 . 玉米密植高产精准调控技术（西北灌溉玉米区）［M］. 北京：中国农业科学技术出版社，2022.

［68］ 廖小军，赵婧，饶雷，等 . 未来食品：热点领域分析与展望［J/OL］. 食品科学技术学报，2022，40（2）：1-14，44［2023-4-9］. http://www.btbuspxb.com/spkxjsxb/article/abstract/20220201.DOI：10.12301/spxb202200306.

［69］ 林春草，陈大伟，戴均贵 . 黄酮类化合物合成生物学研究进展［J］. 药学学报，2022，57（5）：1322-1335.

［70］ 林风，吴丽云 . 微生物健康产品及其产业［J］. 食品与发酵科技，2022，58（4）：113-116.

［71］ 刘成良，贡亮，苑进，等 . 农业机器人关键技术研究现状与发展趋势［J］. 农业机械学报，2022，53（7），1-22，55.

［72］ 刘德飞，马红武 . 植物病害防治相关微生物组研究进展与展望［J］. 生物资源，2020，42（1）：54-60.

［73］ 刘浩，贺福强，李荣隆，等 . 基于机器视觉的马铃薯自动分级与缺陷检测系统设计［J］. 农机化研究，2022，44（1）：73-78.

［74］ 刘旭 . 信息技术与当代农业科学研究［J］. 中国农业科技导报，2011，13（3）：1-8.

［75］ 谭文豪，桑永英，胡敏英，等 . 基于机器视觉的高地隙喷雾机自动导航系统设计［J］. 农机化研究，2022，44（1）：130-136.

［76］ 唐珂 . "互联网+"现代农业的中国实践［M］. 北京：中国农业大学出版社，2017.

［77］ 唐珂 . 智慧农业与数字乡村的中国实践［M］. 北京：人民出版社，2023.

［78］ 王飞，黄见良，彭少兵 . 机收再生稻丰产优质高效栽培技术研究进展［J］. 中国稻米，2021，27（1）：1-6.

［79］ 王凤忠．中国农产品加工业发展报告［M］．北京：中国农业科学技术出版社，2022.

［80］ 王璞玥，唐鸿志，吴震州，等．"合成生物学"研究前沿与发展趋势［J］．中国科学基金，2018，
32（5）：7.

［81］ 王向峰，才卓．中国种业科技创新的智能时代："玉米育种4.0"［J］．玉米科学，2019，27（1）：1-9.

［82］ 温维亮，郭新宇，张颖，等．作物表型组大数据技术及装备发展研究［J］．中国工程科学，2023，25（4）：
227-238.

［83］ 吴一全，殷骏，戴一冕，等．基于蜂群优化多核支持向量机的淡水鱼种类识别［J］．农业工程学报，
2014，30（16）：312-319.

［84］ 肖德琴，刘俊彬，刘又夫，等．常态养殖下妊娠母猪体质量智能测定模型［J］．农业工程学报，2022，
38（增刊1）：161-169.

［85］ 解春季，杨丽，张东兴，等．基于激光传感器的播种参数监测方法［J］．农业工程学报，2021，37（3）：
140-146.

［86］ 熊范纶．面向农业领域的智能系统技术体系架构及其实现［J］．模式识别与人工智能，2012，25（5）：
729-736.

［87］ 许世卫，邸佳颖，李干琼，等．农产品监测预警模型集群构建理论方法与应用［J］．中国农业科学，
2020，53（14）：2859-2871.

［88］ 许世卫．农业监测预警中的科学与技术问题［J］．科技导报，2018，36（11）：32-44.

［89］ 许世卫．农业信息分析学［M］．北京：高等教育出版社，2012.

［90］ 许世卫．农业信息学科进展与展望［C］//中国农学会．中国农业信息科技创新与学科发展大会论文汇编.
2007：5-11.

［91］ 许世卫．中国农业监测预警的研究进展与展望［J］．农学学报，2018，8（1）：197-202.

［92］ 严正兵，刘树文，吴锦．高光谱遥感技术在植物功能性状监测中的应用与展望［J］．植物生态学报，
2022，46（10）：1151-1166.

［93］ 杨进，明博，杨飞，等．利用无人机影像监测不同生育阶段玉米群体株高的精度差异分析［J］．智慧农
业（中英文），2021，3（3）：129-138.

［94］ 杨亮，高华杰，夏阿林，等．智能化猪场数字化管控平台创制及应用［J］．农业大数据学报，2022，
4（3）：135-146.

［95］ 杨亮，王辉，陈睿鹏，等．智能养猪工厂的研究进展与展望［J］．华南农业大学学报，2023，44（1）：
13-23.

［96］ 杨谦，程伯涛，汤志军，等．基因组挖掘在天然产物发现中的应用和前景［J］．合成生物学，2021，
2（5）：19.

［97］ 杨天乐，钱寅森，武威，等．基于Python爬虫和特征匹配的水稻病害图像智能采集［J］．河南农业科学，
2020，49（12）：159-163.

［98］ 叶婷，马宏娟，卢锐，等．人工智能在智慧农业中的应用——以数据挖掘与机器学习为例［J］．智慧农
业导刊，2022（18）：27-32.

［99］ 展晓莹，张爱平，张晴雯．农业绿色高质量发展期面源污染治理的思考与实践［J］．农业工程学报，
2020，36（20）：1-7.

［100］ 张海歆．基于机器视觉技术的番茄苗分类和排序技术研究［J］．安阳师范学院学报，2021（2）：23-27.

［101］ 张洪程，胡雅杰，戴其根，等．中国大田作物栽培学前沿与创新方向探讨［J］．中国农业科学，2022，
55（22）：4373-4382.

［102］ 张建龙，冀横溢，滕光辉．基于深度卷积网络的育肥猪体重估测［J］．中国农业大学学报，2021，
26（8）：111-119.

［103］ 张礼生，刘文德，李方方，等．农作物有害生物防控：成就与展望［J］．中国科学：生命科学，2019，

49（12）：1664-1678.

［104］张洛，王正阳，蒋建东，等. 农业领域合成生物学研究进展分析［J］. 江苏农业学报，2023，39（2）：547-556.

［105］张卫建，郑成岩，陈长青，等. 三大主粮作物可持续高产栽培理论与技术［M］. 北京：科学出版社，2019.

［106］张颖，廖生进，王璟璐，等. 信息技术与智能装备助力智能设计育种［J］. 吉林农业大学学报，2021，43（2），119-129.

［107］翟长远，付豪，郑康，等. 基于深度学习的大田甘蓝在线识别模型建立与试验［J］. 农业机械学报，2022，53（4）：293-303.

［108］赵春江，杨信廷，李斌，等. 中国农业信息技术发展回顾及展望［J］. 农学学报，2018，8（1）：172-178.

［109］赵春江. 智慧农业的发展现状与未来展望［J］. 华南农业大学学报，2021，42（6）：1-7.

［110］赵建. 循环水养殖游泳型鱼类精准投喂研究［D］. 杭州：浙江大学，2018.

［111］中国农产品加工业年鉴编辑委员会. 中国农产品加工业年鉴［M］. 北京：中国农业出版社，2022.

［112］周宝元，葛均筑，孙雪芳，等. 黄淮海麦玉两熟区周年光温资源优化配置研究进展［J］. 作物学报，2021，47（10）：1843-1853.

［113］周超，徐大明，吝凯，等. 基于近红外机器视觉的鱼类摄食强度评估方法研究［J］. 智慧农业，2019，1（1）：76-84.

［114］朱艳，汤亮，刘蕾蕾，等. 作物生长模型（CropGrow）研究进展［J］. 中国农业科学，2020，53（16）：3235-3256.

［115］诸叶平，李世娟，李书钦. 作物生长过程模拟模型与形态三维可视化关键技术研究［J］. 智慧农业，2019，1（1）：53-66.

［116］庄家煜，许世卫，李杨，等. 基于深度学习的多种农产品供需预测模型［J］. 智慧农业（中英文），2022，4（2）：174-182.

［117］卓富彦，张宏军，刘万才，等. 我国微生物农药在粮食作物上应用回顾及发展建议［J］. 中国生物防治学报，2023，39（4）：747-751.

［118］《2023中国农业农村低碳发展报告》在京发布［R/OL］. https://www.moa.gov.cn/xw/bmdt/202304/t20230414_6425333.htm?eqid=f3ee48c70014d6590000000000664647ecf.

撰稿人：梅旭荣　陈　阜　周雪平　许世卫　赵立欣　李新海　廖小军　张晴雯

张德权　董照辉　臧良震　孙　巍　田儒雅　王红彦　孟庆锋　尹小刚

曹立冬　刘文德　李　瑾　张永恩　李灯华　刘连华　马有志　李　奎

周金慧　刘荣志　杨韵龙　陈鹏飞　王宏伟　鲁　宁　欧阳宇琦

专题报告

作物栽培与耕作学发展研究

一、引言

（一）学科概述

作物栽培与耕作学是研究作物生长发育规律及其与外界环境的关系，探讨作物高产、优质、高效、可持续生产的调控措施，以及构建合理种植制度与养地制度的理论、方法和技术途径，是农业科学中重要的骨干学科之一。国内外大量研究表明，在作物产量的提高过程中，通过改进栽培耕作措施所占的比例约为60%，是推动作物高产潜力挖掘和保障农产品生产能力最为关键的技术手段。

作物栽培与耕作学的理论创新主要基于作物产量形成、生长发育规律、作物与环境关系等应用基础研究的不断深化，结合作物高产、优质、高效、生态、安全生产需求，在作物生育调控理论及技术途径上取得突破，在用地与养地结合、作物布局、作物配置和农作制度优化理论与技术途径上取得突破。研究成果主要包括：①作物生育过程中器官相关与肥水效应理论，创建了以器官相关与肥水效应为核心的叶龄促控的理论与技术，制定因地制宜、因苗管理的促控措施，为作物栽培调控和生长模拟提供了理论依据。②作物高产形成定量化理论，提出作物产量提高过程"产量构成、光合性能、源库关系"的特点及其内在联系，形成作物高产超高产理论体系。③作物营养高效平衡理论，综合考虑各大、中、微量营养元素的缺素临界指标，根据土壤测试和吸附试验结果、作物类型和产量目标等确定各营养元素的施肥量，形成一套完整的土壤养分综合评价系统和平衡施肥推荐技术。④多熟种植高产高效理论，间套复种等多熟种植可以从平面、时间上多层次地利用空间，可以充分利用光热和土地资源，协调人多地少矛盾、提高土地利用率、协调粮经作物（养殖业）生产、提高农田生物多样性和抗逆增产增效。

在作物栽培与耕作关键技术创新方面，先后创建了密植高产技术，通过增加种植密度，充分挖掘群体生产潜力，保障作物单产不断提高；土壤耕层优化技术，因地制宜研发的各种形式的深松、深翻、垄作及残差处理技术，在改土、蓄水保水、抗旱除涝、减少水土流失和增产增收方面发挥了重要作用；作物定向化控技术，根据气候、土壤条件、种植制度、品种特性和群体结构要求，在作物生长发育的不同阶段使用植物生长调节物质（激素类）进行定向诱导，塑造理想株型、群体冠层结构，提高作物生产的抗逆性和高产潜力；资源优化配置技术，有效解决气候资源配置不合理、不同季节作物产量不平衡、周年产量低和资源利用效率低等问题，创建具有重大影响的"吨粮田"技术、夏玉米晚收和冬小麦晚播的"双晚双高"技术、双季稻三熟制资源优化配置技术等；保护性耕作技术，围绕减轻农田水土侵蚀、培肥地力和节本增效目标，建立起以少免耕技术和秸秆还田、生物覆盖技术为核心的粮食主产区保护性耕作技术模式。

近年来，中国作物生产规模化和全程机械化，装备研发农业装备数字化、智能化及绿色制造等核心技术创新步伐加快，不断为作物生产管理提供更加简便适用、节本节能、大面积应用的机械化作业新机具及其配套技术，有效支撑了作物持续高产高效发展。目前，已经在全国不同作物与不同区域集成出了各类作物栽培技术模式，形成一大批具有地方区域特色的高产高效栽培技术体系，在高产潜力开发、水肥资源高效利用与土壤培肥等方面取得大批成果，对作物高产高效、增产增收和国家粮食安全起到了重要支撑作用。作物栽培定量化、精确化、数字化技术已成为作物生产和作物栽培耕作科技发展的新方向，开始在作物生产管理中发挥重要作用。在栽培方案设计、生育动态诊断与栽培措施实施的定量化和精确化，有效地促进栽培技术由定性为主向精确定量的跨越，作物栽培智能化管理水平不断提升。将多熟种植与现代农业新技术充分结合，并逐步拓展到农田复合系统的生态高效功能开发，形成类型丰富的粮、经、饲（养殖）复合高产高效种植技术模式，以及农牧结合、农林复合等高效种养技术模式。同时，围绕协调农业生产、农民增收与资源生态保护的重大需求，探索了适合不同类型区域的种植 – 加工、种植 – 养殖及种植 – 养殖一体化和规范化的农作制模式与技术，节地、节水、节肥等资源节约高效型农作制模式与技术，在推动高产高效生产、农民增收及可持续发展方面发挥了巨大作用。

（二）发展历史回顾

中国农业素有精耕细作的传统，作物栽培与耕作技术有着悠久的发展历史。早在春秋战国（前 770 年）时期的《吕氏春秋》中就有作物栽培耕作的相关记载，《氾胜之书》（西汉）、《齐民要术》（北魏）、《农桑辑要》（南宋）、《授时通考》（清代）记载着古代的精耕细作、间套复种、用地养地、抗逆栽培等经验，所提出的"顺天时，量地利，则用力少而成功多；任情返道，劳而无获"及"谷田必须岁易""地力常新壮"等论述，不仅是中国传统农业的精华，对现代农业生产也有重要指导价值。

20 世纪 50 年代，中国农业大学（原北京农业大学）引进苏联的《作物栽培学》和

《耕作学》，并作为中国作物栽培与耕作学的专业骨干课程，作物栽培学与耕作学逐步形成独立学科。1952年将苏联雅库什金的《作物栽培学》翻译成中文作为我国农业院校推荐教材，1958年集中了中国农业院校的一些著名专家和教授编写出版了第一本作物栽培学教科书。当时作物栽培科学研究的重点是作物生育的各个环境因子及其变化规律，探索如何通过肥水运筹和其他措施来造就一个理想的生育环境，使作物能够实现合理的生育进程而取得高产，但主要是总结中国传统的种植经验、施肥技术及"看天、看地、看庄稼"。1953年，北京农业大学孙渠教授首先引进苏联农业原理课程，并译为《耕作学》出版作为农业院校推荐教材，当时耕作学的主要内容是土壤肥力、团粒结构、草田轮作、杂草、土壤耕作。

此后的近半个世纪，中国的作物栽培学与耕作学一直致力于中国化，结合中国作物生产实践需求与理论及技术积累，体系框架、理论原理、技术内容等都在不断调整完善，不断走向成熟壮大，作物栽培学、耕作学一起成为中国作物学的二级学科。20世纪50—70年代，其特征以总结群众经验为主，主要依靠农业科技人员深入农村学习、总结和推广农作物丰产栽培经验，改进栽培技术，研究耕作制度改革、间套复种模式优化、土壤培肥等经验与技术，上升到作物栽培与耕作学的原理和技术研究。20世纪80—90年代，其特征为从经验技术型向理论技术型转变，作物栽培学重点研究作物生育规律、器官建成、产量形成、立体多熟、高效抗逆高产综合理论与技术，耕作学围绕作物布局优化、提高耕地周年单产、高功能高效益种植模式、农艺与农机结合等理论与技术开展研究。进入21世纪，作物栽培与耕作学开始从单一高产目标向高产、优质、高效、生态、安全多目标发展，不断吸纳现代生物技术、信息技术、新材料、新装备等，开始向机械规模化、信息精确化、可持续简化、气候变化适应性、抗逆稳产等技术发展，积极探索建立集作物增产、农民增收、农业增效、产业协调、资源高效于一体的现代耕作制度模式与配套技术体系。

二、现状与进展

（一）学科发展现状及动态

1. 绿色丰产与优质高效栽培

实现作物丰产、提质、增效、绿色是新时期我国作物栽培与耕作学科的历史使命，也是理论和技术创新的核心目标。近年来，围绕作物生长发育与产量品质形成、作物–环境–栽培措施的互作关系等方面的研究不断深入，作物优质丰产高效协同的调控原理和关键栽培技术持续创新。从优化群体生育动态、防止后期早衰、非叶器官光合耐逆高效机制、生态因素（光、温、水、肥）调控机理等角度，探明大田作物超高产与提质协同的生育、生理、生态特性，大田作物超高产优质协同规律，集成品种精选、生育诊断、适期播栽、合理密植、肥水高效耦合与精准诊断调控等栽培技术，不断挖掘作物高产优质协同潜力。

在水稻绿色丰产与优质高效栽培方面，揭示了高产群体的共性规律是"前期数量适宜质量高，中期碳氮协调结构好，后期积累充足转运强"，明确了以库容和根源质量为核心的弱势籽粒灌浆调控技术途径，糖信号调动光合同化产物源库转运的生理机制。发现脯氨酸脱氢酶对香稻香气2-乙酰-1-吡咯啉（2-AP）生物合成起关键作用；适量的锌、铁、硒等元素，适宜的土壤、光照、温度、水分等环境因素，以及增香增产栽培，可促进香气2-AP的生物合成和积累，改善稻米外观品质，协同提高香稻香气和产量。针对我国南方多熟制地区水稻机插栽培普遍存在"苗小质弱与大田早生快发不协调、个体与群体关系不协调、前中后期生育不协调"，导致产量、品质不高不稳与多熟季节矛盾加剧的突出难题，创建了机插毯苗、钵苗两套"三控"育秧新技术，"三协调"高产优质栽培途径及生育诊断指标体系，毯苗、钵苗机插水稻"三协调"高产优质栽培技术新模式。针对我国生产的香米香气含量低、缺乏专用调控技术等关键问题，创制出香稻专用肥和香稻增香叶面肥，创建了多苗稀植、精准施肥、少水灌溉、适时早收等香稻增香增产关键栽培技术。针对寒地直播稻丰产难等问题，构建了强势粒与主茎穗兼顾的稳产群体结构，研发了整地机具、播种机具和农化制剂，发明了适于寒地生态特点的旱播水管栽培方法和湿润直播栽培方法。近5年来，5项水稻栽培技术入选农业农村部十大引领性技术。

在玉米专用品质产量与资源利用协同提升机理与技术方面，明确了产量、品质与生态环境、关键调控因素间的关系，以及协同提高产量构成因素、淀粉及蛋白质等其他营养物质积累、籽粒脱水的关键生理过程及生化机理；以增强专用性、促进籽粒均衡发育、提高灌浆速率、提升粒重与容重、降低收获期水分含量和霉变率为核心，提出不同区域的品种-环境-栽培措施一体化的产量品质与资源利用协同提升技术途径。中国农业科学院作物所创建的密植栽培、水肥一体化精准调控、机械粒收等关键技术，实现了产量、资源效率和经济效益协同提升，集成的"玉米密植精准调控高产技术"被农业农村部遴选为全国玉米主推技术，2022年入选中国农业农村十项重大新技术。

在小麦品质产量与资源利用协同提升机理与技术方面，针对制约小麦加工品质、产量和资源利用协同提升的关键问题，开展了小麦产量品质形成过程及资源利用的协同提升调控途径及调控机理研究，从群体、个体、生理、分子等方面深入揭示小麦碳氮物质合成、积累、转运机制及其与产量品质和资源利用的关系，小麦叶片衰亡、穗粒发育、高效根群结构与机能调控途径，小麦加工品质（淀粉品质、蛋白质品质）和营养品质（氨基酸和微量营养素）的关键主控因子、提升途径及关键技术；创建了不同区域小麦优质高产高效协同的栽培技术体系。

2. 全程机械化驱动的作物生产转型

随着我国农村城镇化进程加快，大量农业劳动力向城市转移，劳动力缺乏导致生产成本偏高、生产效率与种植效益偏低，国际竞争力下降。当前作物生产方式和劳动力结构正在发生巨变，作物生产全程机械化是我国农业生产现代化的必然要求。要完成全程机械化生产转型，作物生产面临新挑战，主要表现在相应配套技术不完善；实现农机农艺融合、良种良法配套是实现作物生产全程机械化驱动的关键。作物生产全程机械化不仅需要对应的作物生产装备，而且对相配套的作物栽培耕作技术提出了新要求。例如，玉米要实现籽粒的机械化收获，要求成熟时籽粒含水量 <28%，而传统玉米品种收获时含水量在 30% 以上，难以满足机械化收获需求。这就要求生育期要缩短，有更长的时间完成籽粒脱水，而生育期缩短，又可能引起产量下降。如何协调这些矛盾是现代作物生产转型迫切需要解决的问题。

中国农业大学在"十三五"期间主持"玉米密植高产宜机收品种筛选及其配套栽培技术"，在耐密高产宜机收品种筛选、高通量收获关键技术、配套栽培技术和集成技术体系上取得重要进展。在品种筛选上，解析了高产宜机收玉米品种穗－秆－粒生物学特性和穗－秆－粒特性对增密的响应特征，建立了以"以熟期换水分，以密度换产量"为核心的品种筛选策略和通用性指标。高产宜机收品种筛选主要从 3 个方面进行：一是耐密高产性，即在增密的条件下玉米产量形成特性，包括空秆率、果穗的均匀性、穗粒数及粒重特征等；二是宜机收特性，即在玉米收获时籽粒含水量、立秆特性等，包括在特定区域达到宜机收籽粒水分所需的积温指标等，即品种的熟期与区域资源和种植制度的匹配；三是品种的区域生态适应性，即特定生态环境下玉米品种的丰产性特征。基于上述筛选标准，在玉米主产区 16 省 51 个点开展了高产耐密宜机收品种筛选共性联网试验，完善了玉米主产区品种生态适应性布局。建立了品种生态适应性评价标准与区域布局体系共 27 套，在各区筛选到耐密高产宜机收玉米品种 81 个（次）。在机械化高通量收获方面，创新了高通量低损摘穗、低破碎脱粒、高效清选机械化收获技术 3 套，研发了适宜东北春玉米区、黄淮海夏玉米区和南方玉米区的系列籽粒直收型玉米联合收获机 7 种。项目共获得国家、行业和地方标准共 35 项，授权专利 49 项。培训农技人员、种植大户、农机手、合作社农户等共 3 万多人次，应用推广示范面积 123 万亩。获得省（部）级奖励 2 项。玉米机械化收获技术连续 3 年（2018—2020 年）入选农业农村部重大引领性技术。

3. 作物智慧农作

作物智慧农作系统的核心是研发"地下－地面－空中"田间作物高通量、全过程和全生境表型监测平台，开发关键结构和功能性状的田间高通量表型算法及功能预测模型，集成研发面向智慧农作全领域全流程信息感知、智能决策及精确作业的综合性智慧农作平台，创制基于农艺农机信息融合的作物生产精确作业装备和系统，构建不同区域、不同作物规模化、标准化丰产增效的精准智慧化栽培管理技术。近年来，我国在作物智慧农作技术研发和"无人农场"构建方面取得了显著进展，对作物生产全程管理的数字化、科学化、智慧化形成有效支撑。

在利用遥感、传感、物联网、大数据等现代信息技术对作物生长情况及生态环境进行实时监测，获取作物生长发育进程中的生理形态指标、生态环境指标等方面，研制出多尺度应用的软硬件智能产品，建立星机地一体化的作物生长动态监测预测平台，在作物生长与生产力动态监测预测技术、作物生长定量诊断与动态调控技术及面向多尺度应用的作物生长监测诊断设备等领域不断取得创新和突破，已经在长江中下游、黄淮海、东北三大粮食主产区进行了应用示范。

在作物管理处方设计、智能推送技术与可支持变量投入的作物管理决策与评估系统方面的技术越来越丰富，面向智慧农作全领域、全流程的综合性智慧农作应用平台，以及基于农艺农机信息融合的作物生产精确作业装备和系统开发也不断创新，有力支撑了作物精确栽培技术体系构建。建成了小型的可以集成实时感知、定量决策、智能控制、精确投入、智慧服务的示范性智慧农场，水肥利用率、劳动生产率得到大幅提高。

在大田作物"无人化"栽培方面也进展明显，无人车、无人机、机器人等智能装备与物联网、大数据、人工智能技术有机结合，实现了大田作物"无人化"栽培的信息化监测、最优化控制、精准化作业和智能化管理，在我国已经建成多个示范性"无人农场"。尽管还存在原位精准测量技术与农业专用传感器缺乏、作业机械田间环境感知和自主作业避障技术不足、机具载荷能力不够大、综合成本较高等问题，但已经展示出很好的发展潜力和前景。

4. 新型多熟制发展

复种轮作、间套作、再生作及多年生等形式的多熟制实现了作物从时间和空间上的集约化生产，发挥了充分利用光热与土地资源、提高土地利用率、协调粮经饲作物生产、增加作物产量、促进农业多元化发展等功能，对保障我国粮食安全、农业增效与农民增收作用显著。近年来，随着多熟不断向多元、高效、生态方向发展，相应的理论、方法与技术研究也不断向广度和深度发展。中国农业大学通过长期定位试验研究发现，间作后平均产量增加22.3%，平均土地当量比为1.22；随着种植年限的增长，间作产量每年增加幅度高于单作，这表明间作的产量优势随着种植年限不断增加。此外，相比于单作，间作显著提高产量年际间的时间稳定性，这可能与间作显著增加土壤大团聚体含量，同时增加土壤有机碳和全氮量，改善了土壤结构，增加土壤肥力有关。围绕多熟农作制机械化、高效化、标准化及绿色化发展的迫切需求，中国农业大学牵头实施了现代农作制模式构建与关键技术研究示范公益性行业科技项目，探索了黄淮海、长江中下游、西南丘陵、东南沿海等区域多熟模式与技术优化途径，攻克了复种模式秸秆全量还田下间作物配置优化、土壤轮耕、间套作农机农艺融合及菜田绿色高效多熟轮作等关键技术，创建了适应秸秆还田的小麦 – 玉米、小麦 – 水稻、油菜 – 水稻耕作（种）新技术，适应机械化的麦 / 玉 / 豆田间配置技术，以及连作菜田增种一季粮食作物的多熟轮作技术。四川农业大学等建立的玉米大豆带状复合种植技术已开始在全国范围内大规模推广应用，实现在同一块土地上大豆、玉米和谐共生、一季双收，稳玉米、增大豆的生产目标。

再生稻发展有利于实现水稻增产、农民增收和农业可持续生产，是保障国家粮食安全的重要举措。针对再生稻栽培技术集成度低、成熟度不足，导致再生稻周年产量和资源利用效率不高及稻米品质不稳定等问题，华中农业大学等研究团队开展了再生稻关键栽培技术的攻关研究，鉴选了多个适宜在华中地区机收再生稻模式中种植的分蘖力中等、头季茎秆粗壮、抗倒性强、综合抗病性强、米质优的强再生力中熟中稻品种，有利于协同提高再生季的产量、稳产性和稻米品质。提出了适时早播结合适宜的留桩高度实现资源高效利用技术，并研发了头季优化水分管理的机收减损技术。多年生稻利用地下茎腋芽萌发成苗实现多年生，是稻作生产方式的重要补充和完善。云南大学研究团队把长雄野生稻地下茎无性繁殖特性转移到栽培稻中，并构建了基于物质分配的产量和多年生性协同的多年生稻耕作栽培理论，保证稻桩成活率、控制有效穗数、提高每穗粒数，同时花后增施氮肥、适宜留稻桩高度促进光合同化物合成，协同干物质在产量和多年生性之间的平衡分配。创新集成了以免耕和越冬为核心的多年生稻轻简化耕作栽培技术。与一年生稻相比，以越冬和免耕为核心实现多年生生产，多年生稻自第二季开始不再需要买种、育秧、犁田、耙田和栽秧等生产环节，减少了劳动力投入，降低了劳动强度，有益于耕地土壤的修复保护。

5. 气候韧性与低碳绿色农作

发展气候韧性和低碳绿色农作制度是我国农业绿色转型发展的必然选择。气候韧性农业指通过可持续地利用现有自然资源提高农业生产系统长期生产力和农民收入，提高对气候变化暴露度高、脆弱性强的农业生产系统韧性。为积极应对气候变化、保障粮食安全，推动我国农业绿色低碳发展，在联合国全球环境基金支持下，2014—2019 年，农业农村部与世界银行共同组织实施了全球环境基金气候智慧型主要粮食作物生产项目。项目围绕水稻、小麦、玉米三大粮食作物生产系统，在主产区安徽和河南建立示范区，开展作物生产减排增碳的关键技术集成与示范、配套政策的创新与应用、公众知识的拓展与提升等活动，提高化肥、农药、灌溉水等投入品的利用效率和农机作业效率，减少作物系统碳排放，增加农田土壤碳储量。通过技术示范与应用、政策创新及新知识普及，建立气候智慧型作物生产体系。该项目集成创新并构建形成了中国气候智慧型作物生产技术体系，规范了小麦 – 玉米和小麦 – 水稻气候智慧型生产技术规程，完善了气候智慧作物生产技术的理论内涵，有力地推动了我国气候智慧型农业理论普及和技术发展，为全球气候韧性与低碳绿色农作发展提供成功经验和典范。2021 年项目入选联合国气候变化峰会全球"基于自然的解决方案"32 个最佳案例，2022 年以中国气候智慧型作物生产项目成果为案例支撑的 *Climate-Smart Agriculture in China—from Policy to Investment* 由联合国粮农组织官方出版，为全球农业绿色转型发展贡献中国经验和智慧。

"十三五"期间，在农业农村部、财政部等相关部门的支持下，在我国东北、华北、西北等地区均开展了相关研究，并针对不同气候资源与种植制度等条件构建了相应地区的保护性耕作技术和模式，推动了我国保护性耕作技术熟化应用，取得了良好的经济、生态与社会效益。一是围绕土壤养分、地力提升、粮食丰产稳产、固碳减排等方面取得了一系列理论创新，并在东北、华北、西北等地区建立了与不同气候、土壤等自然条件、种植制度和社会生产条件相适应的新型保护性耕作技术体系，如在东北地区基于保护性耕作技术的"梨树模式"对保护东北黑土地和提升耕地质量有重要作用。二是注重保护性耕作装备方面的优化与集成，重点开展了深松、秸秆还田、免少耕播种、一体化施肥灌溉技术、植物保护等多环节协同配套技术与机具装备的集成研究，提高了保护性耕作技术的农机农艺融合与信息管理化水平。三是发展保护性农业，更加关注由土壤耕作技术向综合可持续性技术模式的发展。各区域针对气候土壤特点，在保护性耕作基础上开展轮作等多样化种植技术与水肥等养分管理技术研究，形成了具有区域特色的保护性耕作制，发挥保护性农业在培肥地力、固碳减排、生物多样性、应对和减缓气候变化方面的作用。

（二）学科重大进展及标志性成果

1. 作物高产生理及其分子机理

人口的快速增长、肉类消费的增加，以及农作物用于非食品和非饲料目的的扩大增加了全球粮食生产的压力。随着现代植物生理和分子生物学的发展，基于形态、组织、细胞、分子等层面的作物栽培形态生理生化的基础理论研究成果颇丰，与基因组学、蛋白组学互相渗透交融，开辟了栽培机理认识与调控新领域。诸多基础成果在作物栽培技术的创新与集成中起到了重要的理论支撑作用。中国农科院作物科学研究所鉴定出一种水稻转录因子OsDREB1C，该基因的表达受光照和低氮状态的诱导，能够调控光合能力、氮利用率和开花时间。在大田试验中，过表达该基因的植物产量更高、生长期缩短、氮肥利用效率提高。

通过筛选水稻光合作用相关转录因子，鉴定了一个DREB（脱水响应元件结合）家族成员OsDREB1C，在该家族中表达由光和低氮两种状态诱导。发现OsDREB1C驱动功能多样的转录程序，决定光合能力、氮利用率和开花时间。田间试验发现OsDREB1C过量表达，水稻的产量增加了41.3%~68.3%，此外，还缩短了生育期，提高了氮肥利用效率，促进了资源的有效配置，从而为实现农业生产力的急需增长提供了一种战略。OsDREB1C水稻在光照和低氮条件下均可诱导表达，2018—2021年，在中国北部、东南部和南部进行了田间试验。OsDREB1C-OE过表达株由于每穗粒数增加、粒重增加，收获指数提高，OE植株的产量比野生型高41.3%~68.3%。光诱导生长促进OsDREB1C-OE植物伴随着光合能力的增强和光合同化物的增加。由于氮的吸收和运输活动的增加，OsDREB1C-OE植物氮肥利用效率提高。此外，OsDREB1C过度表达导致碳氮在源库之间的分配更为有效，从而提高了粮食产量，尤其是在低氮条件下。OsDREB1C-OE植株在长日照条件下，比野生型植株提前13~19天开花，并且抽穗期积累的生物量高于野生型植株。研究表明，OsDREB1C在小麦和小麦中的过表达也能提高生物量和产量。过度表达OsDREB1C早熟开花不只是能提高粮食产量，研究表明，通过对单个转录调节基因的表达进行基因调控，还可以在缩短作物生长期的同时，显著提高产量。现存的自然等位基因变异 OsDREB1C 转录因子在种子植物中高度保守的功能，以及基因工程改变其表达的容易程度，表明该基因可能是未来作物改良策略的目标，可实现更高效和更可持续的粮食生产。

2. 适应气候变化的作物栽培耕作技术优化

构建适应和应对气候变化的作物栽培耕作技术是本学科的重要研究方向。在国家"十三五"重点研发计划"粮食作物丰产增效科技创新"专项支持下，中国农业科学院等单位牵头在水稻、小麦和玉米三大主粮作物生产应对气候变化的基础理论与应用研究取得重要进展，明确了气候变化对我国主粮作物生产系统的影响。在水稻领域，阐明了影响各大区域水稻生产的主要气候要素及其变化特征，构建了中国水稻主产区农业气候资源变化评估模型和气候变化背景下水稻生产环境代价评价模型，定量评估了未来水稻农业气候资源、生长分布适宜程度和潜在生产力的分布变化，定量表征了气候变化对水稻生产系统的综合影响。在小麦方面，明确了 1961—2018 年黄淮海和江淮地区均态气候与极端气候的时空特征，发现整个研究区域呈现气温升高、降水变率增大、日照时数减少的趋势，极端气候事件更加频繁或年际间变化更大；发现气候变暖推动了冬小麦种植空间分布北移，关键物候期前移，水肥利用效率降低；构建了不同气候变化情景对小麦生产系统影响的多模型耦合评估系统。在玉米系统上，定量表征了不同代表性浓度路径下关键气候因子变化的时空规律和波动性，以及其对玉米生产系统的影响，明确了未来玉米增产途径，可以为我国新增千亿斤粮食提供理论支撑。

在应对气候变化的适应性栽培理论与技术方面，阐明了长江中下游稻区、西南立体气候稻区高温、低温、弱光等关键气象因子对水稻产量形成的调控效应，揭示了水稻生产力形成对高温的响应机制，以及增温、极端高温、寡照和干旱等关键气候因子对稻米品质的调控效应，明确了稻米垩白是最敏感的气候变化响应指标，揭示了碳、氮代谢失衡是导致气候变化下稻米垩白高发的生理代谢机制；阐明了种植方式、播期调整、氮肥优化管理、生长调节剂等技术对作物生产力的影响及作用机制，提出了以品种、氮肥常规栽培措施为主的气候变化下的水稻丰产优质栽培途径。从群体到分子多层次水平系统揭示了未来气候情景下，降水和温度变化、CO_2 浓度升高及其互作对小麦生长发育、产量、品质和资源利用效率的影响机理，建立表型与基因型结合的小麦抗旱耐热品种评价技术体系；构建了黄海北片据苗情、墒情及气候因素减量增次小定额水分高效运筹技术途径，优化了不同亚生态区小麦的适期晚播栽培技术体系，提出了应对高温干热风的抗逆栽培技术体系；创建了黄淮海南片增强植株抗性、减轻逆境伤害、稳定籽粒产量和品质的关键栽培技术体系；提出了江淮地区通过渍水锻炼、低温锻炼及外源物质喷施增强小麦耐渍性和耐低温胁迫的技术途径。在玉米生产上，系统揭示了玉米产量形成过程对多气候因子变化在群体与个体、器官与组织、细胞与分子等多层次响应与适应的生理生化机制，量化了气候因子变化对玉米生长发育过程和产量形成的影响程度；构建了应对气候变化的东北玉米保护性耕作技术、氮密互作调控青贮玉米产量和品质及玉豆间作玉米青贮技术模式。

创新了丰产优质与甲烷减排协同的稻作理论与技术。揭示了水稻品种生产力与稻田甲烷排放的地上地下互作效应及其协同机制，发现水稻分蘖期及其土壤氧含量是甲烷减排的关键时期和丰产减排的决定因子，提出了"增氧 – 强根 – 促氧化"的丰产优质与甲烷减排协同的技术途径。阐明了气候变化因子（大气中 CO_2 浓度升高和气温升高）和农艺措施（水分管理、耕作措施、秸秆还田、氮肥运筹等）对稻田温室气体排放的影响及其机制，集成丰产优质低甲烷排放水稻品种、碳氮互济的秸秆还田技术与机具及甲烷减排产品，创建了适于东北一季稻区、南方水旱两熟区和双季稻区的丰产优质低碳稻作新模式。

3. 多熟农作制关键技术集成与应用

中国农业大学等单位完成的"多熟农作制丰产增效关键技术与集成应用"成果，针对南方双季稻三熟区稻田多熟制、长江中下游麦 – 稻两熟制、黄淮海平原麦 – 玉两熟制、西南丘陵避旱减灾多熟制、华南粮菜轮作多熟制的模式优化与技术研发取得进展，有效集成保护性耕作、水肥资源高效利用、轻型栽培耕作及全程机械化等技术，推动用养结合、粮经饲协调和增产增效，在推动传统多熟制现代化方面获得显著成效。针对近 30 年我国气候资源、生产要素、品种与栽培技术及作物种植结构都发生了较大变化，传统熟制界限及耕作制度区划无法准确反映当前种植制度与养地制度特征问题，中国农业大学等在分析资源与作物生产匹配特征及其变化动态的基础上，综合应用遥感、GIS、模型模拟与专家评价等方法重新界定了我国耕作制度的熟制界限和区域划分，该成果在第三次全国土地资源调查相关地力及产量潜力评价中发挥了重要作用。构建了气候变化与社会经济发展对多熟农作制影响的评估系统，提出黄淮海、长江中下游粮食主产区需要在全量秸秆还田背景下进行土壤耕作技术创新，西南丘陵地区需要通过田间作物配置优化解决农机农艺融合，东部蔬菜集中产区需要进行轮作模式创新以解决菜田连作障碍与夏季撂荒问题，明确了我国农作制发展优先序与多熟农作制技术优先序。

围绕各区域多熟制主导模式及生产问题与关键技术需求，创建了小麦 – 玉米、小麦 – 水稻、油菜 – 水稻耕作（种）新技术，适应机械化的麦 / 玉 / 豆田间配置技术，以及连作菜田增种一季粮食作物的多熟轮作技术等。研究不同耕作方式及其组合对土壤理化性质、有机碳、水肥效率及作物产量的影响规律，创立了麦 – 玉全量秸秆还田年内与年际免旋松组合耕作技术、麦 – 稻两季秸秆还田浅耕机播（栽）耕种技术、稻 – 油稻草条状覆盖油菜机械开沟摆栽技术，有效解决了秸秆全量还田难、播种质量差、产量低、费工费时等问题，周年产量平均提高 10% 以上、肥水效率平均提高 8% 以上、节本增效 12% 以上。揭示了玉米 / 大豆间套作模式的株（穴）、行距、带间距配置对光、水、肥资源高效利用机制，提出"选品种、扩带间距、缩株（穴）距"高产高效和适应机械化作业的田间配置技术，并研制出配套新机具，实现了间套作全程机械化，比传统模式每亩节本增效 400 元以上。在华南、黄淮海蔬菜集中产区创新了"菜 – 粮 – 菜"绿色高效多熟轮作关键技术，解决了茬口衔接、秸秆还田、轻简栽培、连作障碍消除等技术难题，每亩增粮 300~450 千克、增收 1300~2100 元。

构建了粮食主产区、丘陵山区、东部沿海地区农艺农机配套的多熟丰产增效技术新体系（3 大类 6 种模式）。以新型耕作组合与栽种方式为核心技术，集成水肥高效利用、品种搭配、优化灌溉等技术，建立了小麦-玉米、小麦-水稻、油菜-水稻等粮食主产区多熟丰产增效技术体系，形成技术规程 5 套。以田间作物配置和农机具配套为核心技术，集成品种优化、带型配置、播期调整、化学调控等技术，创建了以"小麦/玉米/大豆"为主体的丘陵旱地机械化间套复种模式，形成了我国第一部间套作行业标准。以粮-菜多熟轮作为核心技术，集成品种筛选、秸秆还田、轻简栽培等技术，形成了蔬菜集中产区的夏闲菜田粮菜轮作绿色高效种植模式。各类模式具备轻简化、机械化、高效化、标准化特征，周年产量提高和节本增效 10% 以上。成果已经在河北、河南、山东、江苏、四川、广东等省区进行了大面积推广应用，社会经济和生态环境效益显著。相关研究成果"多熟农作制丰产增效关键技术与集成应用"获 2018—2019 年度神农中华农业科技奖一等奖，中国农业大学"现代农作制创新团队"获评 2020—2021 年度神农中华农业科技奖优秀创新团队。

4. 再生稻丰产优质栽培技术

华中农业大学等研究团队完成的再生稻关键栽培技术研究与示范成果推动了再生稻快速发展，有利于实现水稻增产、农民增收和农业可持续生产，是保障国家粮食安全的重要技术。针对再生稻栽培技术集成度低、成熟度不足，导致再生稻周年产量和资源利用效率不高及稻米品质不稳定等一系列问题，开展了再生稻关键栽培技术的攻关研究，鉴选了多个适宜在华中地区机收再生稻模式中种植的分蘖力中等、头季茎秆粗壮、抗倒性强、综合抗病性强、米质优的强再生力中熟中稻品种，如两优 6326、丰两优香 1 号、甬优 4949 和黄华占等。有助于解决再生稻生产中品种多、乱、杂的问题，有利于协同提高再生季的产量、稳产性和稻米品质。

针对头季和再生季肥水管理不协同、再生稻周年温光资源不匹配及头季稻茬碾压率高等问题，研究团队创建了再生稻肥水协同管理技术，提出了适时早播结合适宜的留桩高度实现资源高效利用技术，并研发了头季优化水分管理的机收减损技术。在长江中下游地区再生稻生产中全程采用干湿交替灌溉，再生季配合施用促芽肥和提苗肥，可以使再生稻周年增产 25%，氮肥利用效率提高 15% 以上，水分利用效率提高 20% 以上。提出通过适时早播优化再生季温光资源配置，并结合适宜的留桩高度实现再生稻周年温光资源高效利用、促进周年高产。在头季分蘖中期和齐穗后 15 天左右排水晒田，可以提高头季收获时土壤硬实度，相比于晒田不充分机收再生稻的再生季产量提高 10%，能够有效实现再生稻机收减损。

根据以上关键技术，研究团队集成了"机收再生稻丰产优质高效栽培技术模式"，并在湖北省进行大面积生产示范，周年产量超过 1000 千克 / 亩，分别比中稻和双季稻增收 150 元 / 亩和 300 元 / 亩以上。由于高产和经济效益显著，该技术模式在 2017 年和 2018 年被农业农村部列为农业主推技术，并获得了 2018 年度湖北省科学技术进步奖一等奖和 2022 年全国农牧渔业丰收奖（农业技术推广成果奖）一等奖。在机收再生稻模式的推广过程中，探索建立了"一核四驱"的推广机制，即以再生稻产业发展为核心，政产学研推合力驱动、产量效益协同驱动、绿色高效驱动和产业化内生动力驱动。该技术模式 2017—2021 年在湖北累计推广了 1874.3 万亩，比非示范片再生稻平均每亩增产 149.3 千克，累计增产稻谷 27.4 亿千克，增收节支 22.5 亿元。该技术模式的研究和推广还促进了湖北周边地区，特别是湖南、江西、安徽和河南等地机收再生稻的发展，推动我国再生稻总种植面积从 2017 年的 1150 万亩增加到 2020 年的 1860 万亩。

5. 玉米 – 大豆带状复合种植理论与技术

四川农业大学等单位完成的"玉米 – 大豆带状复合种植技术"相关成果为国家稳玉米、扩大豆生产发挥了重要支撑作用。玉米大豆争地矛盾是国家粮食安全面临的"卡脖子"难题，高产出与可持续的冲突是作物生产面临的重大挑战，间套轮作具有解决这些难题和挑战的有益"基因"，但传统玉米大豆间套作长期存在田间配置不合理、大豆倒伏严重、施肥技术不匹配和绿色防控技术缺乏等问题，难以融入现代农业和实现广泛应用。据此，本成果综合运用多学科理论与方法，创新玉米 – 大豆带状复合种植关键理论、技术和机具，取得了系列创新性成果。

创建了带状复合种植"两协同一调控"理论体系，填补了间套作应用基础理论的空白。揭示了"高位主体、高（玉米）低（大豆）协同"光能高效利用新机制，为高低位作物带状复合种植田间配置优化奠定了理论基础；阐明了带状复合种植系统"以冠促根、种间协同"利用氮磷的生理生态机制，填补了间套作地上光资源与地下养分资源协同利用的理论空白；提出了耐荫抗倒大豆理想株型参数，形成了光环境、基因型与调节剂三者有机结合的低位作物株型调控理论，为突破低位作物大豆倒伏低产瓶颈和挖掘大豆耐荫抗倒资源提供了理论支撑。形成了带状复合种植核心技术与配套技术，破解了间套作高低位作物不能协调高产、绿色稳产和机械化生产的难题。研发出"选配品种、扩间增光、缩株保密"的核心技术和"减量一体化施肥、化控抗倒、绿色防控"的配套技术，在国内外率先实现了间套轮作一体化、机具通过性提高、玉米大豆协调高产与绿色稳产的统一。复合系统光能利用效率达到 4.05 克 / 兆焦、氮磷肥吸收利用率分别为 67.8% 和 21.2%，降低大豆田间倒伏率 57% 以上，减施农药 25% 以上，病虫草害综合防控率达 85% 以上。

研制出密植分控播种施肥机、双系统分带喷雾机、窄幅履带式收获机，有效解决了强优势间套作难以机械化的难题。研发了玉米大豆小株距同步精量播种、分带施药、低位仿形割台、低破碎脱粒等关键技术与装备，并制定了全程机械化技术规程，引领了间套作机械化生产技术。构建了玉米－大豆带状复合种植技术体系并大面积应用，颠覆了"间套作应该退出历史舞台"的看法。依据不同生态区的资源禀赋和生产条件，集成了适用于不同区域的技术模式3套，制定了第一部间套作国家行业标准，创建了"三融合、四圈层、五结合"成果推广新机制，加速了成果应用。为四川大豆生产逆势上扬成为全国大豆第三大主产省和全国大豆扩面增产提供了强有力的技术支撑。

该技术社会、经济和生态效益显著，2008—2022年，在西南、西北、黄淮海等区域20多个省（直辖市、自治区）累计推广1.06亿亩，新增大豆1283.9万吨，新增经济效益330.5亿元；增加土壤有机质5%，减少水土流失10%左右。该技术连续13年入选国家/四川省主推技术，并于2020年、2022年和2023年3次写入中央一号文件大力推广。成果获2019年度四川省科学技术进步奖一等奖和2022年全国农牧渔业丰收奖农业技术推广合作奖。

6. 多年生稻栽培理论与技术

云南大学胡凤益团队利用长雄野生稻（*Oryza longistaminata*）和亚洲栽培稻（*O. sativa*）杂交，把长雄野生稻地下茎无性繁殖特性转移到栽培稻中，成功创制了多年生稻，入选了《科学》杂志2022年度十大科技突破。团队构建了基于物质分配的产量和多年生性协同的多年生稻耕作栽培理论，即多年生稻连续多年多季稳产增产的关键是保证稻桩成活率、控制有效穗数、提高每穗粒数，同时花后增施氮肥、适宜留稻桩高度促进光合同化物合成协同干物质在产量和多年生性之间的平衡分配。创新集成了以免耕和越冬为核心的多年生稻轻简化耕作栽培技术，其核心要点：一是双季稻区在早稻齐穗后15天时每亩增施5千克尿素作为保根促芽肥，确保地下茎腋芽的出苗活力；二是早稻收获时留桩的高度要<5厘米，确保从早稻稻桩地下茎腋芽出苗整齐一致形成晚稻的有效群体；三是双季稻区晚稻和一季稻区在收获时留桩高度>25厘米，利于越冬期光合同化物的合成与积累，确保足够物质能量，在越冬后第二年稻桩地下茎腋芽出苗整齐一致；四是越冬期进行杂草防治，降低草害发生率；五是确保越冬期土壤的水分和湿度，标准是确保地下茎腋芽处于休眠且第二年早稻能正常萌动出苗；六是密植减氮，头季移栽密度每亩基本苗不少于1.5万穴，第二年（季）开始把基肥后移至穗肥，减少全生育期氮肥用量30%，实现减氮控苗促大穗；七是以上措施只是多年生稻耕作栽培技术的基本框架，各地实际应用时需要因地制宜，制定本地化的耕作栽培技术。

多年生稻利用地下茎腋芽萌发成苗实现多年生，是稻作生产方式的重要补充和完善，在南北纬40度之间的无霜稻作区具有广泛的应用前景。与一年生稻相比，以越冬和免耕为核心实现多年生生产，多年生稻自第二季开始不再需要买种、育秧、犁田、耙田和栽秧等，减少了劳动力投入，降低了劳动强度，有益于耕地土壤的修复保护。多年生稻生产带来了显著的社会、经济和生态效益，多年生稻连续种植4年8季每季每公顷产量（6.8吨）与一年生稻每季每公顷产量（6.7吨）相当，每季每公顷节约劳动力68~77人次、节约生产投入 46.8%~51%，每年每公顷固定土壤有机碳（SOC）0.95 毫克、增加土壤纯氮（TN）0.11 毫克。

7. 玉米机械粒收技术

中国农业科学院李少昆团队牵头的"玉米籽粒机收新品种及配套技术体系集成应用"被评为"十三五"期间农业科技标志性成果，年推广面积近 4000 万亩；"西北灌溉区玉米密植机械粒收关键技术研究与应用"获得 2020 年新疆维吾尔自治区科学技术进步奖一等奖，为我国玉米机械籽粒收获技术的推广应用提供了理论和技术支持。

"十三五"国家重点研发计划"玉米密植高产宜机收品种筛选及其配套栽培技术"项目和国家玉米产业技术体系把玉米机械粒收技术作为重点研究内容，组织资源、育种、栽培、机械、植保、农业经济等相关领域专家共同攻关。从理论基础、关键技术、技术集成、推广模式等层面持续开展了玉米机械粒收技术的研发工作，通过在全国玉米主产区广泛布置试点，联合开展宜机收品种的筛选、影响收获质量关键因素、籽粒脱水的生理机制、区域生态资源特点与品种配置、机具的配套与应用等方向的研究。近年来，在全国各主产区广泛建立试验示范点，加强关键技术研发与系统集成、示范，鼓励和帮助新型生产经营主体率先应用玉米籽粒机械收获技术，带动区域粒收技术的发展。目前已培育出 30 多个适宜粒收的国审新品种，制定颁布了一批机械粒收技术地方及行业标准，集成了适应不同生态区域的玉米机械粒收技术模式并推广应用。

（三）本学科与国外同类学科比较

作物高产高效生产是确保国家粮食安全和生产者增收的重要因素，是国内外农业科技竞争的焦点。与先进作物生产国家相比，我国作物栽培与耕作学科在以丰产稳产为基础的作物规模精简化生产、专用型优质生产、综合管理技术水平及多元化市场供给方面仍然有明显差距，尤其在农机农艺配套、标准化生产、环境友好耕作、绿色优质、智能化、精准化等方面起步较晚。

作物丰产高效精简规模化生产的栽培耕作技术比较。我国水稻、小麦、玉米三大粮食作物高产创建处于国际领先水平，但大面积生产的产量水平提升仍明显不足，与国际先进水平还有一定差距，玉米、水稻大面积单产与国际最高水平存在超过 200 千克 / 亩的差距，小麦大面积单产与国际最高水平达 120 千克 / 亩的差距，大豆的差距更为显著。发达国家已经有成熟的规模化生产农机农艺配套和标准化生产技术，而我国目前农作物耕种收综合机械化水平仅为 70%，规模化、机械化生产仍处于不断调整、探索的阶段，农机农艺配套和标准化生产技术与发达国家差距显著。

优质专用型作物绿色标准化技术比较。美国、英国、德国、日本、加拿大、澳大利亚等发达国家均制定了本国主要的绿色农产品标准，完成了绿色农业发展政策、技术标准、管理体系、市场营销、科学研究等体系的建设。而我国从 20 世纪 90 年代才开始重视农作物优质和绿色标准化技术研发，优质专用品种绿色农业标准化技术体系取得了一些成效，但形成品牌效应的较少，绿色标准化技术体系仍然不健全，适应绿色生态发展的生物肥料、生物农药及化学农药科学施用技术覆盖率不高，目前仍处于起步阶段，整体与发达国家有 20 年左右的差距。

光热水肥高效利用的作物产量－品质协同提升技术比较。我国在作物高效规律与调控机制上不断取得新进展，提出了"土壤－作物"综合管理和"气候－土壤－作物"三协同高效理论与技术体系，在测土配方施肥、水肥一体化、水溶性肥料方面取得了重要进展，形成了有特色的技术和产品，但产量、品质协同提升理论与技术仍处于研究起步阶段，原创性理论、智能化手段和关键技术仍存在明显不足。发达国家形成了根据作物生育对环境需求特点布局区域优势带，通过规模机械化与智能装备提升生产效率，通过良种良法配套实现优质化产品生产。

作物精准化、智慧化现代生产技术比较。我国的农情信息立体化获取与解析、监测模型构建、农情专题产品生成分别处于研究和示范应用阶段，农作模型构建、处方设计与诊断调控及集成的作业系统也基本处于中试阶段。发达国家在农情信息立体化感知、农作处方数字化设计、农田管理精确化作业等方面已基本实现产业化应用。我国在农情信息立体化感知方面，缺少面向固定站点的农情信息感知网络，缺乏有效的多尺度农情感知信息发布和共享平台及基于数字化种植管理模型的农作处方生成与服务平台，在农田管理精确化作业和先进智能农机应用方面与发达国家之间的差距也非常明显，在作物耕种管收精确作业技术的稳定性和先进性方面还有很大提升空间。

三、展望与对策

当前，我国农业生产逐步从过度依赖资源的粗放型模式向作物丰产、资源高效、绿色优质多目标转变，技术发展趋势是作物高产、优质、高效、生态、安全的协同提高。因此，需要通过作物群体结构和光合机能的改良提高光能利用率；通过提升作物对温度逆境和气候变化造成不利影响的耐受性，确保作物产量与品质稳定性；通过工程、农艺和生物学技术不断提高水分生产率，以应对全球性的水资源缺乏；通过地力增肥、减少化肥投入实现作物肥料效率和环境友好的可持续生产；通过揭示多资源优势的内在作用关系和协调机制，运用综合技术定量优化协同提高资源利用效率，实现作物产量－品质协同提高。同时，积极探索作物生产精确化、智慧化技术，不断提升农作物生产技术水平，将现代作物生产理论、信息技术、农业智能装备等综合应用于作物生产管理的全过程，实现作物生产管理从粗放式到精确化、从经验性到智慧化转变，是作物栽培与耕作学科的发展方向。

（一）未来几年发展的战略需求、重点领域及优先发展方向

不断挖掘作物丰产潜力和提高资源利用效率，破解作物丰产增效协同和降低资源环境代价一直是国际农业科技的研究热点与前沿。一方面，世界各国均把提高粮食产量作为农业的重中之重，围绕作物高产、优质、高效、抗逆生产等开展了大量且卓有成效的研究；另一方面，围绕协调解决粮食安全与资源环境保护矛盾，改变作物高产依赖水肥药等资源高投入状况，构建资源节约、环境友好作物生产技术模式成为国际研究焦点和创新发展方向。

1. 战略需求

（1）作物栽培耕作的全程机械化与精准化

随着农业组织化、规模化程度的提高，农村劳动力向二、三产业转移迅速，迫切需要提高劳动生产率的栽培耕作技术以满足规模生产的发展趋势。目前，全国机械化耕地、播种和收获作业水平分别为57%、33%和27%，耕种收综合机械化水平达到41%；其中，小麦生产基本实现了全程机械化，水稻机插、机收快速推进，水稻栽植机械化水平达到11%，收获机械化水平达到44%；玉米籽粒收获机械化发展迅速，机收水平达到6.8%。同时，大豆、棉花、马铃薯、油菜、甘蔗、牧草生产等机械化技术也在加速发展。但由于作物栽培耕作对机械化作业的主动适应性不够，非标准化生产和低技术集成度导致总体农机化程度提高缓慢，精准化程度不高。有效推进农业主产区水稻 – 小麦、水稻 – 油菜、小麦 – 玉米等主体种植模式的全程机械化生产，完善农田全程机械化周年高产技术集成、作物秸秆还田配套耕作机械及种植方式等，是我国粮食主产区作物栽培耕作的全程机械化与精准化改革发展的重点任务。

（2）适应资源环境保护和绿色发展的新型耕作制度

绿色发展是按照人与自然和谐的理念，以效率、和谐、可持续为目标的经济增长和社会发展方式，已经成为当今世界发展的趋势。一方面，需要改革传统资源高耗低效耕作制度，有效解决我国粮食主产区及高产农区普遍存在的资源投入高、利用效率低、成本收益差的问题，显著提高水、土、肥等资源投入效率，实现农业生产节本增效。由于农田过度利用带来的耕地质量问题已经不容忽视，粮食主产区耕地土壤普遍存在不同程度的耕层变浅、容重增加、养分效率降低等问题，且由于不合理的施肥、耕作、植保等造成的耕地生态质量问题日益突出。因此要构建以多熟高效型节地、地力提升节地为主体的节地耕作制度；以区域节水种植结构与布局、节水种植模式、节水灌溉制度等优化主体的节水型耕作制度；以农田养分综合管理、秸秆及有机肥还田技术等主体的节肥耕作制度。另一方面，需要针对南方水网密集区和城郊地区农药化肥投入超量、养分流失严重、区域水体富营养化程度不断加重、部分农田土壤有毒物质累积超标、生态安全问题不断凸现等问题，在确保高产高效的前提下，在作物周年优化配置基础上进行农田有害生物综合防治、有毒物质

阻控和消减综合控制、农田流失性养分减排，构建环境友好型耕作制度标准化模式与技术体系及规范，建立基于生态补偿机制的新型耕作制度。

（3）建立低碳绿色的作物生产管理技术模式

针对当前作物高产过多依赖化学投入品，破解产品安全和高产矛盾的难题，确保产地环境、生产过程、产品有害物质含量的安全性，需要在作物绿色增产关键技术上取得突破，并转化为作物大面积高产、优质、生态、安全生产的成熟模式与实用技术。农业贡献了 56% 的非 CO_2 温室气体，整个食物生产系统的温室气体排放量占全球排放总量的 19%~29%，需要在减少温室气体排放和缓解气候变化方面做出积极贡献。在我国"碳达峰碳中和"背景下，发展"绿色与气候韧性（climate resilience）农业"对绿色低碳技术的创新需求更加旺盛，有效控制农田甲烷和氧化亚氮排放，发展绿色耕种技术、土壤固碳与地力提升及水肥资源高效利用、病虫害绿色防治与防灾减灾是作物栽培与耕作学的重要发展目标。因此需要充分吸纳现代高新技术，广泛应用农业绿色投入品（肥料、农药、农膜等），形成适应不同区域、不同产业特点的机械化、标准化、智慧化的低碳绿色作物生产技术模式。

2. 重点领域与优先发展方向

（1）作物精准化与智能化生产技术

我国农业生产方式正在由传统小农户集约化生产向规模化、信息化、智能化转变，这种转变要求将传统农理论技术与精准化、智慧化技术进行融合，建立规模化生产条件下的作物精准化、智能化现代生产技术体系。要针对作物关键生产环节（耕作、播种、栽插、收获等）进行技术智能组装，应用信息感知、智能检测、大数据、智能设计等理论和方法，以适应我国农业生产复杂开放环境，着重开展基于土壤 - 作物 - 环境生长智能精准感知技术、感知信号的智能传输。基于大数据进行人工智能、云计算植物生理建模，通过模型制定精准化管理策略，形成基于大数据参数的田间管理精准化、智能化研究，推进整个作物生长过程的智能化、标准化管理。同时，着力推进"互联网＋"农业，打造一体式"智慧农业"大平台，加快推进农作技术的"机器换人"步伐。

（2）粮豆产能协同提升的复合种植模式构建及关键技术

在自然灾害频发、生态环境压力巨大和复杂多变的国际背景下，保障国家粮食安全与主要农产品供给能力是关系国民经济发展、社会稳定和国家自立的全局性重大战略问题。多年来，我国小麦、水稻、玉米等主粮作物自给率一直稳定在 95% 以上，但大豆和食用植物油等自给率较低，进口依赖性持续加大。如何在稳定主粮作物生产同时扩大豆类作物种植既是我国农业生产的战略问题，也是作物生产技术创新的艰巨任务。粮豆复合种植是一种高效集约利用农业资源的种植模式，这种模式可以达到在一定的时间和一定的土地面积内得到两种或两种以上作物经济产量，协调粮食作物和豆类作物的增地矛盾；另外，还可以充分利用作物之间的互补效应大幅降低施用化肥、农药使用对生态环境造成的污染，并增加农田系统的生物多样性。构建粮豆产能协同提升的复合种植模式，核心在于挖掘复合群体时空资源互补利用及竞争消减的机制和调控原理，充分发挥复合种植的密植效应、边际效应、补偿效应等；在优化作物田间配置和种植模式基础上，筛选抗豆类除草剂粮作品种及耐阴豆类作物品种，并研发配套的生长发育调控关键技术和种收机械，在稳定粮食作物产量的同时增收豆类作物。

（3）作物产量与品质协同提升调控机制及关键技术

在不断探索作物高产潜力挖掘的同时，需要更多关注农产品外观品质、加工品质、营养品质和适口品质等，有效破解高产与优质的矛盾，构建专用化、标准化作物栽培技术体系。探索生物产量与经济产量的转化机制、产地环境和生产技术措施对作物产量与品质性状的生理影响机制、作物营养强化与收获加工品质提升、作物特色健康营养增强及采收品质保持技术，构建优质、专用品种鉴选的理论基础，并提出相应的理化、生理指标，研究不同生态区、栽培模式下食味、加工、外观等关键品质性状的变异规律，提出区域针对性强、农艺匹配性高、鉴定手段先进实用的优质专用作物鉴选指标体系。针对不同作物制约品质与产量协同提升的关键问题，明确不同生态环境、品种类型、栽培模式、产量水平条件下食味、加工、外观和营养等关键品质指标的变异规律，研究光温、土壤、水分、养分等环境、栽培因子对作物产量、品质形成的调控机制，揭示高产、优质协同的关键生理障碍，提出相应的诊断指标、促控途径及栽培管理措施，构建高产、优质协同的栽培技术体系。

（4）耕作制度精准区划技术

通过耕作制度区划方法创新优化农业生产布局，逐步建立起农业生产力与资源环境承载力相匹配的农业发展新格局，事关我国能否实现粮食增产、节能减排、资源高效利用、碳达峰碳中和、耕地可持续利用等。耕作制度区划是在综合研判不同地区资源禀赋和作物生长发育特征的基础上，借助现代农业信息采集技术和大数据分析等手段，确定不同熟制和作物田间配置的一种综合判断方法，是耕作制度设计的关键环节。研究耕作制度区划新方法，统筹考虑粮食增产、节能减排、资源高效利用、碳达峰碳中和、耕地可持续利用等多目标共同实现，有望从源头上为推进我国农业绿色高质量发展提供支撑。耕作制度精准区划是耕作学科亟需解决的前沿科学难题。一是如何量化作物与环境互作关系，如何建立"作物 – 资源"协调机制，进而从微观上阐明耕作制度构建的机理；二是如何利用大数据和现代农业信息技术探明作物产量、品质、资源、减排等多目标间的关联机制，进而建立多目标协同的精准评价体系，实现多目标融合发展；三是如何创建集多目标评价于一体的耕作制度区划新方法，进而重塑适应新时代发展需要的耕作制度区划，并构建适合不同地区的耕作制度模式等。

（5）气候智慧型的作物栽培耕作技术

气候智慧型农业（Climate-Smart Agriculture，CSA）是由联合国粮食与农业组织（FAO）

在2010年农业粮食安全和气候变化海牙会议上正式提出的一种新型农业发展模式，其基本含义为"可持续增加农业生产力和气候变化抵御能力，减少或消除温室气体排放，增强国家粮食安全和实现社会经济发展目标的农业生产体系"。实质是通过政策制度创新、管理技术优化，使农业生产的资源利用更加高效、产出更加稳定、抵御风险能力更强、碳汇能力更大、温室气体排放更少，为减缓全球气候变化做出贡献。气候智慧型耕作制度的核心目标：一方面，通过种植制度与土壤耕作制度优化，减少单位土地和农产品的温室气体排放量，提高碳汇能力，为减缓气候变化做贡献；另一方面，通过作物布局与种植模式优化、品种筛选与播期调整，增强作物生产系统对气候变化的适应能力，建立防灾减灾和趋利避害的生产体系。在具体做法上，首先要进行生产系统优化，围绕农业高产、集约化、弹性、可持续和低排放目标，探索提高生产系统整体效率、应变能力、适应能力和减排潜力的可行途径。其次要进行技术改进和提升，包括作物生产应对低温、高温、干旱、洪涝等极端气象灾害的防灾减灾技术，秸秆还田、保护性耕作、绿肥与有机肥利用的土壤固碳技术，新型施肥、间歇灌溉及农药减施的农田温室气体减排技术，农林复合种植、稻田混合种养、面源污染防控、生态农田构建等固碳减排技术。最后要进行制度优化和政策改进，建立相关法规和标准，通过机制创新激励各方共同参与。

（6）提升农田生态功能的可持续栽培耕作技术

推动农业生产系统的绿色转型是未来我国农业发展的趋势和战略需求，重点针对集约化作物生产系统的投入强度过大、生态功能退化、农田生物多样性下降、固碳减排及灾害抵御能力不强等问题，深度开发农业系统的生态服务功能。强化农田生态功能的新型耕作制度与栽培技术是我国农业绿色发展的突出任务，也是作物栽培与耕作学科创新发展的要求。一方面，需要通过化肥、农药、灌溉减量和高效利用减轻资源环境压力，以及秸秆还田、地力培育及固碳减排等技术强化农田系统内部的生态功能，提升耕地可持续利用能力；另一方面，需要通过在农田周边构建生态走廊、缓冲带、拦截带和增加生物多样性等强化农田外部的生态功能，在改善农田生态景观的同时，有效控制面源污染、病虫害和洪涝灾害，从而实现涵养水土、保护生物多样性等。这就需要在耕作制度改革和栽培技术模式创新方面取得突破，通过建立生态高效的作物种植模式，包括作物的轮作休耕、间混套作及种养结合等模式，促进用地养结合、资源节约、环境友好；通过建立生态高效的土壤耕作模式，包括保护性耕作、土壤耕层改良、生物多样性保护与土壤健康调控等，提升土壤生态功能；通过农田外部生态功能区建设，有效解决农田脏乱差和田园景观质量差的问题，将生产、生态、生活服务功能一体化开发。

（二）未来几年发展的战略思路与对策措施

1. 主动适应生产新需求，充分吸纳现代新技术

推动作物生产丰产、提质、增效、绿色发展是当前及今后我国农业生产发展的新趋

势，需要构建轻简高效化、优质专用化、规模标准化、精确智慧化的栽培耕作技术体系。精简化、标准化农作技术是规模化经营土地产出率、资源利用率和劳动生产率同步提升的基础，农艺与农机密切融合的智能化农作技术是实现精简化、标准化生产的支撑条件，产地环境－生产技术－产品质量控制协同的优质专用型农作技术是提质增效和品牌创建的核心。作物栽培与耕作学科需要围绕作物丰产增效精简规模化生产、优质专用型作物绿色标准化、光热水肥高效利用的作物产量－品质协同提升、耕地质量综合提升技术创新，加速粮食规模化经营，提升优质生产水平，推进农业高效绿色发展，同步提高农作物生产土地产出率、资源利用率、劳动生产率，有效保障农产品供给，促进农业高质量可持续发展，确保国家粮食安全。充分吸纳生物技术、信息技术、智能装备等现代新技术，从整地、播种、管理到收获的各个环节，建立一个完整的智能化解决方案，实现作物生产全过程的信息感知、定量决策、智能控制、精准投入，积极创建无人农场应用场景及技术方案设计。

2. 继续加强学科融合发展，不断拓展研究新领域

作物栽培与耕作学是传统的交叉学科，涉及作物学、土壤学、农业气象学、资源环境等学科，注重解决农业生产实际问题，在保障国家粮食安全方面发挥了重要作用。现代社会的快速进步对学科未来发展提出了新要求，需要进一步加强学科融合发展，不断拓展新的研究领域，发挥作物栽培与耕作学综合性的学科优势。随着现代信息发展和农业技术进步，遥感技术、信息技术和现代农业机械等智慧化技术在作物栽培与耕作学科中占比越来越大，大力发展精准农业、智慧农作，开展作物栽培学与现代智慧技术、耕作学与遥感监测领域的交叉融合研究，是未来作物栽培与耕作学的一个重要发力方向。我国农业处于绿色转型的关键时期，对作物丰产与低碳绿色农作技术提出了更高的要求，良种良法配套、农机农艺高度融合是现在农业生产的必然趋势，因此需要进一步加强作物栽培与耕作学、作物育种学和农业机械学科之间的交叉融合，一方面，指导培育更加适合现代生产方式、资源利用效率更高的作物品种；另一方面，发展全程机械化下的现代栽培技术体系。此外，需要加强与土壤学和资源环境学科的交叉融合，引进国际先进的绿色发展理念和技术模式，进一步完善气候智慧型农业理论与技术体系，协同实现"固碳减排，稳粮增收"的农业绿色发展目标。

3. 加强创新人才培养，推进与国际先进水平接轨

我国作物栽培与耕作学科的人才队伍建设近年来得到了有效加强，但面向生产一线的学科骨干数量在明显减少，新增科研骨干更多在从事基础和应用基础研究，大量优秀人才多转向生命科学、信息科学等，与企业合作的科研人员也明显不足。一方面，要在保障现有队伍建设稳定与逐步提高的同时，着力挖掘青年学术骨干和研究生的潜力，为学科发展提供更多稳固后备力量，尤其要培养一批能够面向生产一线、解决实际问题的学术骨干；另一方面，需要引进和培养一批交叉学科人才，以适应我国作物生产方式转变对农机农艺融合、规模化、标准化、智能精准控制等方面的人才需求。同时要加强国际交流合作，通过"走出去"和"引进来"相结合的办法，通过博士生联合培养、青年学者交流等与欧美一流研究机构合作，学习先进的理念和技术。此外，有针对性地组建一批本学科学术团队及创新团队，尤其是着重培养青年学者队伍，切实提升我国作物栽培与耕作学科的国际影响力。

参考文献

［1］ CHEN F, YIN X G, JIANG S C. Climate-smart agriculture in China: from policy to investment ［M］. FAO Investment Centre Country Highlights No. 20. Rome, FAO, 2023.

［2］ LI J D, LEI H M. Impacts of climate change on winter wheat and summer maize dual cropping system in the North China Plain ［J］. Environmental Research Communication, 2022,4: 075014.

［3］ LI X F, WANG Z G, BAO X G, et al. Long-term increased grain yield and soil fertility from intercropping ［J］. Nature Sustainability, 2021,4: 943–950.

［4］ PENG S B, ZHENG C, YU X. Progress and challenges of rice ratooning technology in China ［J］. Crop and Environment, 2023, 2(1): 5–11.

［5］ WANG F, CUI K H, HUANG J L. Progress and challenges of rice ratooning technology in Hubei Province, China ［J］. Crop and Environment, 2023, 2(1): 12–16.

［6］ WEI S B, LI X, LU Z F, et al. A transcriptional regulator that boosts grain yields and shortens the growth duration of rice ［J］. Science, 2022,377: 6604.

［7］ ZHANG S L, HUANG G F, ZHANG Y J, et al. Sustained productivity and agronomic potential of perennial rice ［J］. Nature Sustainability, 2023,6: 28–38.

［8］ ZHENG C, WANG Y C, YUAN S, et al. Heavy soil drying during mid-to-late grain filling stage of the main crop to reduce yield loss of the ratoon crop in a mechanized rice ratooning system ［J］. The Crop Journal, 2022,10(1): 280–285.

［9］ 陈阜, 姜雨林, 尹小刚. 中国耕作制度发展及区划方案调整 ［J］. 中国农业资源与区划,2021,42（3）: 1–6.

［10］ 陈阜, 赵明. 作物栽培与耕作学科发展 ［J］. 农学学报, 2018, 8（1）: 50–54.

［11］ 褚光, 陈松, 徐春梅, 等. 我国稻田种植制度的演化及展望 ［J］. 中国稻米, 2021, 27（4）: 63–65.

［12］ 李少昆, 王克如, 谢瑞芝, 等. 玉米密植高产精准调控技术（东北春玉米区）［M］. 北京: 中国农业科学技术出版社, 2022.

［13］ 李少昆, 王克如, 谢瑞芝, 等. 玉米密植高产精准调控技术（西北灌溉玉米区）［M］. 北京: 中国农业科学技术出版社, 2022.

［14］ 李少昆, 赵久然, 董树亭, 等. 中国玉米栽培研究进展与展望 ［J］. 中国农业科学, 2017, 50（11）: 1941–1959.

［15］ 潘友菊, 徐玉婷, 於冉, 等. 气候智慧型农业研究: 热点、趋势和展望 ［J］. 中国生态农业学报（中英文）, 2023, 31（1）: 136–148.

［16］ 王飞, 黄见良, 彭少兵. 机收再生稻丰产优质高效栽培技术研究进展 ［J］. 中国稻米,2021,27（1）: 1–6.

［17］ 张洪程, 胡雅杰, 戴其根, 等. 中国大田作物栽培学前沿与创新方向探讨 ［J］. 中国农业科学, 2022, 55

（22）：4373-4382.

［18］张卫建，郑成岩，陈长青，等．三大主粮作物可持续高产栽培理论与技术［M］．北京：科学出版社，2019.

［19］赵春江．智慧农业发展现状及战略目标研究［J］．智慧农业，2019，1（1）：1-7.

［20］周宝元，葛均筑，孙雪芳，等．黄淮海麦玉两熟区周年光温资源优化配置研究进展［J］．作物学报，2021，47（10）：1843-1853.

撰稿人：陈　阜　孟庆锋　尹小刚　周始威

植物保护学发展研究

一、引言

（一）学科概述

1. 植保学科发生深刻变革，战略地位更加突出

（1）保障"四个安全"，植保学科需求更加迫切

农作物病虫害治理是保障粮食安全供应的基石。据统计，近5年我国农作物病虫害年均发生面积65亿亩次、防治面积80亿亩次，尽管每年通过病虫害防治挽回的粮食损失约占总产量的30%，但每年仍有超过250亿千克的粮食损失，"虫口夺粮"的潜力和压力并存。全球经济一体化的迅速发展，入侵生物呈现出数量增多、频次增加、蔓延速度加快和危害损失加重的新趋势，严重威胁国家粮食安全、农产品质量安全、生态环境安全和农业生物安全。因此，切实保障"四个安全"，植物保护学科发展任重而道远。

（2）完善法规建设，植保产业需求更加迫切

随着《中华人民共和国生物安全法》《农作物病虫害防治条例》的发布实施，国家对重大农作物病虫害防控日益重视。草地贪夜蛾、小麦条锈病、赤霉病等一类农作物病虫害呈现多发、频发和重发态势。因此，植物保护学科应高度关注一类病虫害防控需求，按照《农作物病虫害防治条例》的规定和要求，积极开展一类病虫害监测、预防、绿色防控等理论方法研究和技术产品研发，为一类病虫害的可持续治理提供有力的科技支撑。

（3）呼应社会关切，植保科技需求更加迫切

党的二十大公布了《中共中央关于制定国民经济和社会发展第十四个五年规划和二〇三五年远景目标的建议》，明确强调开展农作物病虫害防治、防控外来有害生物入侵、降低化学农药使用量等植保要求。从个案上看，草地贪夜蛾自2018年12月入侵我国后迅速蔓延，严重危害玉米、高粱、甘蔗等农作物，对我国粮食生产和农业发展构成巨大威

胁。2023 年中央一号文件重点强调"健全基层动植物疫病虫害监测预警网络""实施重大危害入侵物种防控攻坚行动"，植物保护战略地位凸显。

2. 有害生物发生呈新态势，防控形势日益严峻

（1）原生性有害生物持续严重发生

原生性有害生物频繁暴发，灾害持续不断，经济损失巨大，如小麦赤霉病、小麦茎基腐病、稻瘟病、水稻病毒病、稻飞虱、柑橘黄龙病、玉米螟等大规模连年发生。小麦赤霉病年均发生面积 3000 万 ~5000 万亩，重发生年份超过 8500 万亩，占全国小麦总面积的 1/4，大流行年份发病率超过 50%，减产可达 20% 以上。镰刀菌产生的多种真菌毒素污染小麦，严重影响人民生命健康。

（2）外来入侵有害生物传入风险巨大

随着经济全球化和国际贸易往来的迅速发展，危险性外来有害生物入侵所造成的生物灾害问题不断凸显。《2020 中国生态环境状况公报》显示，我国的外来入侵生物已超过 660 种，在世界自然保护联盟公布的全球 100 种最具威胁性的外来物种中，我国便有 50 多种，且呈现出侵入数量增多、频率加快、蔓延范围扩大、发生危害加剧、经济损失加重的新趋势。据不完全统计，我国每年因生物入侵造成的直接经济损失就有 2000 多亿元。如草地贪夜蛾入侵我国后不断扩散，已在全国 27 个省、自治区监测到，危害玉米、高粱等 80 多种农作物，造成了严重的经济损失。同时，外来有害生物入侵还导致景观破碎、生物多样性丧失、生态环境持续恶化等一系列重大问题。

（3）次生性有害生物猖獗为害

部分次要病虫害逐渐发展为毁灭性灾害，有些原已长期控制的病虫害死灰复燃，变得更加猖獗，如稻曲病一直以来被认为是一种次要病害，但是由于近些年高产杂交品种和高水肥栽培模式的大力推广，导致稻曲病上升为我国水稻生产上重要的病害之一。另外，种植结构调整和全球气候变化导致蓟马、盲蝽、土传病原菌等生物灾害大暴发，例如，转基因抗虫棉的大面积种植导致次要害虫棉盲蝽大面积暴发，年发生面积近亿亩次，经大力防治后每年仍会造成棉花和油料作物的严重损失。因此，植物保护工作面临新的挑战。

3. 学科交融带动技术革命，植保学科亟待突破

植物保护科学发展已进入复杂性研究的新领域，向生物学、生态学、数学、物理学、化学、生物信息学、组学、材料学等学科提出了许多新问题、新概念和新的研究领域，产生了外来生物监测与防控、有害生物功能基因组、有害生物基因编辑与调控等新兴学科，同时产生了雷达昆虫学、昆虫毒理化学、昆虫分子生物学等农作物虫害领域交叉学科，植物与病原互作的基因组学、蛋白组学、代谢组学等农作物病害领域交叉学科等。学科交叉是植物保护科学的发展规律，多学科联合攻关是解决植物保护复杂问题的重要途径。我国在植物保护交叉和边缘学科发展上起步较晚，总体还处于跟跑阶段，缺乏原始创新，仍需大力发展。

（二）发展历史回顾

1. 作物病虫灾变规律

对黏虫、褐稻虱、白背飞虱、稻纵卷叶螟、小地老虎、草地螟、麦蚜、棉铃虫、甜菜夜蛾等重大害虫的越冬迁飞扩散规律采用大规模标记回收、海面捕捉、高山捕虫网、空捕、雷达实时监测、灯诱、分子遗传标记等手段，对其迁飞扩散的宏观规律进行深入系统研究，揭示了黏虫等迁飞害虫的迁飞行为规律，明确了其越冬规律、越冬区划及各发生区虫源性质与虫源关系，为开发预测预报技术提供科学依据。其中，我国在黏虫、草地螟等迁飞行为及迁飞规律方面的研究已达世界领先水平。此外，我国于2002年建立了长岛昆虫迁飞监测站，并基于此构建了国家迁飞害虫监测预警技术体系。

系统揭示了中国小麦条锈病大区流行体系，查明了我国小麦条锈病菌越夏和越冬区域，并完成了精准勘界，将条锈病发生区划分为越夏区、越冬区和春季流行区；明确了条锈菌变异和新毒性小种出现并成为优势小种是生产品种抗病性"丧失"的主要原因；获得了条锈菌在自然条件下存在有性繁殖的直接证据，证实了有性生殖是我国小麦条锈菌毒性变异的主要途径。首次完整地提出了赤霉病菌在小麦穗部的侵染和扩展模式，为赤霉病防治关键时期的确定提供了理论依据；根据小麦种植区域赤霉病发生规律与杀菌剂抗性监测结果，提出小麦赤霉病分区治理策略。揭示了稻瘟菌、水稻条纹叶枯病和黑条矮缩病的致病机理和灾变规律，发现了蛋白乙酰化、糖基化、泛素化等蛋白翻译后修饰调控稻瘟菌孢子在叶片形成附着胞并促进发育的特征，阐明了细胞自噬介导的稻瘟病菌侵染水稻的致病机制。研究揭示了水稻条纹叶枯病与黑条矮缩病在稻麦轮作区的流行规律和暴发成因，揭示了病毒致害分子机制，攻克了病害监测预警难关，创新了病毒病绿色防控理念。

2. 作物病虫害监测预警

利用遥感、地理信息系统和全球定位系统技术、分子定量技术、生态环境建模分析和计算机网络信息交换技术，结合各种地理数据如病虫害发生的历史数据、作物布局及气象变化与预测等相关信息，采用空间分析、人工智能和模拟模型等手段和方法进行预测预报和防治决策，将农作物病虫害的监测预警提高到一个新的高度。在水稻"两迁"害虫的监测、黏虫大发生的预警、小麦病虫害发生危害的监测预警等应用方面都取得了较好进展。

建立了粮、棉、油、果树、蔬菜、茶叶、桑树等农作物近180种（含病害63种、虫害99种、鼠害15种）主要有害生物的监测方法、预测预报办法及有关的生物学资料和参数。完善了病原菌孢子的收集和分析技术，集成了农作物病害疫情地理信息系统开发技术和计算机网络化的数据传输与管理技术、田间小气候实时监测技术及影响农作物病害的关键气象因素和预警指标的分析提取技术，革新了中长期预测预报技术等植物病害监测预警关键技术，推动了我国农作物病害监测预警学科的发展和高新技术在该领域的应用，为明确我国主要农作物重大病害的发生动态与发展趋势奠定了坚实基础。

组建了以180个地方测报站为基础、61个区域监测站为骨干、9个雷达监测站为核心的全国草地螟等迁飞昆虫的监测网络体系，实现了种群动态实时监测。应用高时空分辨多维雷达测量系统，结合实时气象资料和地面种群监测数据，探索重大迁飞性害虫迁飞动态规律和行为机制，结合轨迹分析技术、地理信息系统技术、数值模拟技术，研发害虫迁飞精准模拟与预警技术，建立害虫自动化实时精准监测和早期预警体系。创建了以当年越冬虫源基数和迁出地虫源数量预测下代幼虫"异地"发生程度的测报技术、以成虫高峰期数量和温湿系数预测下代幼虫发生程度和发生地等短期和中长期测报技术；研究了重大农作物病虫害暴发成灾动态机理模型、越夏和越冬区划和早期预警模型，为农作物病虫害预警与治理的决策提供了支持。

3. 作物病虫害绿色防控

在"绿色植保"科学理念的倡导下，我国加快了有害生物绿色防控技术产品的研发，并在赤眼蜂、烟蚜茧蜂、苦参碱、苏云金芽孢杆菌、白僵菌等防控技术产品的研发和产业化中取得了一系列重大进展。

我国自主创制的含氟氨基磷酸酯类生物源抗病毒药剂毒氟磷对我国烟草、黄瓜、番茄等作物的病毒病，水稻黑条矮缩病等有良好的防治效果，是国际首个免疫诱抗型农作物病毒病调控剂。顺式新烟碱类杀虫剂哌虫啶、环氧虫啶对鳞翅目害虫具有很好的防治效果，内吸传导活性强，对蜜蜂安全，并且持效期长，对吡虫啉抗性害虫具有显著活性。氰烯菌酯杀菌剂对小麦赤霉病防效好，可有效降低毒素，防止植物早衰，增加小麦产量，在我国广泛应用，有效地减少了小麦赤霉病的危害。吡氟草酮和双唑草酮能有效防除抗性及多抗性的看麦娘、日本看麦娘等禾本科杂草及部分阔叶杂草，成为谷物禾本科杂草抗性防控的重要品种。

我国生物防治学科取得了显著进步，攻克天敌昆虫大规模、高品质、工厂化生产技术，优化天敌昆虫与生防微生物制剂的联合增效技术，实现我国生物防治应用比例和应用领域的重大突破。20世纪80年代以来，发明的用柞蚕卵、蓖麻蚕卵、米蛾卵、麦蛾卵等大量繁殖赤眼蜂的工厂化生产技术，以及利用人工饲料和替代猎物扩繁蠋蝽、瓢虫、草蛉等实用技术，在玉米螟、甘蔗螟等的防治上发挥了重要作用。创制了多种微生物杀虫剂产品，真菌类产品包括防治蝗虫的绿僵菌制剂、防治玉米螟及其他害虫的白僵菌制剂，病毒类产品包括防治棉铃虫、斜纹夜蛾、甜菜夜蛾、茶尺蠖等的核多角体病毒（NPV），细菌类产品包括防治鳞翅目、双翅目及鞘翅目等害虫的Bt杀虫制剂等。此外，昆虫信息素也进入开发阶段，已能合成棉铃虫、梨小食心虫等20多种昆虫的性信息素。

二、现状与进展

（一）学科发展现状及动态

1. 植物病理学科

（1）植物真菌病害

1）病原致病性。南京农业大学报道了稻瘟病菌辅助因子 MoSwa2 通过调控 COP Ⅱ 囊泡的解聚，介导效应子的外泌，从而抑制寄主活性氧的迸发，促进稻瘟病菌在水稻中的成功定殖。中国农业大学发现在多种作物中存在保守的 SnRK1A–XB24 磷酸化级联免疫信号通路，并揭示了稻曲病菌侵染过程中分泌效应蛋白 SCRE1 抑制水稻免疫途径新机制。西北农林科技大学发现在条锈菌中有多个效应子操控寄主免疫的致病新机制，如富含丝氨酸效应子 Pst27791 作为重要的致病因子靶向寄主感病激酶 TaRaf46，能抑制寄主活性氧积累、防御基因表达及 MAPK 级联通路激活，促进条锈菌侵染。中国科学院分子植物科学卓越创新中心发现玉米细胞壁相关受体激酶 ZmWAK17 对玉米茎腐病具有抗病功能，而禾谷镰孢菌则分泌 CFEM 效应因子，通过与玉米胞外蛋白 ZmWAK17ET 和 ZmLRR5 结合，抑制 ZmWAK17 的抗病功能。中国农业科学院植物保护研究所发现大丽轮枝菌分泌蛋白可以引起导管堵塞且具有细胞毒性，最终造成叶片黄化萎蔫，其是黄萎病"堵塞"的重要诱因，统一了黄萎病"毒素"和"堵塞"两种学说长期争论的焦点。

2）植物抗病性。四川农业大学报道了一种由稻曲病菌胞质效应子介导的致病新机制，并以效应子为分子探针挖掘到一个显著提高稻曲病抗性，同时不影响水稻产量的基因。中国农业科学院植物保护研究所和华中农业大学合作利用多组学策略，系统解析了水稻抗病过程中的 PTI 响应机制，对于深入理解植物抗病过程具有重要的理论意义，同时对指导水稻抗病育种具有重要借鉴意义。中国科学院分子植物科学卓越创新中心发现，水稻广谱抗病 NLR 受体蛋白通过保护免疫代谢通路免受病原菌攻击，协同整合植物 PTI 和 ETI，进而赋予水稻广谱抗病性的新机制，揭示出一条新的广谱免疫代谢调控网络。西北农林科技大学挖掘出全球首个被病菌毒性蛋白利用的小麦感病基因 *TaPsIPK1*——编码胞质类受体蛋白激酶，利用基因编辑技术精准敲除感病基因 *TaPsIPK1* 对小麦条锈病产生广谱抗性。瑞士苏黎世大学、德国 KWS 育种集团和中国农业科学院作物科学研究所联合完成玉米重大病害抗病基因 *Ht2/Ht3* 的克隆，为玉米抗大斑病育种提供优质抗源和标记辅助选择工具；证实了 *ZmWAK-RLK1* 基因遗传变异与玉米大斑病的遗传互作关系，为今后定向挖掘优异抗性新资源 / 基因提供了方向。

3）监测预警与绿色防控。中国农业大学于 2019 年春季在西南西北地区获得 2103 个不同地理生态下的小麦条锈菌夏孢子单孢系。基因型组成分析结果揭示了西南地区的亚群体含有更多的优势基因型，共享率较高；西北群体则含有更多的私有基因型，暗示着更为丰富的基因型多样性。山东农业大学用携带 *Fhb7* 基因的抗赤霉病种质材料 A075–4 与济麦 22 杂交并回交，结合分子标记辅助选择，选育出山农 48，该品种具有高产、优质、综合抗性突出等优点，是我国首个携带抗赤霉病基因 *Fhb7* 的小麦新品种。南京农业大学通过转基因技术将 *RXEG1* 分别导入三个赤霉病易感小麦品种济麦 22、矮抗 58 和绵阳 8545，发现表达 *RXEG1* 显著提高了小麦对赤霉病的抗性，其并没有显著影响小麦的株高、产量等农艺性状。华中农业大学利用 CRISPR/Cas9 技术对油菜中核盘菌效应蛋白的靶标基因 *BnQCR8* 进行编辑，获得了对菌核病和灰霉病抗性均显著增强的油菜植株。

（2）植物卵菌病害

1）病原致病性。南京农业大学发现了疫霉菌通过 *N-* 糖基化修饰保护核心效应子免受寄主天冬氨酸蛋白酶攻击的新机制，提出植物和病原菌共同进化的新模式——"多层免疫模式"。上海师范大学发现疫霉效应蛋白 PSR1 通过与宿主可变剪接因子 PINP1 特异结合，抑制 sRNA 的生成，导致寄主对疫霉菌敏感性增加。交叉学科的发展也将进一步促进卵菌与寄主植物互作的机理探究。

2）植物抗病性。南京农业大学与清华大学合作研究发现 XEG1 的结合引起了 RXEG1 岛区及 C 末端的构象发生明显变化，从而诱导共受体 BAK1 的结合，并揭示了细胞膜受体蛋白具有"免疫识别受体"和"抑制子"的双重功能。东北农业大学发现大豆受到大豆疫霉菌侵染时，GmMKK4–GmMPK6–GmERF113 级联被激活，通过持续磷酸化激活大豆对大豆疫霉菌的应答，从而提高大豆对大豆疫霉菌的抗性。南京农业大学发现 Rpi-vnt1.1 对晚疫病的抗性具有光依赖性，光照通过可变启动子选择调控植物基因表达，并影响植物抗病。西北农林科技大学发现 RTP7 通过影响 nad7 亚基转录本的内含子剪接，调控线粒体复合体 I 的活性并影响 mROS 的产生，mROS 介导的免疫调控对包括疫霉菌在内的多种病原菌表现广谱抗病性。

3）监测预警与绿色防控。中国农业大学与北京化工大学合作研发了基于纳米递送载体的新型纳米农药用于马铃薯晚疫病的防治，田间药效试验证实该类型纳米农药显著提升了壳聚糖和丁子香酚对马铃薯晚疫病的防效。

（3）植物细菌病害

1）病原致病性。植物病原细菌依赖寄主质外体内的水分和营养微环境来完成病菌的生长繁殖。中国科学院分子植物科学卓越创新中心和加拿大布鲁克大学分别报道了假单胞杆菌效应蛋白 AvrE 和 HopM1 通过植物脱落酸（ABA）途径来调控气孔的关闭，以创造利于细菌生长的微环境；青枯病菌效应蛋白 RipAK 可以抑制 PDC 的寡聚化和酶活，从而促进病菌侵染和繁殖。

2）植物抗病性。清华大学、德国马克斯·普朗克研究所和中国科学院遗传与发育生物学研究所合作研究发现，小麦 CNL 类抗病蛋白 Sr35 与效应蛋白 AvrSr35 直接形成五聚化抗病小体（Sr35 抗病小体），Sr35 特异性识别 AvrSr35 并引起植物典型抗病反应的特性为未来作物抗病改良育种提供了范例。英国塞恩斯伯里实验室和中国科学院分子植物卓越创新中心合作证明 PTI 和 ETI 之间存在互相促进、协同增强植物对病原菌侵染的抗性。清华大学、德国马克斯·普朗克研究所和郑州大学发现 TNL-EDS1-PAD4-ADR1 免疫通路中的 pRib-ADP/AMP 和 TNL-EDS1-SAG101-NRG1 免疫通路中的 ADPr-ATP 或 diADPR 作为抗病信号小分子调控了植物免疫反应。

3）监测预警与绿色防控。柑橘黄龙病是柑橘产业的毁灭性病害，已形成规范种植监督管理、切断病原传播、加强监测及预测、培育无病苗木、清除柑橘黄龙病株等绿色防控技术。

（4）植物病毒病害

1）病原致病性。植物病毒编码蛋白在侵染寄主时发挥重要作用，中国农业科学院植物保护研究所和中国科学院上海植物逆境生物学研究中心合作研究发现了双生病毒可编码多个具备特殊亚细胞定位的小蛋白，并鉴定到首个定位于高尔基体的 RNA 沉默抑制子。清华大学发现第一个可以激活自噬的植物病毒蛋白 βC1 并揭示了其激活细胞自噬的机制。病毒通过操控植物不同激素信号通路以促进侵染。宁波大学发现多种不同类型的 RNA 病毒侵染水稻后，均靶向赤霉素信号通路中的负调控因子 SLR1，进而削弱茉莉酸介导的广谱抗病毒通路，同时，病毒还可操纵茉莉酸激素通路帮助病毒侵染。核酸修饰在病毒侵染植物中发挥重要作用，宁波大学联合河南农业大学发现 TaMTB 通过调控小麦黄花叶病毒 m^6A 甲基化水平来提高病毒基因组稳定性，浙江大学和清华大学合作发现双生病毒利用植物 DNA 主动去甲基化机制来逃逸植物防御反应。

2）植物抗病性。植物激素信号通路在病原体防御中具有重要作用，南京农业大学发现番茄斑萎病毒通过攻击植物激素途径促进自身侵染，而抗病基因 *Tsw* 编码的免疫受体蛋白则可以模拟受攻击的激素受体，从而识别病毒并激活免疫反应。该研究揭示了植物免疫受体监控病毒靶向激素受体诱导抗病的全新机制，提供了植物与病毒"军备竞赛"的新案例。北京大学阐明了植物激素茉莉酸信号通路与 RNA 沉默信号通路协同调控水稻抗病毒免疫机制及水稻中铜离子和铜转运蛋白响应病毒侵染后改变在水稻组织和细胞中的分布以增强水稻的抗病性。清华大学发现植物利用钙调蛋白结合转录因子促进多个 RNAi 通路基因表达水平上调，进而增强植物对病毒的抗性。浙江大学揭示了一种保守的免疫调控模块并解析了其介导作物广谱抗病毒的分子机制。在抗病毒基因方面，福建农林大学、北京大学等联合对 528 份水稻种质进行连续 6 年的田间抗病毒鉴定，明确了 7 个与水稻抗病毒高度相关的 QTN 位点。江苏省农业科学院联合广东省农业科学院对来自 59 个国家的 500 多份水稻种质进行抗病鉴定，并克隆了水稻黑条矮缩病毒抗性基因。

3）监测预警与绿色防控。浙江大学制备了 50 多种植物病毒单克隆抗体，并研发了病毒快速检测试剂盒，已广泛应用于病毒病的早期诊断，对介体昆虫带毒检测灵敏度达到 1∶1600，可有效预测病毒病发生动态，实现病害早期预警和实时预报。宁波大学围绕我国小麦土传病毒病建立了精准诊断和监测技术，集成基于"病害早期精确监测、抗性品种精准布局、辅以微生物药剂拌种、适当晚播、春季施用微生物药剂和分级防控"的土传病毒病害绿色防控技术体系，累计推广应用1.16亿亩。浙江大学利用一种植物负链RNA弹状病毒载体向植物体内递送CRISPR/Cas9核酸内切酶，实现植物高效基因编辑，随后又研发了基于广谱寄主范围的番茄斑萎病毒的瞬时递送系统，为作物DNA-free基因组编辑提供了新思路，也为病毒载体的生物技术利用指明了新方向。

（5）植物线虫病害

1）病原致病性。在外来入侵线虫新种类鉴定方面，中国农业科学院植物保护研究所在新疆维吾尔自治区发现了对外检疫线虫甜菜孢囊线虫，在云南、贵州和四川发现了重大检疫性有害生物马铃薯金线虫，并研发出PCR、RPA-CRISPR等快速检测技术。中国农业科学院植物保护研究所与南京农业大学联合解析了我国禾谷孢囊线虫的起源、传播途径及种群特征。在植物线虫致病机制方面，中国农业科学院植物保护研究所鉴定出了一个甜菜孢囊线虫效应蛋白HsSNARE1；与湖南大学合作发现植物根结线虫通过编码一类与植物RALF类似的多肽，"挟持"植物FER信号途径，促进茉莉酸信号关键因子MYC2降解等过程，从而破坏植物免疫系统，促进其寄生。广东省农业科学院与康奈尔大学合作发现一个含有自噬相关蛋白（ATG8）互作结构域AIM的孢囊线虫效应蛋白NMAS1，通过靶向寄主自噬的核心蛋白ATG8来抑制植物的先天免疫，促进其寄生。华南农业大学发现象耳豆根结线虫MeTCTP效应蛋白可形成同源二聚体，直接靶向植物细胞内游离的钙离子，干扰植物防卫信号，从而促进线虫寄生。中国农业科学院蔬菜花卉研究所发现南方根结线虫分泌的凝集素类效应蛋白MiCTL1a通过抑制寄主过氧化氢酶的活性，调控细胞内活性氧稳态，从而帮助线虫寄生。

2）植物抗病性。中国科学院成都生物研究所发现易变山羊草苯丙氨酸代谢和色氨酸代谢途径中关键酶基因*AevPAL1*和*AevTDC1*能相互协调改变本底水杨酸的含量和下游次生代谢物，对禾谷孢囊线虫抗性起正调控作用。中国农业科学院作物科学研究所从小麦品种Madsen 7DL和2AS染色体上分别发现*Cre9*和*Cre5*两个抗性基因，明确了携带*Cre9*的家系抗菲利普孢囊线虫，但不抗禾谷孢囊线虫；携带*Cre5*的家系抗禾谷孢囊线虫，但不抗菲利普孢囊线虫。中国农业科学院蔬菜花卉研究所明确了甲氧基甲基苯对南方根结线虫有明显的趋避作用，而随着甲酚和顺-2-戊烯-1-醇浓度的提高，线虫杀伤能力增强。

3）监测预警与绿色防控。在抗性利用方面，中国农业科学院植物保护研究所利用寄主诱导基因沉默（HIGS）技术，研发出靶向大豆孢囊线虫几丁质合成酶基因（*SCN-CHS*）的转基因大豆遗传材料新种质，该种质材料可以高抗大豆孢囊线虫；与黑龙江省农业科学院大豆研究所合作选育了一个高抗大豆孢囊线虫、高产、高油的大豆新品种"黑农531"（黑审豆20210004）。在生物防治方面，华中农业大学从淡紫紫孢菌中鉴定到一个参与杀线虫活性和抵抗逆境的关键蛋白PlCYP5，并研制出了生防菌淡紫紫孢菌的颗粒制剂；此外，还发现了 RBT-1 蛋白的立方结构域是 Cry6A 蛋白杀线虫的重要肠道靶标功能受体。

2. 农业昆虫学科

（1）农业害虫发生为害机制

在害虫发育和生殖调控机制方面，研究思维从过去单一因素"点"调控机制解析逐步走向"线"和"面"的多因素研究，并逐步发展出内分泌激素"内因"与环境、作物等"外因"交互作用协同调控害虫发育的研究趋势。华南师范大学证实棉铃虫变态后蛹早期脂肪体的解离是由基质金属蛋白酶 MMP2 主导调控的，并且该分子机制在草地贪夜蛾、家蚕脂肪体解离调控中具有保守性。河南大学在飞蝗、赤拟谷盗等的研究中发现，JH 响应基因 *Kr-h1* 在幼虫期通过磷酸化修饰招募辅助抑制因子 CtBP 抑制 *E93* 基因的表达，起到阻止昆虫变态的作用。

在害虫迁飞机制方面，我国科学家以农业重大迁飞害虫为模式，在宏观迁飞规律、微观迁飞调控机制等方面开展了诸多创新性研究工作。中国农业科学院植物保护研究所利用昆虫雷达和高空测报灯，连续 18 年（2003—2020 年）对夜间迁飞过境昆虫进行持续监测，发现了迁飞植食性昆虫和天敌昆虫的丰富度变化规律及其生态学意义。南京农业大学发现繁殖区气候因素对黏虫回迁成功率的影响，为来年黏虫种群暴发的预测提供依据。浙江大学提出了 Zfh1 与 IIS 通路平行调控翅型分化的分子调控模式。

在害虫对植物抗虫性的适应机制方面，国内科研团队取得了巨大进展。2021 年，中国农业科学院蔬菜花卉研究所在国际上首次发现烟粉虱通过水平基因转移方式获得了寄主植物的次生代谢产物解毒基因——酚糖丙二酰基转移酶；利用该基因代谢寄主植物中广泛存在的酚糖类抗虫次生代谢产物，对寄主植物产生了广泛寄主适应性。这是现代生物学诞生 100 多年来，国际上首次证实植物和动物之间存在功能性基因水平转移现象，揭示了一个全新的昆虫寄主适应性机制。中国农业科学院植物保护研究所发现生态位不同的昆虫能够协同作用抑制寄主植物的防御反应，通过"互利共存"的生态策略促进其对寄主的适应能力，打破了人们对共享寄主昆虫种间竞争排斥关系的普遍认知。清华大学发现了水杨酸甲酯介导的植物气传性免疫的分子机制及其植物病毒的反防御机制，揭示了全新的蚜虫 - 病毒共进化互惠方式，为防治病虫害提供了突破点和研究方向。武汉大学鉴定了一个被植物免疫受体蛋白识别的昆虫效应子 BISP，并揭示了 BISP-BPH14-OsNBR1 互作精细调控水稻抗虫反应的分子机制，对于培育高产、抗虫水稻品种具有重要意义。

在害虫对杀虫剂抗性的机制方面，我国与国际研究水平的差距逐步缩小。其中，中国农业科学院蔬菜花卉研究所在生物和化学杀虫剂抗药性机制研究方面取得了多项原创性理论突破。首次报道了 RNA 甲基化修饰参与了昆虫对杀虫剂的抗药性，揭示了经典的昆虫激素可以参与昆虫 Bt 抗性的新功能及其分子调控网络。研究成果入选了农业农村部的 2021 中国农业科学十大重大进展。

在害虫与植物的化学通信机制方面，此前对农业害虫的化学通信机制研究大多集中于性信息素识别，近年来，国内研究团队在群聚信息素、植物挥发物、报警信息素等研究中也取得了一些突破性进展。中国科学院动物研究所首次确认了 4- 乙烯基苯甲醚（4VA）是飞蝗群聚信息素，不仅揭示了蝗虫群居的奥秘，而且为通过群聚信息素调控飞蝗行为奠定了理论基础。中国农业科学院植物保护研究所系统研究了棉铃虫气味受体基因家族的功能，揭示了鳞翅目昆虫与被子植物协同进化新机制，还从分子水平上解析了不同来源的EBF 对天敌昆虫的调控作用，打破了蚜虫来源的 EBF 作为利他素远距离吸引天敌昆虫的认知。

在害虫与微生物互作机制方面，昆虫 – 共生菌互作的研究是生命科学的前沿研究领域，研究害虫 – 共生菌互作的机制为揭示农业害虫危害成灾机理开辟了一个新方向。沈阳农业大学以烟粉虱为研究对象，揭示了昆虫雌雄虫能通过分子和细胞重塑影响含菌细胞的发育的现象，促进了人们对于昆虫含菌细胞的形成、维持和消亡机制的理解。华南农业大学研究发现，橘小实蝇雄虫直肠中的芽孢杆菌可协助雄虫合成性信息素，高效引诱雌虫完成交配。

在害虫对全球气候变化的响应机制方面，中国农业科学院植物保护研究所提出了研究昆虫响应极端高温的新方法，同时考虑了极端高温对昆虫的影响和昆虫在高温发生间隔期间的自我恢复，可解析发生在任一时间尺度的极端高温事件。福建农林大学对全球六大洲的 55 个国家和地区的 114 个样点采集的小菜蛾样本进行了全基因组重测序，利用景观基因组学方法和基因编辑技术，预测和验证了全球小菜蛾的气候适生性，并对未来小菜蛾的为害状态进行了预测。

（2）农业害虫防治新技术

为发展玉米害虫绿色防控新技术和提高粮食产量，我国政府于 2019 年就对转 *cry1Ab* 与 *epsps* 基因抗虫耐除草剂玉米 DBN9936 和转 *cry1Ab/cry2Aj* 与 *G10evo-epsps* 基因抗虫耐除草剂玉米瑞丰 125 发放了生产应用安全证书。此后，抗虫耐除草剂玉米 DBN9501（vip3Aa19、pat）、Bt11×GA21（cry1Ab、pat、mepsps）等陆续获得生产应用安全证书。截至 2023 年 4 月，已有 10 个转基因抗虫玉米转化体获得安全证书。中国农业科学院植物保护研究所联合多家科研单位，于 2019—2020 年在中国主要玉米生产区研究了 DBN9936 和瑞丰 125 抗虫品种对草地贪夜蛾、玉米螟等鳞翅目害虫的控制效果，证明两种 Bt 玉米对鳞翅目害虫发生与危害的有效控制作用。同时，Bt 抗虫玉米还可以作为"诱杀陷阱"，诱杀草地贪夜蛾成虫产卵，作为一种生态调控机制降低其区域性种群发生数量。

行为调控技术是特异性调节靶标害虫行为的绿色防控技术，包括性引诱剂、植物源引诱剂和害虫交配干扰剂等嗅觉调控化合物及其应用技术。近年来，我国害虫性诱剂、食诱剂、迷向剂等研发与利用技术发展迅速，我国相关研究单位和企业也根据我国草地贪夜蛾性信息素的地域特异性开发了适用于我国的性诱剂产品。在食诱剂方面，可以诱集鳞翅目、鞘翅目等多种害虫的广谱型食诱剂在玉米、大豆等作物上进行了一定的试验示范和推广。苹果蠹蛾、梨小食心虫等果树害虫的迷向技术都已成熟，防治效果良好。

利用生物多样性防控植物有害生物，是安全可行的生态环保技术途径之一。国内大力发展天敌昆虫调控的功能植被生态调控技术，以提升农业生态系统的生态服务功能。华东理工大学在上海崇明岛稻鱼共作系统增强了捕食性蜘蛛和害虫的空间聚集，增强捕食性天敌对害虫的生物控害，提高了水稻产量。中国科学院动物研究所基于田间作物与害虫的关系研究，围绕黄河三角洲农业高质量发展，科学种草治虫，把天敌工厂搬到了田间地头，通过作物与蛇床草野花带的间作可以有效控制小麦和棉花害虫危害。

3. 农药学科

（1）新靶标挖掘

长期反复使用针对较为单一的靶标分子开发的农药，是导致近年来农业病虫害抗药性呈暴发性发展的根本原因。因此，开发绿色安全的原创性分子靶标是解决农药抗药性的根本途径，也是农药创制研究的制高点。近年来，随着研究手段及生物技术的发展和进步，一些新的农药靶标不断被挖掘出来。浙江大学通过 CRISPR/Cas9 基因组编辑技术揭示了杀虫剂氟啶虫酰胺的作用机制，发现了昆虫神经系统中第 9 个分子靶标——烟酰胺酶；烟酰胺酶在线虫和病原菌中广泛存在且具有重要生理功能，而在脊椎动物的基因组中不存在编码烟酰胺酶的基因，这意味着潜在的烟酰胺酶抑制剂可以开发为杀线虫剂和杀菌剂并在农业上使用。中国农业科学院植物保护研究所通过解析大豆疫霉几丁质合成酶 $PsChs1$ 的冷冻电镜结构，阐明了几丁质生物合成的机制，从而为针对几丁质合成酶的新型绿色农药精准设计奠定了基础。

（2）新成分的发现

近年来，随着基因编辑、结构生物学、合成生物学、化学生物学等生物技术的发展，极大地提升了新农药创制的效率。我国农药研发和应用整体水平稳步提升，创制能力及国际影响力大大增强。清原农冠三大最新专利化合物氟氯氨草酯、氟草啶、氟砜草胺在柬埔寨首次获得批准登记，在我国的登记工作也已进入最后阶段，计划于 2022 年年底至 2024 年陆续上市。沈阳中化农药化工研发有限公司采用中间体衍生化法发明的除草剂 SY-1604 解决了通常需要 3 种不同除草剂才可以解决的问题，填补了国际空白。先正达评估该除草剂上市 3 年销售额即可达到 3.5 亿美元，有潜力成为一枚行业公认的"重磅炸弹"。

（3）新产品创制

新农药创制的长周期和高成本亟需通过制剂创新来延长生命力。近年来，纳米科技的迅猛发展为现代农业科学提供了新的方法，"纳米农药"已经成为农药剂型研发的前沿领域。澳大利亚昆士兰大学以可降解黏土纳米颗粒（Mg-Fe 层状双氢氧化物）为 dsRNA 的保护性载体，研发出一种新型环保高选择性杀虫喷雾剂，通过诱导基因沉默，可有效提高棉花中烟粉虱的死亡率，从而实现非转基因植物对烟粉虱的防控。山东农业大学将聚乙二醇和 4,4- 亚甲基二苯基二异氰酸酯分别作为亲水软段和疏水硬段，在纳米反应器中通过单体聚合和聚合物自组装高效制备柔性高效氯氟氰菊酯纳米凝胶，不仅可通过柔韧性和黏附性调节为农药输送提供叶面亲和力和钉扎力，而且具有良好的持效期和非靶标安全性。中国农业科学院植物保护研究所提出采用颗粒农药撒施代替农药药液喷雾，探索出植保无人机防治草地贪夜蛾的新方法。该研究充分利用玉米植株顶部叶片生长形成的天然喇叭口和无人机的下压风场，使无人机撒施的微小颗粒能够有效到达草地贪夜蛾的危害部位，颗粒主要沉积分布在心叶，田间防效 >90%，明显优于喷雾，在进行草地贪夜蛾精准打击的同时实现了无飘移施药。

4. 生物防治学科

（1）新原理解析

近年来，国内学者围绕生防作用物 – 病原物 – 环境因子互作研究，取得了较好的研究进展。浙江大学创制了高精度水平转移基因的智能算法，证实蝶和蛾类鳞翅目昆虫是获水平转移基因数目最多的昆虫类群，在国际上首次报道水平转移基因促进雄性昆虫求偶行为，对寻找害虫控制的新靶标有重要意义，对未来农业害虫绿色防控提供了新思路。此外，发现了瘿蜂等寄生蜂可通过肠道微生物调控寄主营养代谢，添加醋酸杆菌（*Acetobacter pomorun*）和一种芽孢杆菌（*Bacillus* sp.）能促进瘿蜂幼蜂发育，显著提高成蜂的羽化率。

华中农业大学针对油菜、大豆菌核病，发现真菌病毒 SsHADV–1 可以将死体营养型病原真菌核盘菌转变为与油菜互利共生的内生真菌，调控油菜参与防御、激素信号传导和昼夜节律途径的基因表达，显著促进油菜生长并提高其抗病能力。提出了真菌病毒介导的植物疫苗防病策略，并指出真菌病毒可能是内生真菌形成的重要因子之一。

（2）新技术发明

随着新材料技术、合成生物学的发展，围绕生物防治产品研发，我国取得了积极进展。西北农林科技大学人工组装了一个具有抗病功能的合成群落，为农作物、果蔬栽培适应环境胁迫、提高抗逆性提供了新方法。南京农业大学发现在香蕉连作土壤中添加菠萝残体能有效防控香蕉枯萎病，其防病机理是菠萝残体改变了土壤真菌群落组成，诱导了关键真菌烟曲霉（*Aspergillus fumigatus*）和茄病镰刀菌（*Fusarium solani*）在土壤中的大量富集，实现了通过拮抗作用和营养竞争抑制香蕉枯萎病菌。

合成生物学为我国未来新农药的创制开发提供技术支撑。东北农业大学围绕农用放线菌资源，以开发高产菌株为目标，从深入认知放线菌代谢调控规律指导高效代谢途径重构，以及开发高产菌构建必需的元件、方法和策略用于新途径构建这两个方面，分别突破高产菌开发的认知瓶颈与技术瓶颈，建立了放线菌合成生物学高产菌开发平台，架起了重要农用天然产物从发现走向产业化应用的桥梁。

（3）新产品创制

近年来，我国生物防治产品创制取得系列重要进展，新农药品种中生物农药的登记数量从 5 年前占比 37.5% 增长到超过 70%，登记生物农药品种超过 120 种。微生物杀虫剂 Bt 工程菌 G033A 可湿性粉剂获批扩作登记，新增了对玉米草地贪夜蛾的防治对象，可在 17 个场景应用。植调成分的种类和数量有所突破，东北农业大学创制的植物生长调节剂谷维菌素获得 94% 原药和 1% 种子处理液剂实现登记，对辣椒、豇豆、玉米、马铃薯、大豆和棉花等增产明显，可提高水稻的抗病性和抗逆性，提高出米率。云南大学研发出线虫生物农药"线虫必克"，实现了产品的规模化生产和应用，创建了集成解除土壤抑制作用、启动腐生到致病的转换、调动土著捕食线虫真菌和生防菌剂协同防治根结线虫的技术体系，取得了很好的应用效果。植物免疫诱导剂阿泰灵连续多年位居全国生物农药销售前列，推广应用面积达 3 亿亩次，被中国农学会遴选为农业农村领域优秀的新产品。

针对重大入侵害虫草地贪夜蛾、一类农作物害虫蔬菜蓟马，选出夜蛾黑卵蜂、短管赤眼蜂、蠋蝽、明小花蝽等 20 多种天敌，研发人工饲料、替代猎物、滞育调控等 10 多项应用技术，发明全封闭立体养虫机和产品包装机等 20 多台套设备，建立生产和田间评价标准 10 多项，在贵州、河北、山东、广东等地新建天敌生产线 10 多条，捕食性天敌昆虫繁育规模创造新纪录。

5. 杂草科学

（1）杂草发生为害机制

浙江大学组装了 3 种稗属杂草的基因组，采用重测序技术，将全球稻田稗属杂草分为 *E. crus-galli*、*E. oryzicola*、*E. walteri* 和 *E. colona* 四个种，var. *crus-galli*、var. *crus-pavonis*、var. *praticola*、var. *oryzoides* 和 var. *esculenta* 五个变种，揭示了稗属杂草系统发生及其环境适应演化机制。湖南省农业科学院研究了千金子的染色体级参考基因组和基因变异图，明确了千金子基因组由两个 1090 万年前分化的二倍体祖细胞组成，通过转录组分析证明四倍体化在千金子抗除草剂基因来源方面的重要贡献，为深入了解千金子的抗药性及适应性进化提供了参考。中国农业科学院植物保护研究所分析了采自我国麦田 192 份节节麦材料的遗传多样性，发现我国节节麦具有较高的遗传多样性，主要分为黄河流域东部亚群、黄河流域西部亚群，以及部分山东、河北、河南和陕西节节麦种群组成的混合群体。该研究为明确我国麦田节节麦传播扩散路线和制定节节麦综合防控策略提供了新思路。

除草剂作用靶标发生突变是杂草产生抗性的重要原因之一。南京农业大学首次在抗五氟磺草胺的稗中发现了靶标基因 *ALS* 发生 Phe-206-Leu 突变；中国农业科学院植物保护研究所在抗噻吩磺隆的反枝苋中发现了 Gly-654-Tyr 突变，该突变可导致其对五大类 ALS 抑制剂产生交互抗性。广东省农业科学院联合西澳大学从中国和马来西亚的抗草铵膦种群中鉴定到一个胞质型 EiGS1-1 蛋白发生 Ser-59-Gly 突变，间接地通过影响重要残基的空间构象促进草铵膦抗性种群的进化。湖南农业科学院在抗草甘膦的稗中发现了转运蛋白 EcABCC8 可在质膜上将进到膜内的草甘膦转运至膜外，以减少草甘膦对植株的伤害；在多抗五氟磺草胺和氰氟草酯的稗中发现 *CYP81A68* 基因高水平表达。南京农业大学初步解析了稻田稗的转录因子 bZIP88 正向调控其对五氟磺草胺、氰氟草酯及二氯喹啉草酮抗药性的机制。山东农业大学在抗甲基二磺隆的看麦娘中筛选出 CYP709C56 基因，该基因的高表达可以使拟南芥对甲基二磺隆和三唑并嘧啶产生抗性。

（2）杂草防控技术

加强杂草发生危害的监测预警、科学轮换使用除草剂、推广除草剂减量与替代技术等工作成为农田杂草防控的迫切需求。南京农业大学揭示了杂草种子长期适应在稻田生态系统的灌溉水流的传播规律，基于"断源""截流""竭库"生态学理念，降低直至耗竭种子库来减轻或免除草害。建立的稻田杂草群落消减控草技术可使杂草种子库规模下降51%，稻－麦两季的杂草发生量显著下降53%。中国农业科学院植物保护研究所与全国农技中心联合攻关，以8个小麦主产省为调研基地，瞄准危害重、防治难的节节麦、日本看麦娘等重要杂草开展研究。基于杂草发生程度和抗性水平的监测数据，实施分区域、分种类、分抗性水平的差异化防控，基本实现麦田杂草防治策略精准、防治药剂精准和施药时间精准。在科学运用上述"两监测三精准"化学除草技术的基础上，结合不同作用靶标除草剂轮换使用，辅以增加小麦密度控草、玉米秸秆覆盖、小麦/油菜轮作控草等非化学措施，形成了适应不同区域、不同栽培条件的麦田杂草绿色防控技术模式。上述两项技术分别入选2021年和2022年农业农村部主推技术。

生防菌除草方面的研究也取得了新进展，南京农业大学从茶园牛筋草病叶中分离到一种双色双孢霉（*Bipolaris bicolor*）菌株 SYNJC-2-2，其对狗尾草、柔枝莠竹和狼尾草也有很强的致病性。华南农业大学对防治稗的病原真菌尖角突脐孢菌（*Exserohilum monoceras*）进行改良，通过紫外光诱变筛选出对稗具有高致病力的尖角突脐孢菌诱变株4株，比原生菌株有更强的耐紫外线、耐高温和耐低温能力。

在化学除草方面，河北农业大学基于除草剂新靶标转酮醇酶设计合成异噁唑胺类、硫醚类等化合物，发现含有苯并咪唑等基团的化合物具有较高的除草活性，对马唐和反枝苋的根茎抑制率超过90%，部分化合物在高除草活性下对小麦、玉米安全，有潜力作为除草剂候选化合物进一步开发研究。大北农集团、中国农业科学院作物科学研究所、先正达（中国）等采用转基因技术研发出耐除草剂草甘膦的转化体 DBN9936、DBN9858、DBN3601T、中黄 6106 等 14 个耐除草剂转化体，这些转化体在草甘膦 4 倍推荐剂量下长势良好、增产显著。中国农业科学院植物保护研究所采用基因编辑技术研发出耐除草剂双草醚、草铵膦、二甲戊灵等的水稻资源；中国农业大学研发出过表达 PPO1 和 HPPD 的水稻资源，能够同时耐 PPO 和 HPPD 抑制剂类除草剂。北京大学采用诱变技术研发出耐咪唑啉酮类除草剂的玉米、小麦等。上述耐除草剂作物拓宽了除草剂使用范围，为采用高效广谱除草剂产品解决生产上难治杂草问题提供了新手段。

6. 鼠害学科

鼠类除了对粮食安全（包括牧草生产）及生物安全的直接威胁，鼠类暴发还会直接威胁生物多样性及生态系统安全。近年来，我国在鼠类监测预警技术及产品研究方面取得了重要进展，开展了卫星遥感、无人机低空遥感、物联网智能终端识别等监测技术研究，在基于图像的害鼠种类和活动频次识别、基于鼠洞／土丘的鼠密度及发生面积识别等方面取得了识别算法、终端设备研发等突破，基于种类图像识别的物联网设备终端已经在农区鼠害监测中得到大范围的推广应用。

7. 生物入侵学科

针对潜在和跨境／跨区域新发重大农业外来入侵生物的风险和威胁，发展了风险预判评估与早期监测预警技术，构建了全要素、全程定量风险预判预警平台，创新了农业外来入侵生物传入、定殖、扩散风险定量评估模型与管理策略，为国家和行业部门制定外来入侵物种风险等级判定规范、国家重点管理外来入侵物种名录、入侵物种防控关口前移的监测点位布设和扩散阻截等防控管理提供了支撑。筛选了上万种潜在和新发外来物种数据，改进了物种分布生态位模型，制定并完善了30多种潜在和新发重大入侵物种全程风险研判及应急处置预案，完成了100多种潜在和新发重大入侵物种的全程风险驱动综合定量评估预判；创新了潜在和新发入侵物种精准甄别和智能监测预警技术。针对现有入侵生物识别精度低、监测效率低、物种单一的问题，构建了基于机器学习的外来入侵生物智能识别模型，集成了入侵生物精准甄别、图像快速智能识别技术和无人机图像监测技术，实现了入侵植物、微小型入侵昆虫与入侵病原物的快速识别与智能监测，为入侵物种关口前移的监测点布设和扩散阻截等防控管理提供了支撑。

基于入侵生物多组学大数据，构建了130多种入侵物种（包括植物31种、动物100种）基因组数据库 InvasionDB，开发了基因组分析软件，发现了入侵生物的基因组学特性，实现了从基因组角度预测入侵生物入侵性；挖掘了化感、解毒、发育、滞育、代谢等一批与入侵致害紧密相关的扩增基因家族；鉴别出一批可用于防治和风险分析的生物学靶点和潜在靶标基因、信号化合物及信号传导通路，为后基因组时代的农业入侵生物阻截、拦截与快速灭除技术开发提供了分子数据支持。在此基础上，通过多组学比较分析，从寄主适应性进化、抗药性进化、遗传分化和温度适应性进化等角度揭示了苹果蠹蛾和番茄潜叶蛾等入侵生物的内在优势和竞争力增强的入侵机制；从光合能力、化感作用与根际土壤养分循环等角度揭示了薇甘菊、加拿大一枝黄花在全球入侵过程中的内在优势（快速生长）和新式武器（化感作用）的入侵分子机制；从环境和免疫压力耐受能力强、肠道微生物协助解毒和消化等角度揭示了桔小实蝇、红火蚁、福寿螺内在优势和互利助长的入侵机制。

此外，开展了基因编辑、基因沉默、生物防治、替代修复为主的入侵生物绿色防控技术与产品的研发应用。建立了质体介导 RNAi 抗虫机制与技术体系，研究了其在不同害虫中的适用性，利用质体介导 RNAi 技术在防控马铃薯甲虫、西花蓟马、二斑叶螨等入侵昆虫中进行了系统的应用研究。开展了番茄潜叶蛾不同防控技术对番茄潜叶蛾防控效果的评价研究，筛选获得了一批可作为番茄潜叶蛾 RNAi 绿色防治靶标基因，构建了番茄潜叶蛾靶基因dsRNA/纳米复合物的RNA干扰系统。针对入侵生物扩散分布地理区域的异质性、入侵过程的时序性，建立了天敌生物增殖释放、本土物种替代修复的绿色防控新模式。

（二）学科重大进展及标志性成果

1. 草地贪夜蛾监测预警与可持续控制

草地贪夜蛾2018年12月入侵我国后，已在全国27个省（直辖市、自治区）被监测到，发生面积2000万亩以上。针对草地贪夜蛾灾变规律不明确、防控手段缺乏的状况，开展了草地贪夜蛾的致灾机制、监测预警和综合防控技术研究，研究明确了草地贪夜蛾的发生规律、寄主植物范围和致灾机理；阐明了草地贪夜蛾在我国的越冬区划与虫源区域，揭示了其远距离迁飞轨迹，建立了草地贪夜蛾监测预警技术；明确了我国草地贪夜蛾的优势寄生性天敌和病原微生物类群，结合生态调控技术保护和利用自然天敌控制草地贪夜蛾；建立草地贪夜蛾优势天敌的大量繁殖技术、微生物农药的生产技术和田间应用技术；筛选鉴定普通玉米抗虫资源和高效毒杀草地贪夜蛾的Bt基因资源，通过转基因技术创制抗草地贪夜蛾玉米新材料。创制的Bt工程菌G033A可湿性粉剂于2020年11月25日获农业农村部批准扩作登记，可用于草地贪夜蛾的防治。研发的微型颗粒剂造粒工艺和施用技术将成为植保无人机应用发展的一个重要方向。创制了蠋蝽、夜蛾黑卵蜂等天敌昆虫产品。建立的以新型生物农药、种衣剂和植保无人机撒施微型颗粒剂施用技术为主，结合高效低毒化学农药12%甲维·茚虫威水乳剂应急防控为辅的区域性草地贪夜蛾全程综合防控技术体系，可精准、及时、有效控制草地贪夜蛾为害，施药次数减少2~3次，防控效果达到90%以上。这一综合防控技术体系入选2021年农业农村部重大引领性技术。

2. 烟粉虱广泛寄主适应性机制

烟粉虱被FAO列为全球危害第二大的害虫，也是唯一被冠以"超级害虫"的农业害虫。该害虫也是我国设施蔬菜最主要的害虫，由其传播的番茄黄化曲叶病毒病（TYLCV）仅2009年就给我国造成了超过百亿元人民币的损失。2021年，中国农业科学院蔬菜花卉研究所率先揭示了该害虫在我国的暴发与其广泛的寄主适应性和对杀虫剂的高抗性密切相关，且发现烟粉虱广泛的寄主适应性与其获得了来源于寄主植物并能够降解植物毒素的代谢酶基因*BtPMaT1*有关。同时，发现MAPK信号途径通过转录因子CREB调控解毒酶基因*CYP6CM1*从而导致烟粉虱对新烟碱类杀虫剂具有抗药性，该研究首次阐明了害虫代谢抗性的遗传调控网络。

3. 抗病小体激活免疫反应的分子机制

植物先天免疫是植物在与病原微生物长期共同进化的过程中逐渐形成的免疫对抗机制，用来抵抗病原微生物的侵害。植物先天免疫的一类重要组成部分是效应蛋白引起的先天免疫（ETI）。NLR是调节ETI的一类主要受体蛋白。根据NLR蛋白的N端结构域，

NLR 主要分为两类：CNL（CC-NB-LRR）和 TNL（TIR-NB-LRR）。这两类受体蛋白都可以直接或间接地识别病原菌效应蛋白进而引起 ETI。抗病蛋白 ZAR1 是 CNL 类蛋白，中国科学院遗传与发育生物学研究所与清华大学合作发现，ZAR1 在体外激活后组装为一个五聚体的抗病小体（resistosome），揭示了抗病蛋白识别和组装的分子机制。但 ZAR1 在植物体内是否形成五聚体及抗病小体的具体生化和细胞学功能依然不清楚。2021 年，中国科学院遗传与发育生物学研究所通过单分子成像发现，激活后的 ZAR1 蛋白可以在植物细胞膜上形成五聚体复合物。研究结果揭示了 ZAR1 抗病小体作为 Ca^{2+} 离子通道，可以激活免疫反应和细胞死亡的机制。抗病小体作用机制的解析对设计抗广谱、持久的新型抗病蛋白，发展绿色农业具有指导意义。

4. 植物抗病及感病基因发掘与利用

为有效控制病害，保障我国粮食高产稳产，作物育种学家和病理学家长期致力于选育广谱持久的农作物抗病品种。同时达到高产高抗一直是作物育种的一大挑战。2021 年，中国科学院分子植物科学卓越创新中心通过对水稻的研究发现，水稻的 ROD1 作为一个新的植物免疫抑制中枢，通过降解具有免疫活性的超氧分子（ROS），从而抑制植物的防卫反应。通过对 3000 多种水稻的基因序列分析，发现 ROD1 单个氨基酸的改变可以影响其抗性和地理分布，这说明作物抗病性受地域起源的选择，丰富了作物驯化的理论基础。发现 ROD1 的功能在禾谷类作物中是保守的，从而提出了可以通过编辑或操纵这类新的感病基因实现广谱抗病的新策略，对培育高产高抗的作物品种具有重要的指导意义和应用潜力。2023 年华中农业大学克隆到一个广谱抗病类病斑突变体基因 *RBL1*，并通过基因编辑创制了增强作物广谱抗病性且稳产的新基因 *RBL1*[Δ12]，该基因在作物中高度保守，与传统抗病基因相比，可打破物种界限，普适性更强，具有巨大抗病育种应用潜力。

小麦条锈病是气传性的真菌病害，具有易传播流行的特性，是影响小麦的头号生物灾害。2022 年，西北农林科技大学首次鉴定到小麦中被病原菌效应子 PsSpg1 劫持的感病基因 *TaPsIPK1*（胞质类受体蛋白激酶）。*TaPsIPK1* 负调控小麦的基础免疫，能够被条锈菌分泌的毒性蛋白 PsSpg1 劫持，从细胞质膜释放进入细胞核，在细胞核操纵转录因子 TaCBF1，抑制抗性相关基因的转录，增强 *TaPsIPK1* 的转录水平，放大 *TaPsIPK1* 介导的感病效应，促进小麦感病。利用基因编辑技术精准敲除感病基因，破坏毒性蛋白和感病基因的识别和互作，可实现小麦对条锈病的广谱抗性。2022 年，中国科学院遗传与发育生物学研究所联合其他团队阐明了小麦新型 *mlo* 突变体兼具抗病性与高产的分子机制，并利用基因组编辑技术快速获得具有广谱抗白粉病且高产的小麦优异新品系。山东大学鉴定了玉米中一个新的感病基因 *ZmNANMT*，并发现编辑该基因可提高玉米对多种病害的广谱抗性，且不影响玉米的重要农艺性状。

5. 原创性农药分子靶标的发现

原创性农药分子靶标的发现是 2021 年中国工程院和中国科学院发布的农业领域的卡

脖子问题突破之一。2022 年，中国农业科学院植物保护研究所通过解析大豆疫霉几丁质合成酶 *Ps*Chs1 的冷冻电镜结构，阐明了几丁质生物合成的机制，从而为针对几丁质合成酶的新型绿色农药精准设计奠定了基础。几丁质合成机制在病虫害中的保守性使得几丁质合成酶作为绿色农药分子靶标具有重要意义。此研究成果具有里程碑意义，标志着中国农药研发水平提升到了基础理论原始创新的高度。2022 年，南京农业大学和清华大学合作解析了细胞膜受体蛋白 RXEG1 识别病原菌核心致病因子 XEG1 激活植物免疫的作用机制，为开发绿色新型植物免疫激活剂奠定了核心理论基础。

6. RNA 生物农药新制剂的研发与应用

RNA 生物农药既能防治病虫害又不影响农作物遗传表达，综合了化学农药与转基因作物的优势，绿色环保无污染，被称为"农药史上的第三次革命"。但是由于 RNA 农药的稳定性及传输效率的局限，限制其规模化应用，亟需研发新的制剂技术。2023 年，中国农业大学通过严谨的生信分析和筛选验证，成功获得两个靶向疫霉关键生理基因的 dsRNA 片段，并创造性地研制了聚乙二醇二胺功能化的碳点纳米颗粒（CDs），精准组装了 dsRNA-CDs 纳米复合物；首次系统研究了 CDs 功能纳米材料负载 dsRNA 抑制多种作物疫病的特异性、高效性、稳定性和协同增效作用，阐明了疫霉吸收 dsRNA-CDs 复合物的转运机制，提示了 RNA 杀菌剂可以少量高效地实现抗性治理的应用前景。中国科学院微生物研究所发现了根际微生物种间 RNAi，创建了微生物诱导的基因沉默（microbe-induced gene silencing，MIGS）的全新作物病害防控技术；利用有益真菌哈茨木霉创制 RNAi 工程菌，开发了"sRNA 抗菌剂"微生物制剂，可有效抑制棉花和水稻的土传真菌病害。中国农业大学创制了一种基于 dsRNA 和植物免疫诱抗剂的自组装多元纳米新型生物制剂，可高效防治马铃薯晚疫病，并解析了其增效机理，在病害防治领域展现出广阔的应用前景。

（三）本学科与国外同类学科比较

当前，全球重大病虫蔓延为害形势依然严峻，病虫害防控科技创新格局分布不均衡，欧美等基础研究和应用研究方面的水平和能力都较强，非洲、南美、亚洲等一些经济相对落后的地区在重大病虫害防控能力上明显不足。我国植物保护学科的研究处于国际一流水平，但在智慧植保等领域与欧美相比还有一定差距。本土重大农林病虫害在美洲、欧洲、澳大利亚病虫害总体可控，成灾规律研究进展迅速，整体超过我国的同类研究水平；在非洲则是快速蔓延为害，可用防控技术产品缺乏。外来有害生物入侵各国的频率增加，为害加重，美国、日本、澳大利亚等发达国家高度重视，努力研究快速防范和持续治理的手段和产品。

农作物病虫灾变规律研究越发深入。国外创新利用分子生物学、结构生物学、组学大数据及人工智能理论与技术，系统性地解析农作物重大病虫害致害性及其变异与作物特异抗病虫性的机理，为农药的开发提供了候选靶标，利用高通量蛋白－蛋白互作网络大规模鉴定和分析病原物效应因子与植物抗病相关蛋白间的互作关系，为基于感病基因编辑提高作物抗病性提供了新策略；利用信息技术定量分析昆虫的种群时空特征。我国在部分重大病虫如小麦赤霉病、稻瘟病、作物疫病、棉铃虫和稻飞虱等在病虫害－作物－环境互作机制的研究中取得突破。

农作物病虫灾变监测预警技术快速发展。欧美等针对重大病虫害利用人工智能精准诊断，以专家系统结合气候模拟开展的中长期预测预报准确率较高。我国通过与生物学、信息学、互联网＋技术融合，开展暴发性和流行性生物灾害识别诊断，系统实现了重大病虫害预测预报，显著提高了防御农业生物灾害的能力，整体处于并跑状态。

农作物病虫害防控核心技术及产品更新换代。当前，国际上基于天然产物结构衍生和精准靶标导向的绿色生态农药创制成为研究焦点，RNAi 技术、基因编辑技术、免疫诱抗技术、昆虫行为调控、纳米农药技术等均得到了大力发展。我国虽然自主创制农药有 50多种，但大面积推广应用的仅有 10 多种，不足我国农药使用量的 10%。从整体看，与发达国家相比仍有不小的差距，仍缺乏"重磅炸弹"级战略意义的绿色新农药品种。但随着近年来国家对农药创制的持续投入，我国农药创制已处于并跑阶段，某些领域已经开始领跑。我国天敌昆虫、虫生真菌、Bt 制剂等有不同程度的生产，害虫食诱剂、性诱剂等商品化也有一定成效，部分领域处于国际先进水平。

农作物病虫害防控治理体系日臻完善。国外近年来基于信息化、智能化、机械化等技术进步，提出了病虫害大面积种群治理等新理论；基于生物防治与生态调控的学科融合，创新了有害生物生态调控策略。我国完善了"公共植保、绿色植保、科学植保"的农业病虫害防控理论，以主要粮棉油果菜茶为对象，确定了有害生物防治指标，通过统防统治等组织形式开展病虫治理，一度处于领跑水平。

三、展望与对策

（一）未来几年发展的战略需求、重点领域及优先发展方向

1. 战略需求

（1）植物保护是保障我国"四个安全"的重要基础

随着一些超高产品种的推广、高复种指数、高密度种植及大肥大水措施的推行，生物灾害严重发生的风险越来越大。而病虫害治理不仅是农业生产力的组成部分，而且是保障粮食安全供应的基石。农产品安全关系到千家万户，是确保国民健康的重要前提。由于化学农药的过度和不当使用，成为农产品质量安全的隐患。全球经济一体化的迅速发展，使得入侵生物呈现出数量增多、频次加快、蔓延范围扩大和损失加重的新趋势，严重威胁我国农业生物安全和生态安全。因此，要切实保障我国粮食安全、生态安全、生物安全和农

产品质量安全，植物保护学科使命光荣、责任重大。

（2）植物保护是推进农业农村现代化和乡村振兴的重要抓手

2022年，中央农村工作会议指出大力推进农村现代化建设是建设农业强国的内在要求，全面推进乡村振兴是建设农业强国的重要任务。产业振兴是乡村振兴的重中之重，巩固拓展脱贫攻坚成果是全面推进乡村振兴的底线任务。绿色高效植物保护带来的作物增产和品质提升会切实使农民增收，植物保护行业所带来的全产业链拓展会增加更多的农民就业致富渠道，从而持续巩固脱贫攻坚成果，接续推进乡村全面振兴。强化"绿水青山就是金山银山"的发展理念，通过绿色植保产品和技术的研发应用，构建绿色植保技术创新体系，实现生产模式向数量、质量和效益并重的方向转变，助力宜居宜业和美乡村建设，推进农村现代化建设。

（3）植物保护是增强我国农业科技创新力与竞争力的源动力

进入新时代，国际国内农业科技正在发生深刻变化。植物保护科学发展已进入复杂性研究的新领域，向生物学、生态学、数学、物理学、化学、生物信息学、组学、材料学等学科提出了许多新问题、新概念和新的研究领域。学科交叉是植物保护科学发展规律，多学科联合攻关是解决植物保护复杂问题的重要途径，只有多学科的有机协同才能产生重大的植物保护科技创新。促进植物保护学科发展，有利于加快我国植物保护基础理论和应用技术的原始创新，抢占国际植保领域话语权和制高点，增强我国农业科技创新力与竞争力。

2. 重点领域与优先发展方向

"十四五"期间，我国农业的种植模式发生改变，新兴技术不断涌现，植物保护学科需与时俱进、持续创新，以适应新的应用场景和新的发展阶段。未来几年，植物保护将重点和优先发展以下几个方向。

（1）适应农业生产新形势的农作物病虫害新规律、新对策研究

当前，中国农业生产正在进行大规模的结构调整，这些结构性调整将直接影响农业生态系统的结构和农作物病虫害的种群演化。在农业生态环境及农事作业方面，全球气候变暖、温室大棚等保护地种植面积迅速增加，导致农作物有害生物越冬区域逐年北扩，害虫发生期提前，危害时间延长；免耕技术和秸秆还田等耕作制度变革导致田间宿存的害虫和病原物数量增加，迅速导致减产损失；跨区麦类作物机械化作业，有害生物会附着在机具上远距离传播，迅速扩大发生面积。杂草发生与为害越来越严重，严重制约了农作物产量和品质的提高。此外，国际农产品贸易量增加，导致外来生物入侵的风险加重。这些新的农业生产形势和多种要素交互作用，必然会影响中国主要农作物生物灾害发生规律，因此应加强植物保护新理论、新规律的研究，从而满足新形势下农作物生物灾害防控的需要。

（2）适应现代科技新发展的植物保护新理论、新方法研究

随着生物技术、信息技术、新材料与先进制造技术的迅猛发展，传统植物保护与新兴

学科交融。基因编辑、基因驱动、融合蛋白、高通量筛选、合成生物学、纳米生物技术、免疫调节技术等新方法必将激发植物保护新理论、新方法的产生。基于病虫防控的信息化、智能化、机械化，研究农作物生物灾害大面积种群治理新理论；基于生物防治与生态调控的学科融合，创新有害生物生态调控策略、微生物农药效价提升理论、天敌产品货架期滞育调控理论等。在新方法方面，基于现代生命科学和信息科学等基础学科的新理论不断融入植物有害生物的检测、监测、预警与控制阶段，系统性地解析农业重大病虫害致害性及其变异与作物特异抗病虫性的机理，利用高通量蛋白－蛋白互作网络大规模鉴定和分析病原物效应子与植物抗病相关蛋白间的互作关系等。

（3）满足大区域、长时效要求的农作物病虫害检测、监测和预警技术研究

随着新型昆虫雷达、高灵敏度的孢子捕捉器等仪器设备的研发应用，迁飞性、流行性、暴发性农作物有害生物的监测预警技术将更加精准。对东南亚、南亚国家的草地贪夜蛾、稻飞虱、稻纵卷叶螟等迁飞性害虫入侵我国的时间、规模、降落区域等进行预警，可满足提前防控的要求；对我国境内的小麦锈病、白粉病、棉铃虫、黏虫等重大病虫害的越冬越夏基地、扩散蔓延程度等的中长期预测的准确率进一步提升，区域迁飞阻断的植物保护新手段或将成为可能。深化遥感、地理信息系统和全球定位技术、分子定量技术、计算机网络信息交换技术，结合大数据、云计算等手段，采用空间分析、人工智能和模拟模型等手段和方法进行农作物有害生物的预测预报。深入探索农作物病虫害监测预警需求的先进检测、监测及信息化、数字化技术，提升远距离、高精度的监测预警技术，建立检测技术、监测方法及预警水平的标准化，为病虫害及时阻截、快速扑灭、科学防治提供技术支持。

（4）满足农产品安全需求的农作物病虫害防控新技术、新产品研发

依靠科技进步革新病虫害持续控制技术，研究生物防治、植物免疫、信息素防控、理化诱杀、信息迷向及生态调控的新技术。在绿色化学农药方面，聚焦原药化合物合成，开展不对称合成、微流控反应等制造技术创新，发展农药分子设计技术，产业化具有国际竞争力的绿色化学农药新品种和新制剂，降低"卡脖子"风险。在生物农药方面，对标微生物农药效价提升和产品不稳定瓶颈，创制高效价工程菌株，优化微生物发酵和稳定表达技术，优化天敌工厂化扩繁技术，提升天敌昆虫货架期，研制 RNA 干扰剂、信息素诱控剂等产品，建立生防微生物资源库。

未来，害虫诱杀新型光源与应用技术、害虫化学通信调控物质利用技术和害虫辐照不育技术等将有所发展，降低环境风险，提升防控效果，为农作物生物灾害绿色治理提供技术和产品保障。

（5）满足自动化、智能化要求的智慧植保新装备与施用技术研发

随着劳动人口结构性变化，需要研发适合中国国情的专业化大中型现代植保机械。未来将加快研制大型自走式植保机械和仿形施药机械，大力发展植保无人机，突破病虫

害图像与光谱识别技术，优化超低容量喷雾技术，实现变量喷雾与自动控制，提高农药利用率。要研制装备中央处理芯片和各种各样传感器或无线通信系统的装置，实现在动态环境下通过电子信息技术逻辑运算传导传递发出适宜指令指挥植保机械完成正确动作，从而达到病虫害准确监测、精准对靶施药等植保工作智能化目标，解决当前局部发病全田用药的难题。研发出新型大中型及无人机等现代植保机械，精准对靶施药的人工智能装置等。

（二）未来几年发展的战略思路与对策措施

未来几年植物保护将以确保国家粮食安全、坚决打赢"虫口夺粮"攻坚战、全面推进乡村振兴和加快农业农村现代化为根本目标，以草地贪夜蛾、小麦赤霉病、柑橘黄龙病等农作物重大病虫害防控科技创新为首要任务，坚持"强基础、堵漏洞、防风险、补短板"的工作原则，旨在建立覆盖全国的农作物重大病虫害精准监测预警网络，系统揭示重大病虫害区域性灾变机理，突破防控高新技术原创能力不足难点，创新精准监测和绿色防治关键技术与产品，构建区域一体化、技术绿色化的农作物重大病虫害精准监测预警和全程防控综合技术体系，为农作物安全生产和绿色、高质量发展提供科技支撑，实现新发突发病虫害入侵暴发风险"可防"、重大病虫害危害损失"可控"、农作物生产系统病虫害有方"可治"和病虫害全程防控"绿色化"。

基于上述战略思路，未来几年将从以下 5 个方面有针对性地发力：①研究思路上充分发挥学科交叉优势，推动植物保护学科理论和技术创新。密切跟踪国际科技前沿，聚焦农业发展重大需求，积极拓展新兴交叉学科领域，努力实现原创植保理论的突破，推动产品创制和技术创新。②研究经费上积极拓宽渠道，以国拨经费撬动地方和社会经费的持续投入，淡化经费的"身份"。英雄不问出处，经费不管来源，只问产业贡献和科学价值，让相关科研人员静下心来，打通产学研结合的"任督二脉"，突破"卡脖子"技术。③研究机制上探索行之有效的产学研合作机制。面向产业和行业需求，企业可以作为出卷人，科研单位作为答卷人，市场作为阅卷人，切实提高科研成果的有效性，避免科研资源的浪费和研究成果的束之高阁。④研究模式上基于国家重大需求，利用好"植物病虫害综合治理全国重点实验室""国家农业生物安全科学中心"等共享平台，加强全国植物保护力量的大协作。新发突发病虫害给我国农业生产造成严重威胁，严峻考验农业生产上应急防控减灾能力，必须在全国范围内组织力量对新发突发有害生物实施阻截扑灭与联防联控，抑制重大病虫害的扩散与暴发，实现整体防控。⑤在研究人员方面强化植保人才培养，培育一批知农爱农的新时代农科人才。通过植保领域的持续投入、科技教育水平的不断提升，培养具有国际一流水平、能实现重大原创性理论突破或引领植保技术跨越式发展的国际公认的领军人才，同时培养更多知农爱农新型人才，为推进农业农村现代化、确保国家粮食安全、推进乡村全面振兴不断做出新的更大贡献。

参考文献

［1］ CHEN J S, CHEN S Y, XU C L, et al. A key virulence effector from cyst nematodes targets host autophagy to promote nematode parasitism ［J］. New Phytologist, 2023, 237(4): 1374–1390.

［2］ CHEN J, ZHAO Y X, LUO X J, et al. NLR surveillance of pathogen interference with hormone receptors induces immunity ［J］. Nature, 2023, 613(7942): 145–152.

［3］ CHEN W, CAO P, LIU Y S, et al. Structural basis for directional chitin biosynthesis ［J］. Nature, 2022, 610(7931): 402–408.

［4］ FENG Q, WANG H, YANG X M, et al. Osa-miR160a confers broad-spectrum resistance to fungal and bacterial pathogens in rice ［J］. New Phytologist, 2022, 236(6): 2216–2232.

［5］ FÖRDERER A, LI E, LAWSON, A W, et al. A wheat resistosome defines common principles of immune receptor channels ［J］. Nature, 2022, 610(7932): 532–539.

［6］ FU S, WANG K, MA T T, et al. An evolutionarily conserved C4HC3-type E3 ligase regulates plant broad-spectrum resistance against pathogens ［J］. Plant Cell, 2022, 34(5): 1822–1843.

［7］ GAO C Y, XU H W, HUANG J, et al. Pathogen manipulation of chloroplast function triggers a light-dependent immune recognition ［J］. Proceedings of the National Academy of Sciences of the United States of America, 2021, 2020, 117(17): 9613–9620.

［8］ GAO L L, WEI C Q, HE Y F, et al. Aboveground herbivory can promote exotic plant invasion through intra- and interspecific aboveground-belowground interactions ［J］. New Phytologist, 2022,237(6): 2347–2359.

［9］ GONG Q, WANG Y J, HE L F, et al. Molecular basis of methyl salicylate-mediated plant airborne defense ［J］. Nature, 2023, 622: 139–148.

［10］ GONG P, TAN H, ZHAO S W, et al. Geminiviruses encode additional small proteins with specific subcellular localizations and virulence function ［J］. Nature Communication, 2021,12(1): 4278.

［11］ GUI XLIU C, QI Y J, et al. Geminiviruses employ host DNA glycosylases to subvert DNA methylation-mediated defense ［J］. Nature Communication, 2022, 13(1): 575.

［12］ GUI X M, ZHANG P, WANG D, et al. Phytophthora effector PSR1 hijacks the host pre-mRNA splicing machinery to modulate small RNA biogenesis and plant immunity ［J］. Plant Cell, 2022, 34(9): 3443–3459.

［13］ GUO J P, WANG H Y, GUAN W, et al. A tripartite rheostat controls self-regulated host plant resistance to insects ［J］. Nature, 2023, 618: 799–807.

［14］ HE Y Z, WANG Y M, YIN T Y, et al. A plant DNA virus replicates in the salivary glands of its insect vector via recruitment of host DNA synthesis machinery ［J］. Proceedings of the National Academy of Sciences of the United States of America, 2020, 117(29): 16928–16937.

［15］ HU Y Z, DING Y X, CAI B Y, et al. Bacterial effectors manipulate plant abscisic acid signaling for creation of an aqueous apoplast ［J］. Cell Host & Microbe, 2022, 30(4): 518–529.

［16］ HUANG S J, JIA A L, SONG W, et al. Identification and receptor mechanism of TIR-catalyzed small molecules in plant immunity ［J］. Science, 2022, 377(6605): eabq3297.

［17］ ISMAYIL A, YANG M, HAXIM Y, et al. Cotton leaf curl multan virus β C1 protein induces autophagy by disrupting the interaction of autophagy-related protein 3 with glyceraldehyde-3-phosphate dehydrogenases ［J］. Plant Cell, 2020, 32(4): 1124–1135.

［18］ JIA A L, HUANG S J, SONG W, et al. TIR-catalyzed ADP-ribosylation reactions produce signaling molecules for plant immunity ［J］. Science, 2022, 377(6605): eabq8180.

［19］ JIANG B B, WANG C, GUO C W, et al. Genetic relationships of Puccinia striiformis f. sp. tritici in southwestern and northwestern China ［J］. Microbiology Spectrum, 2022, 10(4): e0153022.

［20］ KONG LA, SHI X, CHEN D, et al. Host-induced silencing of a nematode chitin synthase gene enhances resistance of soybeans to both pathogenic Heterodera glycines and Fusarium oxysporum ［J］. Plant Biotechnology Journal, 2022, 20: 809-811.

［21］ LI G B, HE J X, WU J L, et al. Overproduction of OsRACK1A, an effector-targeted scaffold protein promoting OsRBOHB-mediated ROS production, confers rice floral resistance to false smut disease without yield penalty ［J］. Molecular Plant, 2022, 15(11): 1790-1806.

［22］ LI L L, ZHANG H H, CHEN C H, et al. A class of independently evolved transcriptional repressors in plant RNA viruses facilitates viral infection and vector feeding ［J］. Proceedings of the National Academy of Sciences of the United States of America, 2021, 118(11): e2016673118.

［23］ LI L L, ZHANG H H, YANG Z H, et al. Independently evolved viral effectors convergently suppress DELLA protein SLR1-mediated broad-spectrum antiviral immunity in rice ［J］. Nature Communication, 2022, 13(1): 6920.

［24］ LI M, POMMIER T, YIN Y, et al. Indirect reduction of Ralstonia solanacearum via pathogen helper inhibition ［J］. ISME Journal, 2022, 16(3): 868-875.

［25］ LI S N, LIN D X, ZHANG Y W, et al. Genome-edited powdery mildew resistance in wheat without growth penalties ［J］. Nature, 2022, 602(7897): 455-460.

［26］ LI Y J, GU J M, MA S j, et al. Genome editing of the susceptibility gene ZmNANMT confers multiple disease resistance without agronomic penalty in maize ［J］. Plant Biotechnology Journal, 2023, 21(8): 1525-1527.

［27］ LI Z F, BAI X L, JIAO S, et al. A simplified synthetic community rescues Astragalus mongholicus from root rot disease by activating plant-induced systemic resistance ［J］. Microbiome, 2021, 9(1): 217.

［28］ LIU B, YAN J, LI W H, et al. Mikania micrantha genome provides insights into the molecular mechanism of rapid growth ［J］. Nature Communications, 2020, 11(1): 340.

［29］ LIU F H, YE F Y, CHENG C H, et al. Symbiotic microbes aid host adaptation by metabolizing a deterrent host pine carbohydrate D-pinitol in a beetle-fungus invasive complex ［J］. Science Advances, 2022, 8(51): eadd5051.

［30］ LIU M X, HU J X, ZHANG A, et al. Auxilin-like protein MoSwa2 promotes effector secretion and virulence as a clathrin uncoating factor in the rice blast fungus Magnaporthe oryzae ［J］. New Phytologist, 2021, 230(2): 720-736.

［31］ LIU Q, ZHAO C L, SUN K, et al. Engineered biocontainable RNA virus vectors for non-transgenic genome editing across crop species and genotypes ［J］. Molecular Plant, 2023, 16(3): 616-631.

［32］ LU Y, WANG J Y, CHEN B, et al. A donor-DNA-free CRISPR/Cas9-based approach to gene knock-up in rice ［J］. Nature Plants, 2021, 7(11): 1445-1452.

［33］ MA W X, PANG Z Q, HUANG X E, et al. Citrus huanglongbing is a pathogen-triggered immune disease that can be mitigated with antioxidants and gibberellin ［J］. Nature Communication, 2022, 13(1): 529.

［34］ MA X N, ZHANG X Y, LIU H M, et al. Highly efficient DNA-free plant genome editing using virally delivered CRISPR-Cas9 ［J］. Nature Plants, 2020, 6(7): 773-779.

［35］ MARTIN R, QI T C, ZHANG H B, et al. Structure of the activated ROQ1 resistosome directly recognizing the pathogen effector XopQ ［J］. Science, 2020, 370(6521): eabd9993.

［36］ PAN L, GUO Q S, WANG J Z, et al. CYP81A68 confers metabolic resistance to ALS and ACCase-inhibiting herbicides and its epigenetic regulation in Echinochloa crus-galli ［J］. Journal of Hazardous Materials, 2022, 428: 128225.

［37］ PAN L, YU Q, WANG J Z, et al. An ABCC-type transporter endowing glyphosate resistance in plants ［J］.

Proceedings of the National Academy of Sciences of the United States of America, 2021, 118(16): e2100136118.

［38］ PENG D, LIU H, PENG H, et al. First detection of the potato cyst nematode (*Globodera rostochiensis*) in a major potato production region of China ［J］. Plant Diseases, 2022, 107(1): 233.

［39］ PENG W, YU S N, HANDLER A M, et al. miRNA-1-3p is an early embryonic male sex-determining factor in the Oriental fruit fly Bactrocera dorsalis ［J］. Nature Communications, 2020,11(1): 932.

［40］ QIAO X M, ZHANG X Y, ZHOU Z Y, et al. An insecticide target in mechanoreceptor neurons ［J］. Science Advances, 2022, 8(47): eabq3132.

［41］ SHA G, SUN P, KONG X, et al. Genome editing of a rice CDP-DAG synthase confers multipathogen resistance ［J］. Nature, 2023, 618(7967): 1017-1023.

［42］ SHI X T, XIONG Y H, ZHANG K, et al. The ANIP1-OsWRKY62 module regulates both basal defense and Pi9-mediated immunity against Magnaporthe oryzae in rice ［J］. Molecular Plant, 2023,16(4): 739-755.

［43］ SUN Y, WANG Y, ZHANG X, et al. Plant receptor-like protein activation by a microbial glycoside hydrolase ［J］. Nature, 2022, 610(7931): 335-342.

［44］ WAN F H, YIN C L, TANG R, et al. A chromosome level genome assembly of Cydia pomonella provides insights into chemical ecology and insecticide resistance ［J］. Nature Communications, 2019, 10(1): 4237.

［45］ WANG L, SUN X P, PENG Y J, et al. Genomic insights into the origin, adaptive evolution, and herbicide resistance of Leptochloa chinensis, a devastating tetraploid weedy grass in rice fields ［J］. Molecular Plant, 2022,15(6): 1045-1058.

［46］ WANG N, TANG C L, FAN X, et al. Inactivation of a wheat protein kinase gene confers broad-spectrum resistance to rust fungi ［J］. Cell, 2022, 185(16): 2961-2974.

［47］ WANG W, LI S, LI Z, et al. Harnessing the intracellular triacylglycerols for titer improvement of polyketides in streptomyces ［J］. Nature Biotechnology, 2020, 38(1): 76-83.

［48］ WANG W D, CHEN L Y, FENGLER K, et al. A giant NLR gene confers broad-spectrum resistance to Phytophthora sojae in soybean ［J］. Nature Communications, 2021, 12(1): 6263.

［49］ WANG X W, BLANC S. Insect transmission of plant single-stranded DNA viruses ［J］. Annual Review of Entomology, 2021, 66: 389-405.

［50］ WANG X T, JIANG Z H, YUE N, et al. Barley stripe mosaic virus gammab protein disrupts chloroplast antioxidant defenses to optimize viral replication ［J］. The EMBO Journal, 2021, 40(16): e107660.

［51］ WANG Y J, GONG Q, WU Y Y, et al. A calmodulin-binding transcription factor links calcium signaling to antiviral RNAi defense in plants ［J］. Cell Host & Microbe, 2021, 29(9): 1393-1406.

［52］ WANG Y M, HE Y Z, YE X Y, et al. A balance between vector survival and virus transmission is achieved through JAK/STAT signaling inhibition by a plant virus ［J］. Proceedings of the National Academy of Sciences of the United States of America, 2022,119(4): e2122099119.

［53］ WANG Y X, LIU M S, YING J H, et al. High-efficiency green management of potato late blight by a self-assembled multicomponent nano-bioprotectant ［J］. Nature Communications, 2023, 14(1): 5622.

［54］ WANG Y E, YANG D C, HUO J Q, et al. Design, synthesis, and herbicidal activity of thioether containing 1, 2, 4-triazole schiff bases as transketolase inhibitors ［J］. Journal of Agricultural and Food Chemistry, 2021, 69(40): 11773-11780.

［55］ WANG Y, ZHAO A C, MORCILLO R J L, et al. A bacterial effector protein uncovers a plant metabolic pathway involved in tolerance to bacterial wilt disease ［J］. Molecular Plant, 2021, 14(8): 1281-1296.

［56］ WANG Z K, YANG B, ZHENG W Y, et al. Recognition of glycoside hydrolase 12 proteins by the immune receptor RXEG1 confers Fusarium head blight resistance in wheat ［J］. Plant Biotechnology Journal, 2022, 21(4): 769-781.

［57］ WANG Z Y, ZHOU L, LAN Y, et al. An aspartic protease 47 causes quantitative recessive resistance to rice black-streaked dwarf virus disease and southern rice black-streaked dwarf virus disease［J］. New Phytologist, 2022, 233(6): 2520-2533.

［58］ WEN H G, ZHAO J H, ZHANG B S, et al. Microbe-induced gene silencing boosts crop protection against soil-borne fungal pathogens［J］. Nature Plant, 2023, 9(19): 1409-1418.

［59］ WU J G, YANG G Y, ZHAO S S, et al. Current rice production is highly vulnerable to insect-borne viral diseases ［J］. National Science Review, 2022, 9(9): nwac131.

［60］ WU M T, DONG Y, ZHANG Q, et al. Efficient control of western flower thrips by plastid-mediated RNA interference ［J］. Proceedings of the National Academy of Sciences of the United States of America, 2022,119(15): e2120081119.

［61］ WU M T, ZHANG Q, DONG Y, et al. Transplastomic tomatoes expressing double-stranded RNA against a conserved gene are efficiently protected from multiple spider mites［J］. New Phytologist, 2022, 237(4): 1363-1373.

［62］ XIA Y Q, MA Z C, QIU M, et al. N-glycosylation shields Phytophthora sojae apoplastic effector PsXEG1 from a specific host aspartic protease［J］. Proceedings of the National Academy of Sciences of the United States of America, 2020,117(44): 27685-27693.

［63］ XIE J F, CHEN H, ZHENG W P, et al. miR-275/305 cluster is essential for maintaining energy metabolic homeostasis by the insulin signaling pathway in Bactrocera dorsalis［J］. PLoS Genetics, 2022,18(10): e1010418.

［64］ XU L, JIANG H B, YU J L, et al. Two odorant receptors regulate 1-octen-3-ol induced oviposition behavior in the oriental fruit fly［J］. Communications Biology, 2023, 6(1): 176.

［65］ YANG J Y, ZHANG N, WANG J Y, et al. SnRK1A-mediated phosphorylation of a cytosolic ATPase positively regulates rice innate immunity and is inhibited by Ustilaginoidea virens effector SCRE1［J］. New Phytologist, 2022, 236(4): 1422-1440.

［66］ YANG Y, ZHAO Y, ZHANG Y Q, et al. A mitochondrial RNA processing protein mediates plant immunity to a broad spectrum of pathogens by modulating the mitochondrial oxidative burst［J］. Plant Cell, 2022, 34(6): 2343-2363.

［67］ YANG Z R, HUANG Y, YANG J L, et al. Jasmonate signaling enhances RNA silencing and antiviral defense in rice ［J］. Cell Host & Microbe, 2020, 28(1): 89-103.

［68］ YAO S Z, KANG J R, GUO G, et al. The key micronutrient copper orchestrates broad-spectrum virus resistance in rice［J］. Science Advances, 2022, 8(26): eabm0660.

［69］ YAO Z C, CAI Z H, MA Q K, et al. Compartmentalized PGRP expression along the dipteran Bactrocera dorsalis gut forms a zone of protection for symbiotic bacteria［J］. Cell Reports, 2022, 41(3): 111523.

［70］ YUAN M H, JIANG Z Y, BI G Z, et al. Pattern-recognition receptors are required for NLR-mediated plant immunity ［J］. Nature, 2021, 592(7852): 105-109.

［71］ YUAN X F, HONG S, XIONG W, et al. Development of fungal-mediated soil suppressiveness against Fusarium wilt disease via plant residue manipulation［J］. Microbiome, 2021, 9(1): 200.

［72］ ZHAI K R, LIANG D, LI H L, et al. NLRs guard metabolism to coordinate pattern-and effector-triggered immunity ［J］. Nature, 2022, 601(7892): 245-251.

［73］ ZHANG D D, DAI X F, KLOSTERMAN S J, et al. The secretome of Verticillium dahliae in collusion with plant defence responses modulates Verticillium wilt symptoms［J］. Biological Reviews, 2022, 97(5): 1810-1822.

［74］ ZHANG H H, LI L L, HE Y Q, et al. Distinct modes of manipulation of rice auxin response factor OsARF17 by different plant RNA viruses for infection［J］. Proceedings of the National Academy of Sciences of the United States of America, 2020, 117(16): 9112-9121.

［75］ ZHANG Q, DOU W, TANING C N T, et al. miR-309a is a regulator of ovarian development in the oriental fruit fly Bactrocera dorsalis［J］. PLoS Genetics, 2022, 18(9): e1010411.

［76］ ZHANG T Y, SHI C N, HU H C, et al. N6-methyladenosine RNA modification promotes viral genomic RNA stability and infection［J］. Nature Communication, 2022,13(1): 6576.

［77］ ZHANG X K, CHENG J S, LIN Y, et al. Editing homologous copies of an essential gene affords crop resistance against two cosmopolitan necrotrophic pathogens ［J］. Plant Biotechnology Journal, 2021,19: 2349–2361.

［78］ ZHANG X, PENG H, ZHU S, et al. Nematode-encoded RALF peptide mimics facilitate parasitism of plants through the FERONIA receptor kinase ［J］. Molecular Plant, 2020, 13(10): 1434–1454.

［79］ ZHANG Y, CHEN B, SUN Z W, et al. A large-scale genomic association analysis identifies a fragment in Dt11 chromosome conferring cotton Verticillium wilt resistance ［J］. Plant Biotechnology Journal, 2021, 19(10): 2126–2138.

［80］ ZHAO J L, SUN Q H, QUENTIN M, et al. A Meloidogyne incognita C-type lectin effector targets plant catalases to promote parasitism ［J］. New Phytologist, 2021, 232(5): 2124–2137.

［81］ ZUO N, BAI W Z, WEI W Q, et al. Fungal CFEM effectors negatively regulate a maize wall-associated kinase by interacting with its alternatively spliced variant to dampen resistance ［J］. Cell Reports, 2022, 41(13): 111877.

［82］ 陈宝雄, 孙玉芳, 韩智华, 等. 我国外来入侵生物防控现状、问题和对策 ［J］. 生物安全学报, 2020, 29（3）: 157–163.

［83］ 杨斌, 刘杨, 王冰, 等. 害虫嗅觉行为调控技术的研究现状、机遇与挑战 ［J］. 中国科学基金, 2020, 34（4）: 441–446.

［84］ 张礼生, 刘文德, 李方方, 等. 农作物有害生物防控: 成就与展望 ［J］. 中国科学: 生命科学, 2019（12）, 49: 1664–1678.

撰稿人: 周雪平　曹立冬　刘文德　陆宴辉　陈捷胤　张礼生　刘万学　董丰收
　　　　刘　杨　陈学新　潘　浪　王　勇　闫晓静

农业信息学发展研究

一、引言

（一）学科概述

近年来，随着现代信息技术的迅猛发展，农业信息学科出现了新特点、新趋势。计算机技术、通信技术、物联网技术、大数据技术、人工智能技术等在农业领域的渗透日益明显，信息技术与农业科技的结合越来越紧密，农业信息技术出现了综合化的特点，农业信息学科形成了较为完整的学科体系，研究和应用向宏观和微观两个方向发展，对农业其他学科的发展起到了重要的基础性作用。

农业信息科技是农业科学与信息科学交叉融合形成的一门新兴学科。农业信息技术为现代农业建设提供了强大的推动力，也为农业科技进步提供了新动力。进入现代农业建设新阶段后，人们越来越认识到信息在农业发展中的重要性，随着科学与技术的不断进步，信息和人力资本、土地资源、农业投入品等一样，对农业效率和产业竞争力产生了决定性作用。农业信息学科的内涵不断深化发展，学术界比较一致的看法是：农业信息学是以农业科学理论为基础、以信息技术为手段、以农业相关活动信息为对象，研究农业信息获取、处理、分析、存储、管理和应用的科学。

农业信息科学理论基础广泛，涉及自然科学、社会科学、经济科学等理论，主要有信息科学、计算机科学、系统科学，以及相关的农学、畜牧兽医学、机械工程、经济科学、管理科学等。根据一般学科理论体系的构成，农业信息学科理论体系应包括农业信息学科的构成体系、农业信息研究对象体系、农业信息研究方法、农业信息技术体系、农业信息应用系统体系等。对于某一研究目标而言，要根据对象研究其信息的属性特征、获取方式、传递规律、应用机理，利用信息技术方法建立农业对象的信息收集、传导、分析、扩散的理论与技术系统。

按照不同的维度，农业信息科技研究有不同的划分方法。按照在农业生产流程中的应用可以分为农业生产信息科技、农业经营信息科技、农业管理信息科技、农业服务信息科技；按照研究和应用对象划分，农业信息科技可以分为农业信息技术、农业信息分析、农业信息管理、农业信息服务等；按照农业信息工作流程划分，可以将其分为农业信息获取、农业信息分析、农业信息管理、农业信息服务等。

农业信息获取主要指采用物理、化学、生物、材料、电子等技术手段获取农业土壤、气象等环境信息、动植物生理信息等，揭示动植物生长环境及生理变化趋势，实现农业产前、产中、产后信息全方位、多角度的感知，为农业生产、经营、管理、服务决策提供可靠信息来源及决策支撑。

农业信息分析主要是基于现代信息技术手段，通过对基础信息与即时信息的有效分析，对农业生产、流通、消费、贸易和农业事件等研究对象进行智能化分析、判断、预测预警。

农业信息管理主要是针对不同形态、不同属性、不同用途的农业应用不同的系统进行组织、协调、控制的方法，主要的研究内容有农业文献资源信息管理、农业自然资源信息管理、农业科学数据管理、农业信息系统管理等。

农业信息服务是以农业知识为内容，通过智能化方式将分散的农业知识与数据组织起来，利用知识共享与综合辅助决策模型，为广大用户提供个性化精准服务。

（二）发展历史回顾

国外的农业信息科技从 20 世纪 50 年代开始，几乎每 10 年就有一个跨越。中国农业信息科技发展与国外相比起步晚，但发展迅速，大致经历了 4 个阶段。第一阶段为 20 世纪 70 年代末至 80 年代初，主要是以电子计算机为工具和手段开展农业科学统计计算、农业数据处理等农业计算应用，为农业信息技术的萌芽期（萌芽阶段）；第二阶段为 20 世纪 80—90 年代，主要是以数据库建设和计算机软件开发为主，开展农业数字模型与模拟、农业专家系统和农业知识 / 信息处理等研究与应用，其中最具代表性和影响力的技术为农业专家系统，为农业信息技术的成长期（成长阶段）；第三阶段为 21 世纪初到 2010 年，主要是以网站信息服务、计算机软件及电子产品开发为主，开展农业 3S 技术、农业知识 /信息服务、大田精准农业、设施农业自动化控制等研究应用，其中最具代表性和影响力的技术为数字农业技术和精准农业技术，为农业信息技术的成熟期（快速发展阶段）；第四阶段为 2011 年至今，主要表现为农业物联网、农业大数据和农业智能装备技术在农业领域的广泛应用，以及新一代农业人工智能技术的发展，农业信息技术得到了广泛应用（广泛应用阶段）。

二、现状与进展

（一）学科发展现状及动态

以信息技术为代表的新一轮科技革命和产业变革正在重构全球科技创新格局，推动各国由传统工业社会进入信息社会，农业同步迈入数字化、智能化时代。

1. 信息获取领域理论与技术进展

智能搜索引擎技术为农业信息获取提供快速通道。搜索引擎技术是主流的网络搜索技术，是根据用户需求与一定算法，运用特定策略，从互联网检索出信息并反馈给用户的一门信息获取技术。搜索引擎依托网络爬虫技术、大数据处理技术、自然语言处理技术、数据挖掘技术等，为信息检索用户提供快速、高相关性的信息服务。第一，神经网络算法为智能搜索引擎提供了技术支撑。随着人工智能、云计算等技术生态体系的逐渐完善，神经网络和深度学习等技术为实时化、自动化、智能化处理大规模数字资源并实现深度挖掘与分析提供了工具支撑。构建了基于神经网络搜索和卷积神经网络技术的全局搜索空间架构；提出了一种基于查询历史，使用机器学习和深度学习技术的用户意图预测搜索引擎系统。第二，基于网络爬虫技术的农业垂直搜索引擎为农业信息高效检索和获取提供了快捷方式。通过网络爬虫技术将农业领域关键数据进行筛选提取，再对数据进行分析挖掘，建立垂直搜索引擎，从而系统集成大量全面且定向精准的数据源。利用 Python 爬虫技术编写基于水稻病害关键词的图像爬虫程序，在此基础上使用 Matlab 图像处理模块的特征匹配对图像集进行筛选，提高图像采集的准确度。

天空地一体化遥感信息获取技术积累了海量农业遥感数据。2022 年，我国相继发射了高分辨率的商业遥感卫星"高景二号"01 星、02 星。随着高分系列卫星发射升空，我国遥感卫星实现了从"有"到"好"的跨越式发展，逐步实现了业务化、商业化和出口，已具备遥感卫星多谱段、多模式的观测能力，为我国各类科研和行业遥感应用提供了高质量遥感数据。

高分航空遥感能够有效支撑高分地面应用系统的建设。航空遥感承载的平台主要有无人机、有人机、飞艇。航空遥感的分辨率比较高，光学航空遥感数据可以达到厘米级的分辨率，我国高光谱的遥感数据可以达到亚米级，达到 0.5 米。

无人机遥感开启了第三代遥感平台（近地面遥感）的应用纪元。无人机遥感是集无人驾驶飞行器技术、遥感传感器技术、遥测遥控技术、无线通信技术、定位定姿技术、卫星定位技术于一体的，以无人驾驶的飞行器为平台搭载不同类型传感器，快速采集高时空分辨率空间遥感信息继而完成数据处理、建模和应用分析的一项新兴航空遥感综合技术。深圳市大疆创新科技有限公司、零度智控北京智能科技有限公司、广州极飞科技股份有限公司、中科遥感科技集团有限公司等纷纷将无人机技术带进农业生产，通过构建无人化智慧农业生态，推进农业进入自动化、精准高效的 4.0 时代。

基于无人机的遥感监测技术逐步成熟。无人机遥感在农业领域的应用研究集中在精准农业生产、作物表型辅助育种、农业资源调查和灾害监测评估等方面。利用无人机和地面激光雷达从较短距离对植物功能进行三维遥感；构建了基于无人机影像的苹果病害检测模型，病害检测的总体准确率达到 99.31%，每张图像的测试时间为 5.1 毫秒；利用多旋翼无人机搭载高清 RGB 相机和多光谱成像设备，构建了大田玉米群体数字高程模型，研究不同生育时期下玉米群体株高监测的精度差异。

新型农业专用传感器研发取得重大突破。传感技术指利用特定的传感设备将检测到的物质变化转换成信号，然后进行计算机识别和处理，从而获取信息的技术。它可以实现现场的环境检测、物体的位置检测、动作的采集和识别、信号的模拟和采集等任务。

近年来，纳米感应元件传感器成为国内外研究人员关注的热点，相较于传统传感器，它体积小（直径小于 100 纳米）、敏感度高，可以用于精确检测单个植物内的各种化学分子、胁迫状况及营养缺失等信息。电化学纳米传感器可用于检测植物中的氧化还原反应和植物营养测定、疾病评估，以及蛋白质、激素及其他生物物质的检测。研发了植物纳米传感器，可用于测定植物中蛋白质、代谢产物、脂质和碳水化合物。

我国农业领域专用传感器的研发取得较大突破，部分实现国产化。我国已重点突破了农业生产环境感知、动植物生长过程信息感知、农产品加工流通过程质量安全信息感知等关键技术。空气温湿度、光照、土壤水分、地温等农业中常用的物理量传感器已经较为成熟，部分已量产。环境类（光、温、水、气）农业传感器已基本实现国产化，例如，"智嗅"系列农业气体传感器打破了欧美的技术产品垄断。作物环境信息监测传感系统可以快速获取不同作物叶面积、叶长、叶宽、病斑面积、病斑比例等信息，其测量误差小于 3%。其中，拉曼光谱传感器能够方便快捷地现场获取植物的表型数据。利用便携式拉曼光谱仪可实现水稻氮、磷、钾缺失症状的诊断，同时，拉曼光谱还可用于中高盐胁迫症状的预诊断。

我国有知土（SmartSoil）土壤成分快速检测系统的完全自主知识产权，首次实现了土壤主要养分、重金属、微量元素三大类 38 个指标的田间现场测量，检测时间由实验室标准方法的数天缩短至 10 分钟以内，是全球第一台可以在田间对多种土壤成分进行测量的仪器。此外，基于光谱技术的畜禽舍氨气浓度检测传感器，可以实现畜禽舍氨气浓度的实时在线监测。车载传感器成为农机智能作业的重要支撑。利用物理、化学、生物学等原理和技术来获取农业机械各项数据，对农机工况、农机作业状态等进行感知，实现农机自动导航、作业状态实时监测、作业过程自适应调控及变量作业。以激光传感器为信号捕获源，采用单片机为主控制器，将传感器安装在导种管底端，实现对播种量、合格率、漏播率、重播率等参数的实时在线监控。

机器视觉技术不断加速农业智慧化、数字化转型。机器视觉技术被广泛应用到病虫草害监测、畜牧个体识别和体尺测量估重、产品品质检测分级、农业机器人等智慧农业领域。机器视觉技术是人工智能发展的分支，利用机器模拟人眼对目标进行识别、测量、判断等。机器视觉通过采集器和传感器获取图像，根据需求对图像进行处理分析，基于获取的目标所需信息和特征进行判断或控制设备动作。机器视觉为实现无人自主作业、信息自动获取、全天候实时监测等农业需求提供了技术支撑，极大地推动了产业转型升级。

机器视觉技术可实现农作物病虫草害自动监测。采用机器视觉技术自动获取病虫害图像，根据识别目标的特点和环境条件，采用不同的算法处理图像，提取出病虫害区域，识别出病虫害目标，可建立病虫害数据库作为匹配模板，采用深度学习或其他方法分类判断图像所属类型并作为诊断系统的基础。探索了基于机器视觉和图像处理技术的杂草检测和去除杂草的方法；基于机器视觉研究了稻瘟病病程分级，构建了稻瘟病分级判定算法模型，可根据计算病斑面积占比情况判断病程，准确率达95.77%。

机器视觉技术实现了畜牧个体识别和非接触测量估重。基于机器视觉的畜牧个体识别和非接触式测量，可为畜禽动物日常生产监测、营养调整、疫病防治等提供参考。开发了基于深度学习的计算机视觉系统，并利用数据增强技术，通过位置、动作、运动及皮毛图案实时识别奶牛个体；基于采集的多方位奶牛图像提取奶牛侧身和背部轮廓，通过包络线分析、特征点匹配和关键点识别计算等，完成对奶牛体长、体宽和体高的测量，实验结果与人工测量结果误差较小。

机器视觉可实现农产品品质检测分级。基于机器视觉开展品质检测，可综合目标颜色、尺寸、缺陷程度等条件进行准确分级判断。使用分光光度法和计算机视觉技术的智能水果分级系统，水果识别准确率达95%、分级准确率达82%；设计了马铃薯自动分级与缺陷检测系统，将处理后的马铃薯分为3种规格后进行缺陷识别；将机器视觉技术应用于移栽番茄苗分级分选，从获取的幼苗图像计算幼苗的弯曲度、叶片节点和茎粗，依据分选要求将其分为两类，分级准确率为97%。

机器视觉技术可使农业机器人更加智能。机器视觉系统是智能机器人的关键系统，通过机器视觉系统获取图像，识别出作业目标，计算目标的空间三维坐标，通过控制执行器完成指定作业动作。使用针孔相机获取野外棋盘图像，利用计算机视觉方法评估实际野外条件下农机自动导航系统的精度；综合集成无线网络质量预测、端到端网络覆盖、机器视觉定位、网络协作车辆控制和自动拖拉机控制技术，实现了野外环境的无人安全驾驶；利用机械前置摄像头获取玉米行道原始图像，提出了基于机器视觉的高地隙喷雾机自动导航系统。

2. 信息分析领域理论与技术进展

在大数据背景下，数据处理与分析能力成为重要的核心竞争力。农业模型已成为农业科研、业务与生产决策的有力工具，是现代信息农业、数字农业及智慧农业等形态的核心内容与有力支撑。

农业生产模型技术在动植物生长机理、个体精准识别、生长调控与决策等方面取得重要进展。农业生产模型主要包括作物生长模型、畜禽生长模型和水产养殖模型等。作物生长模型研究在生长机理模拟、大数据建模、遥感综合建模、指导实践生产应用等方面取得进展。作物生长模型通过动态模拟作物生长发育过程及其与气候因子、土壤特性和管理技术的关系，在作物生产与管理决策、作物产量预测及气候变化下农业生产评价等方面应用广泛。研发了由参数数据库、模拟模型、优化模型和决策系统4部分组成的CCSODS系列模型，可以直接指导作物生产；研建了小麦、玉米及连作模拟模型，构建了基于Agent的"作物-环境-管理措施"数字化模拟系统，实现了以小麦为代表的作物在不同管理措施下的生长过程形态三维可视化表达；构建了以WOFOST、ORYZA2000、WheatSM、ChinaAgroy 4个作物模型为核心的中国作物生长监测系统CGMS-China，可提供作物长势实时监测与评估、作物产量预报、农业气象灾害影响评估等农业气象业务产品。近年来，作物模型与遥感信息集成研究受到重视，遥感信息和作物生长模型的数据同化可以有效结合两者的优势，实现大尺度、高精准的农业监测与预报。南京农业大学以小麦、水稻等作物为主要对象，结合地理信息系统（GIS）和遥感（RS）技术，构建了机理性与预测性兼备的综合性作物生长模型（CropGrow），开发了基于模型的数字化、可视化作物生长模拟系统与决策支持平台。随着数字化技术的发展，元宇宙、数字孪生等技术逐渐在作物生长模型研究中融合应用。

畜禽生长模型在畜禽生长发育、畜禽行为监测、畜禽个体精准识别、畜禽智能称重等方面取得重要进展。畜禽生长模型研究主要聚焦养殖畜禽体型及健康状态监测分析，是智能化养殖过程的核心技术。研发了基于"个体-环境-营养-健康"等生猪养殖全过程多元异构大数据融合技术，开发了繁殖母猪数据分析的主要模型，基于模型创制的智能化猪场数字化管控平台，可实现猪只全生产周期的远程化管理、精细化生产及可视化决策。基于机器学习算法建立猪只行为分类模型是智能养殖中的研究热点。研建了基于姿态与时序特征的猪只行为识别方法，构建了猪只目标检测、猪只20个关键点和猪只行为识别数据集，猪只检测模型的全类别平均正确率最高达到99.5%。基于立体视觉技术的生猪体质量估测研究取得进展，借鉴深度学习技术中的实例分割和关键点检测算法，提出了基于深度学习的妊娠母猪体质量智能测定模型，包括猪只实例分割算法、猪只关键点检测算法和猪只质量估测算法等，能够利用常态视频长时间实时评估母猪妊娠期的质量增长规律、妊娠母猪发育状况、估测预产期等。

基于人工智能的水产生物生长调控与决策模型近年来取得进展。利用机器和计算机监视水下生物的生长，进行问题判断和分析，提出养殖相关决策，实现自动化养殖。在鱼种类识别方面，开发了主要依靠机器视觉的方法对鱼种类进行识别的模型技术，提出了一种蜂群优化多核最小二乘支持向量机的识别方法，对鳊鱼等5种淡水鱼进行了分类识别，识别精度均达到91.67%以上；提出了基于深度学习的鱼类目标检测方法，成功对7种鱼进行划分，对于复杂背景下低分辨率小目标具有较好的识别效果。在鱼类行为识别方面，利用 BP 神经网络提取图像中鱼群摄食时的颜色、形状和纹理等特征，并对其进行归一化和特征融合处理，测量精度达 97.1%。在鱼类疾病预测与诊断方面，以养殖种类、养殖阶段、病原体、感染部位、水温、地域为输入因素，将鱼类疾病种类作为输出单元，利用 BP 神经网络方法建立了池塘养殖疾病诊断模型，预测结果最大误差为 0.3667。在生长决策调控模型方面，利用计算机视觉、红外光谱等方法完成了对鱼类摄食行为监测和投喂自动控制的研究，以解决当前水产养殖中存在的投喂量不合理、饲料浪费严重等问题。

农产品消费模型技术在农产品需求分析预测、消费结构分析预测、消费行为分析预测等方面取得进展。农产品需求总量的预测方法从早期的推断法发展到如今的时间序列模型、单方程计量模型、供给需求联立方程模型、需求系统联立方程模型、营养需求方法和系统动力学模型等。ARIMA 模型、系统动力学模型、回归分析模型和计量经济模型等经济学模型大量被用于粮食需求预测。基于 GM 模型开展了粮食产量影响因素及 "十四五" 供需预测分析；基于熵权法的灰色关联分析模型开展粮食供需结构平衡及影响因素分析，测算粮食供需平衡中供需缺口与各要素之间的量化关系。

在消费结构和消费行为分析预测模型研究方面，温室气体减排研究、碳排放研究、消费足迹研究等成为近年来的热点。研发应用近似理想需求系统（AIDS）模型分析城乡居民食物消费结构变化的阶段性特征和发展规律；研发应用全球贸易分析模型（GTAP）模拟贸易自由化政策情景的经济效应，探究贸易自由化对居民食物消费结构升级的影响路径；应用生长曲线模型（Logistic 模型）、影响因素结构分解分析法、关联性秩相关分析方法等，建立不同食物消费量的最佳组合，作为低碳饮食的理论对比情景，分析中国食物消费碳排放的全球背景及其演变趋势；采用 Probit 和 Tobit 模型分析牛奶认知对居民消费决策的影响；应用 VAR 模型、投入产出模型等研究探寻主要食物消费与农业碳排放之间的动态关联机制。

农业监测预警技术在监测预警理论方法、关键技术、模型算法、应用系统等方面取得重要进展。农业监测预警是对农业生产、流通、市场等全产业链过程中的各种要素进行信息监测、特征值提取、信息流追踪、数值变化分析模拟，并对农业未来运行态势进行科学预判、提前发布预告、防范风险发生的全过程。随着现代农业的发展，农业监测预警的地位和作用凸显，对调控农业生产水平、提高农产品数量及品质、提升风险与突发事件应对能力，以及保障国家食物安全、提高农产品国际竞争力等都将起到重大支撑作用。

形成了一套完善的农业监测预警理论方法体系。中国农业科学院农业信息研究所创建并发展了农业信息流理论、农业全息信息理论、农业信息定量理论、农业信息预警理论等，为开展监测预警 "早期发现、早期预警、早期干预" 提供基础支撑。

研发了一系列先进的农业信息监测技术，研制了先进产品。在生产环节集成创新了土壤、气象、动植物生命信息等各大类几十种系列化传感产品，研制了一批作物 – 环境信息快速监测设备、畜禽生长监测设备、水产养殖监测设备，实现了动植物生长－环境信息的快速获取，为支撑农业监测预警工作打下了坚实基础；在市场环节建立了市场全息信息即时获取关键技术，研发了农产品市场信息采集设备"农信采"，部署建立了农产品市场信息实时采集示范点，已经在全国 12 个省（直辖市、自治区）推广应用。研建了农业信息监测预警大数据资源库，建成了资源、生产、流通、市场、贸易等 8 个方面的数据资源集群，为农产品全产业链动态分析提供了扎实的基础数据。

创建了系列化农产品预测分析预警关键技术，建立了农产品产量自适应估测、消费量关联分析、价格智能仿真预测模型等核心算法。在建模方法方面，创建了"因素分类解耦、参数转用适配"的农产品多品种集群建模技术，构建了主要农产品的生产类、消费类、价格类、贸易类多品种多类型模型集群，显著提升了集群模型分析计算的精准度。在预警管理方面，建立了中国农产品生产、消费、价格多场景预警阈值表，系统具有多场景预警阈值自主管理、多品种阈值自主设定的智能阈值生成与管理功能，具备自适应预警判别和对标触发能力。

研建的中国农产品监测预警系统（CAMES）成为农业农村部重要应用平台，连续 10 年支撑召开中国农业展望大会，每年发布 18 类农产品展望报告，实现了中国农业展望报告定期发布业务化应用，成为国内外了解农产品供需信息的"窗口"和农产品供需走势的"风向标"，显著增强了国家农产品权威信息发布能力，实现了我国农产品预测信息由美国主导到自主发布的历史性转变。

农业人工智能技术在机器学习、智能系统、农业机器人等方面取得重要进展。近年来，人工智能技术不断发展并在农业领域得到广泛应用，从生物育种到无人农场，从农业生产到食品消费，人工智能已成为数据分析和智能化决策的有力工具，取得了显著成效。农业人工智能学科研究主要包括机器学习、自然语言处理、机器人技术等。

机器学习研究方面，聚类、分类、决策树、贝叶斯、神经网络、深度学习等算法在数据分析与挖掘、模式识别、生物信息学等方面研究较多。近年来，农业机器学习研究主要关注点有产量预测、数据挖掘、农业专家系统等。中国农业科学院农业信息研究所研发了基于深度学习长短时记忆神经网络的多种农产品供需预测模型，对稻谷、猪肉、水产品等 9 种主要农产品供需进行分析预测，将基于模型的 2019—2021 年产量预测结果与国家统计局公布的数据进行对比验证，3 年平均预测准确率达 96.98%，模型可以通过及时监测农业运行数据为多区域、跨期的农业展望工作提供智能化技术支持。华中农业大学利用全球产量差评估系统开展中国水稻生产潜力的详细空间分析，用水稻生长模型模拟了不同区域各水稻种植模式产量潜力的时空变化，相关研究发表在 *Nature Communications*。中国农业科学院植物保护研究所首次利用机器学习模型直接预测植物根部从土壤中吸收累积农药等有机污染物的量，为农产品在产地环境化学污染的预测提供了新的工具和手段。中国农业大学、北京市农林科学院信息技术研究中心等机构将人工智能、大数据、智能装备等技术与分子设计育种、基因编辑、合成生物学深度融合，相继研发出高通量数字植物成像技术与性状演绎技术、高通量表型获取平台。

农业机器人是农业人工智能落地应用的重要载体，农业机器人代替人工作业成为现代农业发展的重要趋势。近年来，农业机器人的研究和应用进入快速发展期，逐渐全面渗透种植、养殖产业各个生产应用场景。目前，我国室外高精度定位导航、轨迹规划、机器视觉、智能控制等技术逐渐成熟，为农业机器人大田作业场景落地提供了技术支撑；在工厂化育苗、水产和畜牧养殖等领域较早开展了移栽、水肥一体化、环境控制、个性化饲喂、挤奶机器人等的研发与应用。当前，农业机器人研究进入多学科交叉融合高技术整体驱动的新时期，人工智能技术工程化趋于成熟并进入复杂农业场景，除草、表型机器人形成了示范应用。上海交通大学开发了全地形适应性田间作物巡检机器人，采用机器学习提升番茄采摘机器人目标识别成功率，在光照变化、果实粘连场景下，93.3% 的成熟番茄能够被正确识别；国家农业智能装备工程技术研究中心研建了基于深度学习的大田甘蓝在线识别模型，将无人驾驶、机器视觉与收获技术结合，研制了大田甘蓝自主收获机器人，识别准确率达 94%。

3. 信息应用领域技术进展与效果

当前，物联网、大数据、人工智能、区块链等新一代信息技术与农业生产经营管理服务深度融合，出现了无人农场、设施工厂化生产、智慧牧场、农产品智慧冷链物流、农业智能知识服务和农作物数字化育种等应用场景。

农业机器人关键技术的发展与应用催生了一批无人农场。无人农场是在人不进入农场的情况下，采用物联网、大数据、人工智能、5G、机器人等新一代信息技术，通过对农场设施、装备、机械等远程控制或智能装备与机器人的自主决策、自主作业，完成所有农场生产、管理任务的一种全天候、全过程、全空间的无人化生产作业模式，无人农场的本质是实现机器换人。无人农场的关键技术与装备主要包括物联网技术、大数据技术、人工智能和无人智能农业装备等，可实现农场状态数字化监测、智能信息感知、自动导航控制、装备智能作业和智能决策。

2017 年，英国哈珀·亚当斯大学与 Precision Decision 公司建成世界上首个无人农场（Hands-Free Farm）。目前，美国、日本和欧洲的一些发达国家建立的无人农场已逐渐投入使用。我国华南农业大学研究团队集成相关智能农机装备，创建了水稻无人农场，并在广东增城进行了实践。湖南长沙、安徽芜湖、黑龙江建三江、浙江湖州、四川崇州、广东佛山等地无人化或少人化农场破土而出，通过对设施、装备、机械等远程控制、全程自动控制或机器人自主控制，完成所有农场生产作业。随着 5G、人工智能、大数据、物联网等技术的不断更新，无人化应用场景将由农业生产无人化向农业全产业链无人化转变，无人化应用场景将覆盖农业全产业链。

以植物工厂为代表的设施工厂化生产得到广泛应用。设施工厂化生产以物联网技术为基础，通过智能感知、智能分析、智能控制技术与装备，以更加精细和动态的方式认知、管理和控制作物生产中各要素、各过程和各系统，以实现生长环境和作物本体自动监测、环境远程调控、水肥药精准管理、智能植保、自动收获等。研究显示，智慧温室大棚较普通大棚可节水14%、节约化肥和营养素31%，并且作物生长周期进一步缩短，产量提高10%~20%。

目前，中国已掌握植物工厂的五大核心技术，成为少数几个完全掌握植物工厂核心技术的国家之一。其中，LED人工光源技术更是核心技术的核心，在光配方构建与LED光源创制、光–温耦合节能调温、光–营养协同调控、作物快速繁育技术等方面取得了重大突破，并且在这方面中国已处于全球领先地位。卡塔尔阿尔法丹农场应用了"中国智能LED植物工厂高新农业技术"，卡塔尔世界杯期间，"植物工厂"技术在当地得到广泛应用，生产了"上海青""莴苣"叶菜、芽苗菜等10多种符合欧盟标准的产品。

畜牧业智慧化转型取得阶段性成效。近年来，我国顺应数字经济发展趋势，先后出台了一系列与智慧畜牧业相关的战略部署，畜牧业智慧化转型取得阶段性成效。智慧牧场指采用物联网、大数据、人工智能、5G、机器人等新一代信息技术，通过对养殖设施、装备、机械等进行远程控制、全程自动控制或机器人自主控制，完成所有农场生产作业的一种全天候、全过程、全空间的少人化养殖模式。智慧牧场关键技术与装备主要有智慧牧场管理平台、物联网技术、动物个体识别技术、智能自动饲喂系统、自动配料控制系统、疫病监测预警系统、智能分群系统、智能耳标和脚环等，可实现对畜牧养殖的智慧化、信息化、科学化管理。

虚拟围栏技术已成为智慧牧场建设的重要技术手段。以牧场动态管理为例，通过为每只动物佩戴项圈，并在终端设定虚拟边界，可实现牲畜在栏判断、异常行为报警、可视化监控等，也可通过在栏舍周边划定虚拟地理边界，对工作管理人员的出入活动进行记录，使牧场实现无人化或少人化管理，保障安全生产。

近年来，我国加快了数字科技向畜牧领域的渗透，环境控制、精准饲喂、自动分栏、自动称重、动态巡检、动物行为与生长状况监测、产品溯源等技术与装备开始大面积推广应用，多地开展了智慧牧场、无人牧场示范基地建设。

农产品智慧冷链物流可有效保障食品安全。农产品智慧物流指在农产品采后物流的运输、仓储、包装、装卸搬运、流通加工、配送等环节中，运用物联网、车联网、5G、区块链、冷链技术和装备等，实时采集农产品经营主体、产地、种类、投入品使用、农事操作、养殖档案等生产过程信息、仓储物流等产品流向信息及消费信息等全产业链信息，确保各环节、全流程的智能化运输与品质维持，优化冷链各环节物品入库、销售、存储的综合信息管理方式，实现系统感知、全面分析、及时处理、自我调整的先进功能，提供从最先一公里到冷链长途运输、最后一公里、终端自提的全程解决方案，满足政府监管、安全生产、放心消费等需求，保障"舌尖上"的安全。

发达国家将高新技术应用到农产品冷链物流中。美国在农产品冷链物流中很早就引用了射频和 GPS 等技术，可实现实时查询和自动监测。日本的冷链物流企业广泛采用数码分拣系统、电子数据交换系统、卫星定位技术等，提高分拣效率，优化配送线路，实现高效管理和监督。我国在农产品智慧冷链物流技术应用方面也取得一定突破。中国农业科学院农产品加工研究所研发的"冷鲜肉精准保鲜数字物流关键技术"，研创了仓储物流数字化监控、数字立体冷库、品质数字监测等精准物流关键技术设备，补齐冷鲜肉物流设备自控精度低、温度波动大、能耗高的短板，整体技术处于国际领先水平。

农业智能知识服务为农业生产提供智能决策支撑。农业智能知识服务是利用大数据、云计算、边缘计算、人工智能等技术，构建农业模型与智能算法，为各类主体提供涉农数据信息、数据分析与挖掘服务，包括气象监测、病虫害识别监测、远程控制、生产管理、用药指导、个性化农技指导、专家问答等，助力实现农业资源合理配置、农业生产智能化、农业供应链管理协同化、农产品营销精准化、农业风险可预警与可控化等，发挥农业资源数据的要素价值。其关键技术主要包括智能决策支持系统、人工智能、虚拟现实技术等。

智能决策支持系统是智慧农业的"智慧大脑"。智能决策支持系统如同"专家"，可以驱动智能农机设备自动执行决策，预测作物生长状况，并对各种类型胁迫进行提前预警。美国高度重视智能农场系统的推广应用，玉米、小麦主产区 39% 的生产者都使用了人工智能技术，大型农场人工智能设备和技术普及率高达 80%。我国也积极推进智能农业技术在农业信息服务中的应用，开发了各类信息服务平台。中国农技推广信息平台可提供农技互动式人工智能问答云、农技服务工作轨迹云、农业生产智能管控云等 7 类服务。平台覆盖全国 2845 个县（农场 / 垦区），承载了国内 5 万名农业专家、50 万名基层农技人员和 1045 万个农业龙头企业 / 生产经营主体 / 种养大户 / 种养能手。

农作物数字化育种技术大大提高了育种效率。农作物数字化育种以作物基因型、表型、环境及遗传资源等组学大数据为核心，以信息技术、人工智能技术等数字化技术为依托，结合生物技术，通过遗传变异数据、多组学大数据、杂交育种数据的整合，开展农作物基因的快速挖掘与表型的精准预测，实现智能、高效、定向培育作物新品种。基因型大数据、表型大数据、环境大数据等多维大数据是农作物数字化育种的核心，人工智能、育种机械化、传感器、大数据、转基因、基因编辑、分子设计育种、合成生物等技术是实现智能、高效、定向育种的动力支撑，推动育种从"科学"到"智能"的颠覆性转变。

世界种业强国已进入以"生物技术 + 人工智能 + 大数据信息技术"为特征的"育种4.0"时代，正迎来以基因编辑、全基因组选择、人工智能等技术融合发展为标志的新一轮科技革命。2018 年，美国康奈尔大学玉米遗传育种学家、美国科学院院士 Buckler 教授提出"育种 4.0"——智能设计育种的构想。随后，意大利科学家 Harfouched 等、印度科学家 Varshney 等相继提出"育种 4.0"智能育种理念。我国在农作物育种数字化方面也取得了重大进展。作物表型高通量获取平台、作物籽粒及果穗自动化考种系统等技术产品与装备实现了作物表型数据的自动化、高通量、连续获取和基于多传感器的作物表型指标智能解析。在商业化育种方面，金种子育种云平台、百奥云智能育种平台、华智育种管家等商业化育种软件和数据平台相继上线运行，面向国内大型育种企业和科研院所提供种质资源管理、试验规划、性状采集、品种选育、品种区试、系谱管理、数据分析、基于无线电射频识别电子标签的育种全程可追溯等服务。

（二）学科重大进展及标志性成果

1. 农业信息学科基础理论研究取得重大突破

农业信息采集与监测预警技术取得重大突破。由中国农业科学院农业信息研究所牵头完成的"主要农产品全产业链智能监测预警关键技术与应用"成果，首次提出了以农业信息流动态监测、全息获取、定量预警为核心的农业监测预警理论，提出了农业信息流监测和农业全息信息获取方法；突破了农产品信息动态监测和智能预警关键技术，建立了主要农产品生产、消费、价格预警阈值表；首创了中国农产品监测预警系统CAMES，为开创中国农业展望提供了关键技术支撑，打破了我国长期缺乏系统化预测数据的被动局面，推动我国农产品监测预警能力和水平跨入国际先进行列。该成果获得了2021年神农中华农业科技奖一等奖。

主要农作物生产高精度遥感监测及预测关键技术取得重要进展。由河南省农业科学院农业经济与信息研究所牵头完成的"主要农作物生产高精度遥感监测及预测关键技术创新与应用"项目，创新提出了自适应区域特征的农作物种植面积遥感智能精准提取方法，创建了耦合作物生长模型的长势精准遥感监测与定量评价技术，研建了基于深度学习的田块尺度农作物遥感估产模型，制定了农作物种植面积和长势遥感监测行业与地方标准，研发了主要农作物高分遥感监测平台，实现了省县两级联动的农作物生产遥感监测业务化应用和农业保险遥感应用。该成果获得了2022年河南省科学技术进步奖二等奖。

育种技术及数字化育种体系取得重要进展。由北京市农林科学院信息技术研究中心牵头完成的"作物育种数字化技术研究与应用"成果，将人工智能、多组学大数据、生物信息学、传感器等技术应用于种质资源评价、品种选育、品种审定与保护等作物育种关键环节，创新研发了常规育种与分子育种协同的作物育种信息化平台（金种子育种平台）、作物育种模拟和预测算法库、作物品种区域试验平台和植物新品种保护平台、作物表型快速无损获取装备等系列软硬件产品，在种业龙头企业、育种科研单位和各级种业管理机构广泛应用，引领了数字种业科技进步和产业发展，社会和经济效益显著。该成果获得了2021年北京市科学技术进步奖二等奖。

智能农机传感与控制系统关键技术取得重要进展。由上海交通大学牵头完成的"智能农机装备电液传动与控制系统关键技术及产业化"项目，研发出一种先进的电液传动与控制系统，攻克了农机作业状态信息感知元件和控制系统开发关键技术，制定了多项农机传感与控制系统国家标准；研制开发了播种机漏播检测系统与采棉机棉花流量检测装置，相关系统及产品先后在新疆等地推广使用，产生了良好的经济效益。该成果获得了 2021 年神农中华农业科技奖科学研究类成果一等奖。

农产品智慧冷链物流研究取得重大进展。由中国农业科学院农产品加工研究所牵头完成的"生鲜肉精准保鲜数字物流关键技术及产业化"项目，首创了能量代谢酶控僵直保质新理论，发明了超快速冷却和低压静电场辅助冰温控僵直保质、高阻隔包装靶向抑菌保鲜新技术，研制了 CO_2 数字立体冷库、"云智冷"物联网监控平台和冷鲜肉多品质近红外监测仪等仓储物流技术与装备。项目技术在京科伦、升辉、双汇等行业领军企业得到应用，推广到我国 30 个省区市和世界 51 个国家和地区，产生了显著的社会和经济效益。该成果获得了 2021 年神农中华农业科技奖一等奖。

2. 智能农业关键技术和产品研发取得重大进展

无人农场关键技术和产品取得重大进展。由北京市农林科学院信息技术研究中心完成的"露地蔬菜全程减人工智能化技术"研究实现了甘蓝生产的田间深松、旋耕、起垄、移栽、水肥、采收、运输等流程的无人化作业。无人化作业种植模式测产与传统种植方式产量相当，人工投入平均可降低一半以上。该成果入选了"2022 中国农业农村重大新技术新产品新装备"重大新技术。

基于机器视觉技术的果蔬作业机器人打破了国外技术垄断。由中国农业大学牵头完成的"果蔬关键作业环节机器人精准作业技术与装备"成果，创新发明了农业非结构环境下自然光照补偿和抑制机理的机器视觉信息获取与处理技术，发明了"眼 – 足 – 手 – 物"运动关系的机器视觉伺服控制技术，创新了果蔬作业机器人执行机构与作物生物特性相融合的技术，发明了月牙状周刃型避苗锄草机械手，实现了"锄草 – 避苗 – 甩土"的高效协同作业。研发了国内首台黄瓜采摘机器人、智能锄草机器人、果园施药机器人、穴盘苗分选移栽机器人，多项技术打破国外技术垄断，填补了国内空白。该成果获得了 2021 年高等学校科学研究优秀成果奖技术发明奖二等奖。

农用无人机及作物智慧管理技术得到广泛应用并取得显著成效。由浙江大学牵头完成的"农用无人机及作物智慧管理技术与装备的创制和应用"成果，创新形成了国际领先的多源信息融合和肥水药精准管控技术产品。首次提出了基于无人机实时飞行性能的 GNSS–IMU 导航捷联解算控制融合算法，研制了多旋翼、直升机两类 12 种农用无人机及适应多种作业模式的飞控系统；研制了 16 种系列机 / 车载喷施装备和基于作物高度 / 作物密度 / 病害程度的精准对靶施药机具；创建了集地面 / 无人机 / 卫星遥感信息获取融合、智慧决策和精准作业于一体的云平台管理系统。该成果获得了 2021 年浙江省科学技术进步奖一等奖。

植保无人机技术研发取得突破性成果。由北京市农林科学院信息技术研究中心完成的

"航空施药精准作业管控技术装备与系统"研究，创制了可控粒径雾化器、流量精准控制器、航线规划与导航终端、作业过程监测器、精准作业管控云平台等自主知识产权装备产品。在全国多个省市、县区、大型农场、主流有人驾驶飞机机型开展规模化示范应用，扭转了我国航空施药作业粗放、低质量、低效率局面。该成果入选了2021年中国科协智能制造学会联合体评选出的"中国智能制造十大科技进展"。

航空施药设备及施药技术取得重大突破。由北京市农林科学院智能装备技术研究中心完成的"航空施药质量检测系统"研究，构建了药液沉积监测网络，实现了药液快速精准检测。该成果入选2021年中国农业农村重大新产品。此外，林业飞防施药质量管控云平台在全国15个省市进行规模化应用。"林业飞防施药质量监控装备研发与应用"获得了第十二届梁希林业科学技术进步奖一等奖。

3. 智能农机装备和智能知识服务应用取得显著效益

基于北斗卫星导航系统的智能农机装备，可实现田间作业的精确定位、自动导航及农业机械智能化。由华南农业大学主持完成的"基于北斗的农业机械自动导航作业关键技术及应用"项目，将北斗卫星定位和MEMS惯性传感器相结合，实现了农机不同作业工况下的高精度连续稳定定位和测姿。总体技术达到国际先进水平，在水田农业机械导航和主从导航方面居国际领先地位，打破了国外相关技术垄断。通过该项技术，无人农场已经实现"耕种管收"全过程无人化。该项目获得了2020年国家科学技术进步奖二等奖。"3ZSC–190W型无人驾驶水稻中耕除草机"入选了2022年中国农业农村重大新装备。

基于机器视觉、作物模型和专家知识的水肥一体化云托管系统有效推动了水肥一体化精准高效快捷管理。由北京市农林科学院智能装备技术研究中心完成的"设施蔬菜水肥一体化云托管系统"，通过视觉系统、知识图谱和作物模型结合建立了"智慧管控决策方法"，形成了"智慧在云，智能在端"的管控方式，实现了水肥一体化过程中灌溉、施肥、数据分析和设备巡检的智能托管服务。2021年，该成果被中国农学会评为中国农业农村重大新装备。

绿茶加工关键技术及智能装备显著提升茶叶加工现代化水平。由安徽农业大学联合合肥美亚光电技术股份有限公司、浙江上洋机械股份有限公司和谢裕大茶叶股份有限公司等完成的"绿茶自动化加工与数字化品控关键技术装备及应用"项目，深入揭示了茶叶主要风味成分形成机理，创制了茶叶品质分析仪和茶叶色选机等新装备；创建了绿茶自动化加工技术体系及生产线。该成果获得了2020年国家科学技术进步奖二等奖。

船舶自动识别系统在全国得到推广应用。由中国水产科学研究院渔业工程研究所牵头完成的"插卡式AIS"（AIS指船舶自动识别系统，英文全称为Automatic Identification System）设备，以"卡"为媒，将渔船、"AIS"设备及船舶识别码信息融入"小卡片"，并通过通信网络实时进行数据关联，实现了设备一次装、码号在线领、数据实时通、群众少跑腿，切实减轻了渔民负担。"渔船'插卡式AIS'设备"入选了2022年中国农业农村重大新装备。

农业智能知识服务技术集成与应用实现了农业技术咨询智能化、全天候、一对一服务。由北京市农林科学院数据科学与农业经济研究所完成的"农业技术人工智能咨询与精准培训一体化服务平台应用推广"项目，创建了首个面向实际应用的农业人机会话词林，研建了多渠道农业智能咨询服务平台及多领域应用机器人装备，实现了农业技术咨询智能化、全天候、一对一服务。该成果获得了2019—2021年全国农牧渔业丰收奖农业技术推广成果奖一等奖。

（三）本学科与国外同类学科比较

1. 发达国家的主要做法和研究进展

近年来，美国、英国、德国、日本等发达国家重视农业信息化发展，从国家层面进行了战略部署，积极推进农业物联网、农业传感器、农业大数据、农业机器人、农业区块链等关键技术的创新发展，在农业传感器、农业智能装备、农业人工智能等农业信息科技领域处于国际前列。

发达国家重视学科研究的政策布局。2018年，美国科学院、美国工程院和美国医学科学院联合发布《面向2030年的食品和农业科学突破》报告，重点突出了传感器、数据科学、人工智能、区块链等技术发展方向，积极推进农业与食品信息化。美国国家科学技术委员会在"国家人工智能研发战略计划"中将农业作为人工智能优先应用发展的第10个领域，资助农业人工智能科技的中长期研发。2017年，欧洲农机工业学会提出了"农业4.0（Farming4.0）"计划，强调智慧农业是未来欧洲农业发展的方向。英国2018年出台《英国农村发展计划》，提出通过提供补助金的方式鼓励使用机器人设备、LED波长控制照明灯辅助农业生产，一系列政策措施加快推动了英国智慧农业的普及与应用。德国持续推动数字经济转型发展，投入大量资金与人力支持数字农业核心技术与智能设备研发，并由大型企业牵头，如德国拜耳公司投资2亿欧元支持数字农业布局，已在60多个国家提供数字化解决方案。日本积极推动智慧农业建设和农业机器人战略，2019年发布了以全面应用人工智能为宗旨的《人工智能战略2019》，以解决日本农业发展最关键、最迫切的人力资源短缺问题。以色列超过90%的灌溉采用了节水灌溉技术，其世界知名企业耐特菲姆公司50多年来先后开发出100多种滴灌器和智能滴灌系统产品。

发达国家在农业信息领域的技术创新和发展模式为我国提供了可借鉴的经验。目前，国际上以美国为代表的大田智慧农业、以德国为代表的智慧养殖业、以荷兰为代表的智能温室生产及以日本为代表的小型智能装备业均取得巨大进步，形成了相对成熟的技术和产品，且形成了商业化的发展模式，为我国发展智慧农业提供了经验参考。总体判断，美国、德国、日本等国家在农业传感器领域处于领先地位，垄断了感知元器件、高端农业环境传感器、动植物生命信息传感器、农产品品质在线检测设备等相关技术产品。得益于强有力的基础研究水平和能力，美国、荷兰、以色列、日本等国家在农业数字模型与模拟、农业认知计算与农业知识发现、农业可视交互服务引擎等技术、算法、模型等领域处于国际领先地位。美国、德国、英国、日本等国家的农业智能装备研究与应用发展迅速，主要农业生产作业环节已经或正在实现"机器换人"或"无人作业"，大幅提高了劳动生产效率和农业资源利用效率。

2. 近 5 年农业信息领域国内外科技论文发表比较分析

通过对 Web of Science 平台近 5 年（2018—2022 年）SCI 论文数据进行检索分析，2018—2022 年，农业信息领域 SCI 和 SSCI 论文全球的总发文量为 32771 篇，从 2018 年开始各年发文量逐年增长。5 年间中国发文量为 10765 篇，从 2018 年开始各年发文量呈现逐年增长的趋势，顺应了近 5 年来全球在该领域发文量逐年增加的科研大环境。从 2018 年开始，中国各年发文量占全球各年总量的比例大致呈现逐年增长的趋势，只在 2020 年有小幅下降。中国发文量年平均增长率（36.44%）比全球（25.01%）高出约 11 个百分点，中国发文量增速明显高于全球。中国高被引论文量为 255 篇，从 2018 年开始呈增长趋势。全球高被引论文量为 596 篇。中国高被引论文量占全球比例各年依次为 32.89%、44.00%、38.60%、43.18%、49.66%，增长趋势明显。中国高被引论文量年平均增长率（39.84%）比全球（21.09%）高了约 18 个百分点，中国高被引论文量增速同样高于全球。

3. 农业信息学科与发达国家比较分析

我国农业信息化的发展已取得重要成就，与发达国家相比有一定的特色和优势，但整体上尤其是在原始创新上还有一定的差距。需要在高端农业传感器、农业人工智能多模态模型、农业高端智能装备等方面重点发力。

在信息获取方面，我国农业环境信息传感器和仪器仪表的国内市场占有量超过进口产品，但在精度、稳定性、可靠性等方面与国外产品差距较大，核心感知元器件主要依赖进口，高端产品严重依赖进口。需要重点攻克高性能传感器技术，重点研究以光学、电化学、电磁学、超声、图像等方法为基础的农业传感新机理，研发敏感器件、光电转换、微弱信号处理等核心零部件，研制一批高精度农业传感器，打破国外技术产品垄断。与此同时，我国农业信息科技也具有发展潜力大、速度快、应用场景丰富等特色。

在信息分析方面，在大数据、机器学习乃至深度机器学习、数据挖掘及农业分析领域的模型和算法等方面缺乏原始创新，主要在美国、欧洲科学家成果基础上进行优化和应用研究。需要重点突破大语言模型构建、虚拟现实、数字孪生、农业大数据云服务等核心关键技术，促进大数据和农业深度融合。与此同时，我国在信息分析建模方面具有特色，如研建的多因素集群建模方法、产量测算自适应模块化技术、消费量估算追溯关联技术、价格预测多维时间序列分析技术等，在解决农产品分析预警难题方面具有独特优势。

在高端智能装备方面，农业智能控制与农业机器人关键技术及核心零部件落后于美国、德国、日本等发达国家。需要重点研发高端智能农机装备，突破场景感知技术，研制负载动力换挡、无级变速、支持高效作业的柔性执行器件和智能操控系统，研制大马力自主驾驶拖拉机、大载荷无人植保机、农产品分拣分级机器人、农产品冷库装卸机器人、畜舍巡检作业机器人等。与此同时，我国高端智能装备在丘陵山区场景智能化喷药、施肥、巡检等环节的应用方面有一定特色。

三、展望与对策

（一）未来几年农业信息学科发展的需求

党的二十大报告指出，高质量发展是全面建设社会主义现代化国家的首要任务，要坚持农业农村优先发展，加快建设农业强国。当前，我国农业发展仍面临生产经营质效偏低、资源环境与生态双重约束等制约。国内外的理论与实践均表明，基于物联网、大数据、人工智能等新一代信息技术的农业信息化、智能化和数字化发展已成为推动农业高质量发展的新动能和新引擎。

1. 粮食安全面临挑战，亟需利用信息技术赋能农业稳产保供

全球气候变暖、国际地缘冲突等"黑天鹅""灰犀牛"事件频发，世界粮食安全形势面临着恶化，我国粮食产业链、供应链风险加大。超大规模人口、超大规模农产品需求的现实，决定了我们不能依靠别人，必须立足国内解决 14 亿人的吃饭问题。在这种形势下，迫切需要强化现代农业科技支撑，聚焦生物育种、耕地质量、智慧农业、农业机械设备、农业绿色投入品等关键领域，开展农业关键核心技术攻关，加快突破一批重大理论和工具方法，研发与创新一批关键核心技术及产品，利用信息技术构建粮食"产购储加销"全链条数字化减损体系，加强粮食和重要农产品稳产保供信息监测，提升农业重大风险防控和产业安全保障能力。

2. 资源与生态约束趋紧，亟需利用信息技术撬动农业可持续发展

当前农业生产面临着资源与生态的双重约束。一是土地资源匮乏的状况尚未得到根本改善。全国人均耕地面积仅有 1.36 亩，尚不足世界平均水平的 50%。二是资源利用方式仍然粗放，化肥、农药利用效率依旧偏低，土壤酸化板结和抛荒问题日益严重，农业可持续发展面临较大挑战。迫切需要以农业绿色发展理念为指导，将农业绿色技术与5G、大数据、云计算、区块链、人工智能等数字技术有机融合，对农作物生长发育、农业产地"水土气生"环境状况进行长期跟踪监测和分析，实现农业绿色生产过程的数字化、绿色生产装备的智能化和农业绿色透明供应链，从而增强绿色优质农产品供给能力，优化升级产业链、供应链，实现农业农村碳达峰碳中和，推进农业节本增效、转型升级和绿色低碳发展。

3. 农业生产比较效益低下，国际竞争力不强，亟需利用信息技术提升农业综合竞争力

与发达国家相比，我国农业生产普遍存在土地产出率低、劳动生产率低、农业科技含量不高、农产品国际竞争力较弱的问题。根据世界银行数据，2020 年中国土地生产率为 1007.65 元 / 亩，不到同期日本的 1/4；根据国际劳工组织数据，2022 年中国的劳动生产率为 2.17 万美元，不到同期美国的 1/5。此外，中国良种对农业增产的贡献率不足 50%，油菜茶等特色产业的机械化率仍然较低。迫切需要加快实现核心种源自主可控，攻克大型智能装备、高端传感器等关键核心装备技术短板，通过信息技术的创新效应推动农业生产效率变革，持续改善物质技术装备条件，推进农业生产规模化、集约化、标准化、数字化发展，全面提升农业综合生产能力和质量效益。

4. 数字乡村成为乡村振兴的战略方向，亟需发挥信息技术的驱动引领作用，带动农业农村现代化发展

随着全面建成小康社会后"三农"工作重心的历史性转移，站在新的历史起点上，数字乡村赋能乡村振兴成为重要的战略突破口。2018 年中央一号文件首次提出"数字乡村"概念，并先后印发《数字乡村发展战略纲要》《数字农业农村发展规划（2019—2025）》《数字乡村建设指南 1.0》等，数字乡村建设已成为我国农业农村现代化和乡村全面振兴的重要内容和重大任务。当前，我国数字乡村建设还存在基础设施不完善、建设主体单一、建设方式滞后、场景应用不多、支撑保障不强等一系列现实问题，亟待将信息技术与农业资源运转过程互联互通，从土地、劳动力与设备等具体环节提高总体效率，促进农业生产要素有序流动、资源高效配置与市场深度融合，减少运行与交易成本，实现资源配置效益最大化，推动产业结构优化、降本增效，更好地支撑乡村产业结构转型升级。

（二）未来几年农业信息学科发展重点领域及优先发展方向

1. 新型农业传感器原理与设计

针对土壤养分、土壤重金属、动植物生理生化参数，开展原创传感方法研究；针对作物长势、养殖水质、畜禽舍有害气体传感器在器件和算法上存在的短板开展研究，彻底解决核心敏感材料国产化制备问题；针对动物行为与姿态传感器及设施环境多参数传感器芯片，开展器件工艺优化和功能集成化设计，突破高集成、低成本、微型化、高可靠、易安装、免维护等制备工艺瓶颈；针对果蔬商品化处理过程中预冷、分选、包装、贮存、配送等关键环节，开展数据信息收集、感知、控制技术研究，突破具有广域、自组织、高可靠性和节能的无线传感器网络部署与协议优化技术。

2. 农业大数据基础研究与核心技术

围绕农业数据科学理论体系、大数据计算系统与分析理论、大数据驱动的颠覆性应用模型探索 3 个层面开展重大基础研究布局；加强农业海量数据存储、数据清洗、数据分析挖掘、数据可视化、安全与隐私保护等领域的关键技术攻关，形成自主可控的大数据技术

体系；建立多源多尺度农业大数据知识融合策略，创建"数据＋知识"协同的农业实时知识挖掘与发现模型；建立农业科技服务大模型，建立农业智能监测预警技术体系，支持自然语言理解、机器学习、深度学习等人工智能技术与农业大数据技术的融合，提升农业数据分析处理能力、知识发现能力和辅助决策能力。

3. 动植物生长模型与算法

开展基于图像增强技术的植物表型信息解析、植物生产环境可塑性反应、植物参数化建模和结构功能仿真计算等关键技术研究和软硬件工具开发，构建器官、单株、群体多尺度模型，实现连续性群体结构生长模拟；推动作物生长模型在产量预测、极端气候效应量化、区域生产力预测分析、数字化设计与决策支持等领域的深化研究和应用；建立动物智能群养管理决策系统，实现畜禽环境精准控制、动物行为自动识别、投入品按需供给，以及常见疾病的远程诊断。

4. 基于人工智能的农业信息服务

开展多源跨领域农情信息精准感知与智能融汇、跨媒体农业知识图谱构建与众包迭代、多模式协同的农情反演预测、多场景农业知识精准智能服务等关键技术研究，形成多源异构分布式农业知识汇聚、整合与质量控制方法体系；构建基于微服务架构的农业智能知识服务云平台和"知识＋场景"双向驱动的农业智能知识服务体系，加快认知搜索、知识匹配、智能问答、个性化服务等关键技术研发，实现线上线下交互、生产销售业务自适应协同、云网端无缝耦合和个性化信息推荐等智能服务。

（三）未来几年农业信息学科发展战略思路与对策措施

未来要瞄准提高农业质量效益和竞争力的重大需求，立足新发展阶段，贯彻新发展理念，聚焦"保障国家粮食安全、食品安全、生态安全，促进农民持续增收"的目标，全面推动农业"机器替代人力""电脑替代人脑""自主技术替代进口"，集中力量攻克农业信息获取、处理、利用与服务等重大科学问题和关键技术难题，牢牢掌握我国农业信息学科发展的主动权，提升农业生产智能化和经营网络化水平，助力乡村全面振兴。

一是加强农业专用传感器等数据采集设备与技术自主研发，在高品质、高精度、高可靠、低功耗农业环境信息感知，农产品品质信息感知，高端动植物生命信息感知，农机装备专用传感器等技术方向实施攻关，基本实现农业传感器与高端芯片的自主可控，扭转传感器芯片主要依赖进口的被动局面，深化农作物育种、动植物生长、农业资源环境、动物疫病、植物病虫害等多领域、多终端、多模态信息的精准感知、采集、监测、融汇和分析，加快完善基于 IoT 技术的天空地一体化农情全息感知技术体系。

二是聚焦农业信息技术场景应用，拓展熟化数据挖掘分析、动植物本体模型、人工智能等信息技术在农业领域的场景化应用，构建多市场、多场景智能模型分析系统，通过对农业产业链、价值链和供应链的链式监测，以及对信息流、物质流和资金流等的流式预警，提高农业数据关联预测、农业数据预警多维模拟等能力，实现对现代农业全生命周期的实时化、精准化和智能化管理调控，推动农业监测预警向更快、更准、更高的方向发展。

三是面向生产、加工、贮藏、运输、销售、消费的农业全产业链过程的信息流监测分析需求，加快动植物生产模型与算法的自主研发，实现多参数协同、多数据预测、多模型耦合和动态监测预警。

四是建立融合知识组织和机器学习的智能知识服务模式，构建"知识 + 场景"双向驱动的农业智能知识服务体系，实现农业知识服务向个性化、精准化和智能化升级。

五是畅通农业信息学科成果转化渠道，从供需两侧双向发力推进农业科技成果转化，建立完善农业科技成果转化内生机制，有效激发农业科技成果转化的市场活力，健全农业信息领域科技创新成果转化的利益分配和保障机制，破除农业科技成果转化的体制机制障碍。

参考文献

［1］ DENG N Y, GRASSINI P, YANG H S, et al. Closing yield gaps for riceself-sufficiency in China ［J］. Nature Communications, 2019, 10:1725.

［2］ DU J J, LU X J, FAN J C, et al. Image-based high-throughput detection and phenotype evaluation method for multiple lettuce varieties ［J］. Frontiers in Plant Science, 2020, 11: 563386.

［3］ GAO F, SHEN Y, SALLACH J B, et al. Direct Prediction of Bioaccumulation of Organic Contaminants in Plant Roots from Soils with Machine Learning Models Based on Molecular Structures ［J］. Environ. Sci. Technol., 2021, 55: 16358-16368.

［4］ GONG L, WANG W, WANG T, et al. Robotic harvesting of the occluded fruits with a precise shape and position reconstruction approach ［J］. Journal of Field Robotics, 2022,39(1): 69-84.

［5］ JIANG K, ZHANG Q, CHEN L, et al. Design and optimization on rootstock cutting mechanism of grafting robot for cucurbit ［J］. International Journal of Agricultural and Biological Engineering, 2020, 13(5): 117-124.

［6］ LING X, ZHAO Y, GONG L, et al. Dual-arm cooperation and implementing for robotic harvesting tomato using binocular vision ［J］. Robotics and Autonomous Systems, 2019, 114: 134-143.

［7］ XU S W, WANG Y, WANG S W, et al. Research and application of real-time monitoring and early warning thresholds for multi-temporal agricultural products information ［J］. Journal of Integrative Agriculture, 2020, 19(10): 2582-2596.

［8］ YANG W N, FENG H, ZHANG X H, et al. Crop phenomics and high-throughput phenotyping:past decades,current challenges,and future perspectives ［J］. Molecular Plant, 2020, 13(2): 187-214.

［9］ YANG W, GUO Z, HUANG C, et al. Combining high-throughput phenotyping and genome-wide association studies to reveal natural genetic variation in rice ［J］. Nature Communications, 2014, 5(1): 1-9.

［10］ ZHOU H, HU L, LUO X, et al. Design and test of laser-controlled paddy field levelling-beater ［J］. International

Journal of Agricultural and Biological Engineering, 2020, 13(1): 57-65.

［11］曹卫星. 农业信息学［M］. 北京：中国农业出版社，2005.

［12］陈浩成，袁永明，张红燕，等. 池塘养殖疾病诊断模型研究［J］. 广东农业科学，2014，41（7）：186-189.

［13］陈澜，杨信廷，孙传恒，等. 基于自适应模糊神经网络的鱼类投喂预测方法研究［J］. 中国农业科技导报，2020，22（2）：91-100.

［14］董力中，孟祥宝，潘明，等. 基于姿态与时序特征的猪只行为识别方法［J］. 农业工程学报，2022，38（5）：148-157.

［15］高亮之. 农业模型研究与21世纪的农业科学［J］. 山东农业科学，2001（1）：43-46.

［16］高振，赵春江，杨桂燕，等. 典型拉曼光谱技术及其在农业检测中应用研究进展［J］. 智慧农业（中英文），2022，4（2）：121-134.

［17］韩佳伟，朱文颖，张博，等. 装备与信息协同促进现代智慧农业发展研究［J］. 中国工程科学，2022，24（1）：55-63.

［18］韩金雨，曲建升，徐丽，等. 食物消费结构升级对农业碳排放的动态影响机制研究［J］. 中国农业资源与区划，2020，41（6）：110-119.

［19］侯英雨，何亮，靳宁，等. 中国作物生长模拟监测系统构建及应用［J］. 农业工程学报，2018，34（21）：165-175.

［20］胡涛. 基于深度学习的鱼类识别研究［D］. 杭州：浙江工业大学，2019.

［21］胡雪冰，陈文宽. 基于GM模型的四川粮食产量影响因素及"十四五"供需预测分析［J］. 中国农机化学报，2021，42（6）：130-136.

［22］胡媛敏，张寿明. 基于机器视觉的奶牛体尺测量［J］. 电子测量技术，2020，43（20）：115-120.

［23］黄和平，李亚丽，杨斯玲. 中国城镇居民食物消费碳排放的时空演变特征分析［J］. 中国环境管理，2021，13（1）：112-120.

［24］矫雷子，董大明，赵贤德，等. 基于调制近红外反射光谱的土壤养分近场遥测方法研究［J］. 智慧农业（中英文），2020，2（2）：59-66.

［25］李道亮，刘畅. 人工智能在水产养殖中研究应用分析与未来展望［J］. 智慧农业（中英文），2020，2（3）：1-20.

［26］李灯华，许世卫，李干琼. 农业信息技术研究态势可视化分析［J］. 农业展望，2022，18（2）：73-86.

［27］刘成良，贡亮，苑进，等. 农业机器人关键技术研究现状与发展趋势［J］. 农业机械学报，2022，53（7）：1-22，55.

［28］刘浩，贺福强，李荣隆，等. 基于机器视觉的马铃薯自动分级与缺陷检测系统设计［J］. 农机化研究，2022，44（1）：73-78.

［29］刘秀丽，相鑫，秦明慧，等. 中长期粮食需求预测研究综述与展望［J］. 系统科学与数学，2022，42（6）：1490-1502.

［30］刘旭. 信息技术与当代农业科学研究［J］. 中国农业科技导报，2011，13（3）：1-8.

［31］孟召娣，李国祥. 我国粮食需求趋势波动及结构变化的实证分析［J］. 统计与决策，2021，37（15）：69-72.

［32］谭文豪，桑永英，胡敏英，等. 基于机器视觉的高地隙喷雾机自动导航系统设计［J］. 农机化研究，2022，44（1）：130-136.

［33］唐珂. "互联网+"现代农业的中国实践［M］. 北京：中国农业大学出版社，2017.

［34］唐珂. 智慧农业与数字乡村的中国实践［M］. 北京：人民出版社，2023.

［35］汪美红，胡向东，赵殿钰，等. 全面建成小康社会对农村居民肉类消费的影响——基于中国农村微观经济数据的实证研究［J］. 中国农业资源与区划，2021，42（8）：118-128.

［36］ 王向峰，才卓. 中国种业科技创新的智能时代："玉米育种 4.0"［J］. 玉米科学，2019，27（1）：1–9.

［37］ 吴一全，殷骏，戴一冕，等. 基于蜂群优化多核支持向量机的淡水鱼种类识别［J］. 农业工程学报，2014，30（16）：312–319.

［38］ 肖德琴，刘俊彬，刘又夫，等. 常态养殖下妊娠母猪体质量智能测定模型［J］. 农业工程学报，2022，38（增刊 1）：161–169.

［39］ 肖湘怡. 城市居民牛奶认知对消费行为的影响研究［D］. 北京：中国农业科学院，2021.

［40］ 解春季，杨丽，张东兴，等. 基于激光传感器的播种参数监测方法［J］. 农业工程学报，2021，37（3）：140–146.

［41］ 熊范纶. 面向农业领域的智能系统技术体系架构及其实现［J］. 模式识别与人工智能，2012，25（5）：729–736.

［42］ 许世卫，邸佳颖，李干琼，等. 农产品监测预警模型集群构建理论方法与应用［J］. 中国农业科学，2020，53（14）：2859–2871.

［43］ 许世卫. 农业监测预警中的科学与技术问题［J］. 科技导报，2018，36（11）：32–44.

［44］ 许世卫. 农业信息分析学［M］. 北京：高等教育出版社，2012.

［45］ 许世卫. 农业信息学科进展与展望［C］//中国农学会. 中国农业信息科技创新与学科发展大会论文汇编，2007：5–11.

［46］ 许世卫. 中国农业监测预警的研究进展与展望［J］. 农学学报，2018，8（1）：197–202.

［47］ 严正兵，刘树文，吴锦. 高光谱遥感技术在植物功能性状监测中的应用与展望［J］. 植物生态学报，2022，46（10）：1151–1166.

［48］ 杨进，明博，杨飞，等. 利用无人机影像监测不同生育阶段玉米群体株高的精度差异分析［J］. 智慧农业（中英文），2021，3（3）：129–138.

［49］ 杨亮，高华杰，夏阿林，等. 智能化猪场数字化管控平台创制及应用［J］. 农业大数据学报，2022，4（3）：135–146.

［50］ 杨亮，王辉，陈睿鹏，等. 智能养猪工厂的研究进展与展望［J］. 华南农业大学学报，2023，44（1）：13–23.

［51］ 杨天乐，钱寅森，武威，等. 基于 Python 爬虫和特征匹配的水稻病害图像智能采集［J］. 河南农业科学，2020，49（12）：159–163.

［52］ 杨卫明. 基于灰色模型技术的我国粮食供需结构平衡及影响因素分析［D］. 郑州：河南农业大学，2020.

［53］ 叶婷，马宏娟，卢锐，等. 人工智能在智慧农业中的应用——以数据挖掘与机器学习为例［J］. 智慧农业导刊，2022（18）：27–32.

［54］ 尹业兴，贾晋，申云. 中国城乡居民食物消费变迁及趋势分析［J］. 世界农业，2020（9）：38–46.

［55］ 张海歆. 基于机器视觉技术的番茄苗分类和排序技术研究［J］. 安阳师范学院学报，2021（2）：23–27.

［56］ 张建龙，冀横溢，滕光辉. 基于深度卷积网络的育肥猪体重估测［J］. 中国农业大学学报，2021，26（8）：111–119.

［57］ 张颖，廖生进，王璟璐，等. 信息技术与智能装备助力智能设计育种［J］. 吉林农业大学学报，2021，43（2）：119–129.

［58］ 翟长远，付豪，郑康，等. 基于深度学习的大田甘蓝在线识别模型建立与试验［J］. 农业机械学报，2022，53（4）：293–303.

［59］ 赵春江，杨信廷，李斌，等. 中国农业信息技术发展回顾及展望［J］. 农学学报，2018，8（1）：172–178.

［60］ 赵春江. 智慧农业的发展现状与未来展望［J］. 华南农业大学学报，2021，42（6）：1–7.

［61］ 赵建. 循环水养殖游泳型鱼类精准投喂研究［D］. 杭州：浙江大学，2018.

［62］ 周超，徐大明，咎凯，等. 基于近红外机器视觉的鱼类摄食强度评估方法研究［J］. 智慧农业，2019，1

（1）：76-84.

［63］周玲玲，张恪渝. 贸易自由化能否促进居民食物消费结构升级——基于 GTAP 模型的模拟研究［J］. 国际贸易问题，2020（5）：28-41.

［64］朱艳，汤亮，刘蕾蕾，等. 作物生长模型（CropGrow）研究进展［J］. 中国农业科学，2020，53（16）：3235-3256.

［65］诸叶平，李世娟，李书钦. 作物生长过程模拟模型与形态三维可视化关键技术研究［J］. 智慧农业，2019，1（1）：53-66.

［66］庄家煜，许世卫，李杨，等. 基于深度学习的多种农产品供需预测模型［J］. 智慧农业（中英文），2022，4（2）：174-182.

撰稿人：许世卫　李　瑾　张永恩　李灯华　刘佳佳　王　禹　郭美荣　范贝贝
　　　　任雅欣

农业资源环境学发展研究

一、引言

（一）学科概述

农业资源环境学科是研究自然生态系统和农业经济系统中土壤、水分、生物质及气候等自然要素和生产力决定的资源和环境属性对农业生产和管理活动的影响及其运筹控制的科学。学科围绕农业和农村生产与生活的土壤、水分、气候等制约人类利用的农业资源和影响人类健康的农业环境，以农业生产和农业农村环境重大科学问题为导向，以现代地球科学、生命科学、分析技术和信息科学为主要基础科学，以农业系统物质循环利用、土—水—气—植物物质迁移调控、生命物质的形态—组分—功能等理论为学科核心知识体系，以实验室控制实验和现代分析、田间长期实验和观测研究为途径，以土壤调查评价、土壤农化分析、地理信息技术、人工智能为核心技术，以耕地生产力培育和稳定、农业农村污染治理、种养废弃物资源化高质利用、适应和应对气候变化为重点，以可持续发展的农业生产、农村环境和农民生计为主要服务对象的农业资源高效利用和农业生态环境保护的完整学科体系。

（二）发展历史回顾

农业资源环境学科的发展关系我国农业生产、粮食与环境安全，其发展主要经历了以下 3 个阶段。

经验总结 – 基础研究阶段。我国农业资源与环境学科源于 20 世纪 20 年代的土壤调查和 30 年代的农业化学研究与肥力培育实验。20 世纪 50 年代，由于国家需求，大规模的荒地垦殖和橡胶林的发展推动了以土壤资源学和土壤改良为先导的农业资源利用学科的发展。1958 年，开展了全国第一次土壤普查，推动了以土壤资源调查和规划利用为主的土壤资源学科的发展。至 20 世纪 60 年代末，农业生产中植物营养和土壤肥力作用的研究推动了植物营养学和肥料学科的发展。20 世纪 60 年代中期，农业资源与环境学科的两大领域——土壤学和植物营养学相继开始了硕士研究生的招生培养。

技术研发 - 理论创新阶段。20 世纪 80 年代初，第二次土壤普查的开展，以低产田土改良和农业发展为主要目标的农业资源综合开发计划项目全面实施，构建了农业资源利用学科框架。20 世纪 90 年代以来，随着工业和经济的发展，环境污染日益突出，农业环境研究得以发展，部分农业高校相继增设农业环境保护方向的研究生招生。为了更好地适应社会需求，1997 年教育部对《普通高等学校本科专业目录》进行了修订，将土壤与农业化学、农业环境保护、渔业资源与渔政管理及农业气象 4 个专业合并为农业资源与环境专业，于 1998 年正式成立，隶属自然保护与环境生态类，属农业基础科学。

资源环境协同 - 系统研究阶段。进入 21 世纪以来，农业资源与环境学科面临耕地数量减少、质量下降并存，水、土等资源约束日益严重，农业面源污染不断加剧，农业生态系统退化等制约农业可持续发展的重大问题。随着我国经济发展对土地需求的日益增加及人口增长对粮食需要的日益加大，以耕地生产力培育和稳定、农业环境控制和农产品安全生产、适应和应对气候变化为中心任务的农业资源与环境学科处于快速发展阶段。需要协同推进农业绿色发展、农业农村污染治理和农业固碳减排，强化绿色低碳关键技术与产品突破，多学科、多界面开展协同攻关与综合创新，助力农业绿色发展、粮食安全和乡村振兴。尤其是党的十八大以来，农业资源与环境学学科建设进入新时代，学科在国家粮食安全、乡村振兴等方面迎来了新的发展机遇。本学科要结合国家的发展需求，强化学科建设，为解决我国农业资源环境重大科技问题、保障国家粮食安全和生态安全发挥重要作用，以更好地服务我国农业高质量发展。

二、现状与进展

（一）学科发展现状及动态

1. 耕地质量保护和健康耕层构建

耕地质量是粮食生产的根基，耕地质量直接关系到粮食安全、社会稳定和长远发展。国家也一直高度重视耕地质量工作，习近平总书记明确提出："耕地红线不仅是数量上的，也是质量上的"，要"像保护大熊猫一样保护耕地"。坚持以保障国家粮食安全、农产品质量安全和农业生态安全为目标，落实最严格的耕地资源保护制度。树立耕地保护"量质并重"和"用养结合"理念，坚持生态为先、建设为重，构建耕地质量保护与提升长效机制，守住耕地数量和质量红线，奠定粮食和农业可持续发展的基础。我国耕地质量基本特征可概括为"三大""三低"，即中低产田比例大、耕地质量退化面积大、污染耕地面积大；耕地有机质含量低、补充耕地等级低、基础地力低。耕地面积减少，人口增加，粮食安全压力大。保护原有质量、构建健康耕层、提升耕地质量已成为确保农业可持续发展的战略选择。

在耕地质量保护方面，坚持耕地质量水平持续提升，有机肥资源利用水平持续提升和科学施肥水平持续提升的原则，采取的技术重点是"改、培、保、控"四字要领。"改"：改良土壤。针对耕地土壤障碍因素，治理水土侵蚀，改良酸化、盐渍化土壤，改善土壤理化性状，改进耕作方式。"培"：培肥地力。通过增施有机肥，实施秸秆还田，开展测土配方施肥，提高土壤有机质含量、平衡土壤养分，通过粮豆轮作套作、固氮肥田、种植绿肥，实现用地与养地结合，持续提升土壤肥力。"保"：保水保肥。通过耕作层深松耕，打破犁底层，加深耕作层，推广保护性耕作，改善耕地理化性状，增强耕地保水保肥能力。"控"：控污修复。控施化肥、农药，减少不合理投入量，阻控重金属和有机物污染，控制农膜残留。

注重健康耕层构建。农业农村部发布的 2021 年农业主推的健康耕层构建技术主要包括构建疏松耕层，改善土壤团粒结构，降低土壤容重，增加土壤孔隙度；构建增加耕层深度，加深作物宜耕深度，降低耕层紧实度；构建调理耕层理化性状，增加土壤阳离子的代换量，缓冲土壤的酸碱度；构建增加土壤库容，增强土壤的透气性和肥水渗透能力，增加土壤的碳库和养分库容量；构建调理作物根系在耕层的健康生长，利用松土促根剂可促进根系生长，显著增加作物根系的数量、长度和表面积，提高根系活力，提高土壤养分、水分及肥料养分的利用率。

加强耕地质量监测。耕地质量监测是实现数量、质量、生态"三位一体"耕地管理和耕地保护的基础，重点是建设耕地质量调查监测网络和耕地质量大数据平台。在我国广州等地区，利用卫星遥感、无人机遥感、无线传感器网络、原位速测结合人工智能等新技术，实现了天空地一体的耕地质量快速、实时、高效与精准监测，构建了耕地质量监测评价模型和耕地质量评价指标体系。

2. 农业水资源高效利用与生物农艺节水技术

农业作为我国主要的用水部门，2020 年农业用水量占我国用水总量的 62.1%，农业耗水量占耗水总量的 74.9%。然而随着水资源的过度开发和水污染的加剧，农业水资源日益短缺。国家相继出台了一系列关于农业水资源利用的政策，2017 年 1 月，水利部等五部委发布《全国高标准农田建设规划（2019—2022 年）》，明确"十三五"期间全国新增 1 亿亩高效节水灌溉农田的目标。2019 年 9 月 18 日，习近平总书记在黄河流域生态保护和高质量发展座谈会上强调要大力推进农业节水，推动用水方式由粗放向节约集约转变。2023 年中央一号文件也强调，要统筹推进高效节水灌溉，加快大中型灌区建设和现代化改造，推进农业深度节水控水。在保障优质高产的前提下，提高农业用水效率，减少农业用水，是破解当前农业用水短缺和保障粮食安全的关键。

农业水资源优化配置、作物高效用水技术、旱地降水高效利用及农业农村非常规水资源化利用是农业水资源高效利用的重要方面，也是水资源持续利用的有效调控措施。农业水资源优化配置是采用系统分析理论和优化技术，对有限的、不同形式的农业水资源在作物不同生育阶段、不同作物间和渠系间、不同农业部门间的优化分配，以期实现农业水资源利用的综合效益最大化。其包括作物灌溉制度优化、灌区种植结构优化及空间布局优化、渠系配置优化、灌区多水源联合调控、区域或灌区农业水资源承载力评价及优化配置、水－粮食－能源协同优化等内容。作物高效用水指作物通过充分调动自身的抗旱遗传潜力，积极响应变动环境，通过一系列生理生态调控，减少奢侈蒸腾耗水，在有限水资源约束下实现生产效益的极大化。作物高效用水技术主要从作物高效用水的品种差异、作物不同生育阶段对水分的响应差异、气孔导度对作物叶片奢侈蒸腾的调控、不同抗旱类型作物在应对水分胁迫的生理生态差异等方面开展相关调控机制研究。旱作节水农业以提高降水保蓄率、利用率和水分利用效率为重点，研究土壤水库扩蓄增容与降水就地集蓄技术、田间保水保土技术和作物高效用水技术，构建旱作农田降水集蓄保用技术体系。农业用非常规水资源以再生水和微咸水为主，通过合理开发利用非常规水资源，可以增加灌溉水源，提高灌溉保障率，是缓解水资源短缺的重要举措之一。在淡水资源缺乏而非常规水资源相对丰富的地区，特别是北方干旱地区，开发利用非常规水资源是解决当地淡水资源短缺的重要途径。

针对区域特点和节水高效农业发展需求，围绕农业水资源高效利用，在生物与农艺节水技术（如抗旱节水作物新品种筛选与利用、区域节水型农作制度关键技术、节水高效旱作保护性耕作技术、作物高效用水生理调控技术等）、工程与管理节水技术（如非充分灌溉及精细地面灌溉技术、新型高效雨水集蓄利用技术、微咸水与再生水作物安全高效利用技术、作物水分信息采集与精准管控用水技术、节水产品激光快速成型技术等）、节水关键设备与重大产品（如渠道管网高效输水设备与新材料、灌溉系统水量监测与调配新产品、行走式节水抗旱播种与灌溉成套设备、多功能旱地蓄水保墒耕作机具等）、节水农业技术集成与示范方面取得了创新性进展，结合各类农业水资源高效利用项目的实施，分别在我国北方干旱内陆河灌区、西部半干旱半湿润渠灌区、北方集雨补灌旱作区、华北半湿润偏旱井灌区、华东北部半湿润偏旱井区结合灌区、东北半干旱抗旱灌溉区、南方季节性缺水灌区、西北半干旱生态植被建设区、北方半干旱都市绿洲灌溉区进行了相关技术的集成与示范，初步形成了适合我国国情的节水高效农业技术体系，为我国农业水资源高效利用奠定了坚实的技术和理论基础。

3. 农业生产减缓与适应气候变化

农业是气候变化的关键驱动因子之一，在全球气候变化背景下，我国升温速率明显高于同期全球平均水平，已成为新阶段农业发展面临的挑战。因此，应加强农业应对气候变化的科学研究，推进农业转型发展和气候适应型农业建设，为我国粮食安全、"双碳"目标协同实现提供技术支撑。

应对气候变化，农业生产既要减缓，也要适应。我国"十四五"规划提出"提升农业生产适应气候变化能力"，《国家适应气候变化战略 2035》也明确了农业在适应气候变化过程中的作用和地位。在全球气候日趋复杂的背景下，最大程度降低气候变化风险给农业生产带来的威胁，同时应充分利用全球变暖可能带来的农业机遇。极端高温虽会对我国农业全要素生产率和投入利用产生负面影响，降低单产水平，但劳动、化肥和农业机械等适应性行为可抵消极端高温对全要素生产率短期影响的 37.9%。农业应对气候变化，也应结合气候变化对作物需水影响方面加以考虑。气候驱动的作物种植频率下降，不仅促进气候适应，而且会加剧作物生产损失。灌溉虽可有效地抵消预计的生产损失，但预计到 2050年，温暖地区的灌溉面积必须扩大 5%，才能完全抵消因气候导致的农业生产损失。

气温上升不仅会通过变暖影响作物，而且会通过改变复合热湿胁迫的驱动因素来影响作物，故应考虑气候变化对粮食生产被低估的风险。基于过去 50 年小麦育种对适应气候变化贡献的分析，小麦育种策略带来的遗传增益将无法完全抵消升温对小麦产量的负面影响。此外，土壤质量与气候变化之间的相互作用也可能会影响农田的产能。土壤质量的提升可降低作物产量对气候变化的敏感性，从而提高作物平均产量及其稳定性。为了更好地适应气候变化，基于科学认识和准确评估气候对粮食作物产量影响的角度，综合产量、资源效率和温室气体排放等指标，创新性地提出了区域应对农业气象灾害的高产稳产与高效减排的作物布局与种植制度智慧适应途径。

4. 全过程全链条农业面源污染防控

农业面源污染指在农业生产和生活活动中，溶解的或固体的污染物，如氮、磷、农药及其他有机或无机污染物质，通过地表径流、农田排水和地下渗漏进入水体引起水质污染的过程。典型的农业面源污染包括农田径流和渗漏、农村地表径流、未处理的农村生活污水、农村固体废弃物及小型分散畜禽养殖和池塘水产养殖等造成的污染等。农业面源污染具有随机性、不确定性、广泛性和滞后性，造成土壤养分流失、农田生态系统退化、水体环境恶化和大气环境污染等多种环境问题，严重影响农业资源与环境的可持续健康发展。两次全国污染源普查数据显示，2007 年我国农业源总氮、总磷排放量分别占排放总量的 57.2% 和 67.4%，到 2017 年数值有所降低，但仍占 46.5% 和 67.2%，这说明农业面源是我国当前乃至未来一段时期的重要污染源。近年来，中央一号文件多次提及农业面源污染治理，习近平总书记在十九大报告中明确要求加强农业面源污染防治。2023 年中央一号文件指出，推进农业绿色发展，加快农业投入品减量增效技术推广应用，推进水肥一体化，建立健全秸秆、农膜、农药包装废弃物、畜禽粪污等农业废弃物收集利用处理。这些均体现了农业面源污染防治在新时代社会经济发展中的重要地位。

国内已开展了许多关于农村面源污染控制技术的研究和相关工程建设，包括农田面源污染控制的肥料管理技术、缓冲带或植物过滤带技术，农村生活污水治理的土壤毛细管渗滤净化技术、蚯蚓生态滤池技术、氧化沟技术和湿地处理技术，农业废弃物、畜禽粪便和生活垃圾的厌氧发酵产沼气技术、堆肥技术、养殖肥水回灌技术，以及针对塘、浜和小河等小水体的生态护岸技术、浮床技术、湿地净化技术等，这些技术及相应的工程建设在消减农业面源污染中均起到了一定的作用。针对我国农业面源污染的特点，集成了源头减量、过程拦截、循环利用等全过程多链条的一体化面源污染精准防控技术。此外，农业面源污染监测、核算和评估等是农业面源污染有效控制的前提和基础，在面源污染通量监测和溯源核算的基础上，研发流域面源污染模型和关键源区识别技术是进行面源污染防控的重要手段。在面源污染模拟预测和关键源区识别方面，研究经历了从实测法、输出系数法到面源污染模型模拟等多手段的发展历程，经历了从田间（如 SWAP）到区域（如 WALRUS）、从区域到流域（如 SWAT）、从流域到国家（如 IMAGE）的多时空尺度发展历程。随着物联网、大数据、云计算等先进技术的发展，农业面源污染数字智能技术在农业面源污染精准科学防控方面起到了重要作用，通过构建农业面源污染实时监测网络，利用遥感识别和地面监测网等关键技术，对被监测地区农业面源污染的数据进行动态采集、信息查询、污染负荷监测及预警，结合土壤或流域等污染源分布的空间信息及各种变化参数规律，构建农业面源污染生态风险综合评价指标体系，形成基于危害识别、效应评价、风险预警和主体溯源等全生命周期的管理，可为监管部门提供在线监测一体化、技术与管理一体化和污染管理精准化的农业面源污染解决方案，为农业面源污染的监管、评价和决策执行提供科学有效的信息化支撑，从而提高防治与修复效果。

5. 农业废弃物热解与生物质资源化利用

我国农业废弃物利用水平稳步提升，畜禽粪污综合利用率达 76%，农作物秸秆综合利用率超过 88%，农膜回收率稳定在 80% 以上。近年来，我国在农业废弃物资源化利用方面取得显著成效，对保障国家资源安全、促进生态文明建设具有十分重要的意义。

以农作物秸秆为原料，生产秸秆混合糖联产黄腐酸高效有机肥技术，利用生物技术生产生物能源、生物材料，实现农业废弃物的高值利用与转化。利用黑水虻幼虫将畜禽粪便进行生物转化，再对黑水虻粪便进行堆肥化处理，可实现废弃物的高值有机肥料化。单细胞蛋白生产是秸秆高值饲料化的重要途径。固态发酵更适合秸秆饲料化，发酵后的菌体与秸秆基质共同作为饲料。以农作物秸秆为原料，提取聚乳酸（PLA）制成纤维地膜，可完全生物降解，并被纳入农业农村部、国家发展改革委印发的《秸秆综合利用技术目录（2021）》。基于秸秆、地膜等农业废弃物与低品质煤共热解，阐明了共热解过程中相互促进 – 抑制作用机制。农膜的加入降低了共热解反应活化能，提供了 C、H 元素，有效提升了热解油的产率和品质，低品质煤的加入促进了中间产物与水蒸气的重整反应，提升生物炭的产率和热解气品质，为农业废弃物清洁转化利用提供了有效技术路径。基于秸秆连续热解炭化工艺及功能性碳基材料制备工艺研究，开发了生物炭催化重整制氢技术，创制多功能碳基微生物菌肥、高催化性能碳基材料、功能性吸附材料等系列产品，为秸秆高值高效利用、促进农业高质量发展提供技术支撑。

此外，农业废弃物的生物质资源化利用也具有广阔的潜力。①利用优质水稻天然突变体构建秸秆纤维乙醇联产高值生物材料技术体系，开拓了基于遗传背景的农业废弃物绿色高效利用的新路径。②利用果胶的特性，从富含果胶的农业废弃物中提取糖醛酸，与乙醇发酵残渣进行化学交联，生成同时吸附镉和亚甲基蓝（MB）的增强型生物吸附剂，为农业废弃物的增值利用提供了新思路。

6. 生物多样性农业利用与农业生态系统健康

集约农业的发展导致了生物多样性的丧失，土地质量的下降，过度依赖化肥、杀虫剂等，直接影响到农业生态系统的健康状况水平，必须寻求最大限度地减少农业与生物多样性之间的冲突及增加它们之间互补性的方法。生物多样性农业利用与生态系统健康的研究是生态系统管理的新方法，挖掘生物多样性农业的生态调节潜力并加以利用，对保障农业可持续发展具有重要作用。在全球生物多样性保护政策的推动下，针对生物多样性农业利用与农业生态系统健康的研究逐步深入。截至 2023 年，国内外学者开发出多种生物多样性农业利用方法和技术。

作物种植多样化指利用物种之间的互惠及其对资源的互补，提高土地利用效率，大幅提高农业生产的效益，主要包括作物的轮作、间作、套作等。近 5 年，我国就间套作增产和资源高效利用的机理开展了大量研究，发现与欧洲常用的以矮谷物和豆科混作为主的低投入 – 低产出的间套作模式相比，我国广泛应用的以粮食作物和玉米间作、条带种植、分期播种和收获为主的高投入 – 高产出模式具有更大的增产优势。与单作相比，间作在保持产量的同时，减少了 19%~36% 的化肥施用，减少了农药的使用，并增加了作物授粉和蛋白质产量。此外，间套作还能通过增加土壤大团聚体、土壤有机质和全氮提高土壤肥力，进而提高作物体系的抗逆性和养分利用效率，进一步增强生态系统服务功能。

我国注重发展生态复合种养技术，主要围绕农牧系统中作物 – 动物 – 消费者三者之间的物质与价值流动关系，阐明了食物链系统中养分利用与损失特征，重点突破植物 – 动物、动物 – 环境及农牧系统 – 消费群体关键界面互作机制，已逐步形成稻 – 虾、稻 – 鱼、稻 – 蟹、稻 – 鳖、稻 – 贝、稻 – 蛙及综合类 7 大类 24 种典型稻渔种养模式，并集成创新了 20 多项配套关键技术，从而提高了农业养分利用效率，推动我国农业绿色发展进程。

土壤中有地球上种类最丰富的微生物群落，如细菌、古菌、真菌、病毒、原生生物及一些微型动物等，这些生物可统称为土壤微生物组。它们在土壤有机质、氮素和磷素等元素循环中起着至关重要的作用，调控着诸多生态过程，并与生态系统健康和生态系统服务功能紧密相关。近年来，我国加强了土壤生物多样性的保护与利用。在生态系统元素循环方面，证实了稻田生态系统中自养微生物组在固定 CO_2 提高有机碳库累积中的关键作用；发现了微生物生物量磷的形成及磷酸酶对有机磷的水解是土壤有机磷循环的重要途径；解析了长期施用有机肥通过影响菌根真菌、食真菌原生动物和线虫间的多营养级微生物组互作从而提高植物磷吸收及作物产量的重要机制。在生态系统污染修复方面，发现硫还原菌和产甲烷古菌协同调控水稻土中二甲基砷的积累与降解；在砷污染的稻田土壤中，微生物组驱动的砷氧化耦合硝酸还原过程也是降低砷生物有效性和毒性的重要途径。在土传病害防控方面，已有大量植物根际促生菌（PGPR）被开发为用于作物促生抗病的商品微生物农药，其作用机制也被广泛研究，主要包括：宿主植物通过根际分泌物招募特定微生物类群组成第一道防线，防御土传病害和叶部病害；宿主植物通过免疫受体区分益生菌和病原菌，而根际微生物通过不同的代谢途径与信号通路，诱导寄主植物产生对病原物的抗性；根际微生物之间存在复杂的互作网络，其中益生菌通过抗生、竞争、重寄生、溶菌等作用，与病原微生物竞争资源与生态位等。

（二）学科重大进展及标志性成果

1. 耕地土壤培肥改良与退化耕地治理修复

近 5 年，我国在耕地质量提升方面取得了重大进展，高标准农田和绿色农田建设在全国大范围推进，以土壤改良培肥、节水节肥节药、废弃物循环利用等农业绿色生产技术为代表的耕地质量提升行动稳步推进，取得了一大批重大进展和标志性成果。

"我国典型红壤区农田酸化特征及防治关键技术构建与应用"研究探明了红壤酸化的时空演变特征，揭示了化学氮肥硝化、硝酸盐淋失、氢铝离子富集的土壤酸化机制，并创建了"降、阻、控"酸化防治关键技术、石灰物质精准施用快速降酸技术、有机肥替代阻酸技术、氮肥减施控酸技术，集成创新了不同酸化程度红壤农田防治的综合技术模式，获得了 2018 年国家科学技术进步奖二等奖。

沈阳农业大学基于东北黑土区耕地质量评价结果及演变特征的分析，构建了黑土耕地质量提升"四位一体"技术模式：①针对质量等级高、有机质丰富的耕地，创建了以秸秆全量深翻还田为核心的"玉－玉－豆""一旋两翻两还田"高等地保育技术模式。②针对有机质含量低、耕层变薄和养分缺乏的中等耕地，在确保有机质提升和耕层增厚基础上，创建了秸秆全量还田、配施堆沤有机肥为核心的"玉－玉－豆""一旋两翻两还田"耕地质量提升模式。③针对存在障碍因子的低等耕地，创建了以保护性耕作、工程和农艺措施相结合为核心的"玉－玉－豆""一旋两翻三施肥"的土壤改良技术模式。④针对长期地膜覆盖导致地力消耗过度的耕地，提出了"有机无机肥配施、地膜覆盖、残膜回收、深耕整地"土壤肥力恢复技术模式；并提出"农户＋农场＋合作社"与"定位＋配方＋展示"的"三维三位"的推广模式。

2. 作物节水调质灌溉与旱地雨水高效利用

我国突破了作物节水调质灌溉、农田精量高效灌溉、灌区高效输配水、旱地雨水高效利用等关键技术，研制了一批耐用、可靠、经济的节水灌溉产品或设备、灌区输配水装备和绿色集雨保墒抗旱产品，显著提高了作物水分利用效率。旱地农业以提高作物单产和降水利用综合效益为重点，创新了高强度利用条件下旱地雨水"集、蓄、保、提"关键技术与产品。在缺水地区建立了华北节水压采、东北节水增粮、西北节水增效、长江中下游节水减污、北方旱作抗旱适水种植等区域主要作物节水模式，灌溉水利用系数达到 0.572，降水利用率达到 0.63，作物水分利用效率为 1.2 千克 / 立方米，为我国粮食生产提供了稳定可靠的水资源安全保障。

（1）节水灌溉技术与装备

我国创新改进了地面灌溉为主的节水灌溉技术体系，建设了符合我国国情的高效灌溉设备生产体系，其中以微灌产品种类和系列配套最为齐全，微灌水肥一体化设备体系形成了灌水器、管材与管件、净化过滤设备、施肥设备、控制及安全装置五大类，首创了西北膜下滴灌棉花、水稻、玉米栽培模式。全国共有滴灌管（带）生产线近 1400 条，其中侧翼滴灌带生产线 1300 多条、扁平滴头生产线 30 多条、圆柱滴头生产线 10 多条、管上式滴头生产线 2 条。拥有新疆天业、甘肃大禹、上海华维、北京绿源、河北国农等一批具有一定规模的微灌设备生产企业。其产品性价比高，一次性投资低，占据了国内 95% 的农业滴灌市场份额，有些产品还实现了出口。

南方各省微灌主要应用于甘蔗、香蕉（广西、广东）、茶树、柑橘（江苏、浙江、上海、江西、福建）、花卉、苗木、药材（云南、贵州）和蔬菜等；东北、山东果树和蔬菜大棚微灌、北京设施农业或都市农业微灌、内蒙古马铃薯和红干椒的微灌得到了较大面积的推广；在严重缺水的西北地区，棉花、番茄、瓜果、啤酒花、温室蔬菜、红干椒、荒山绿化、荒漠化治理微灌已经成为我国微灌推广应用的主要领域。我国对粮食作物、果树和温室蔬菜节水调质灌溉技术进行了系统深入的研究，构建了节水调质灌溉技术、水肥精准控制模型和大数据平台，创建和应用了典型作物节水调质高效灌溉模式，创新了果树分根区交替灌溉和水稻"浅薄湿晒"控制灌溉模式。

大中型灌区仍是节水农业的重要支柱。灌区通过取用水总量控制和定额管理，同时采用渠道防渗、管道输水及用水计量和量水控制等技术和设备，可显著提升灌区的用水效率和效益。最近对数字灌区的核心关键技术和产品进行了攻关。近年来，我国节水灌溉模式的集成研究和应用围绕精准化、集约化、低能耗和智能化的目标开展了大量工作，形成了华北节水压采、东北节水增粮、西北节水增效和南方节水减污等模式。

（2）旱作节水技术与模式

针对旱地作物需水与降水匹配难、降水有效性低、蓄水保水性能差等问题，以提高降水利用效率为核心，以旱作节水技术措施为手段，开展旱作节水技术与模式研究，在系统揭示我国旱地农业若干重大基础规律的基础上，突破了集雨、蓄水、保墒、提效等旱作农业共性关键技术，形成了旱地主要作物抗旱适水技术体系，集成创建了半湿润偏旱、半干旱、半干旱偏旱和西南季节性干旱区等不同类型区综合技术体系与典型模式，区域降水利用率达到 0.63 以上，作物水分利用效率提高了 1 倍，实现了粮食总产、农民收入和可持续发展水平同步提升。

3. 农业对气候变化的响应机制与适应对策

近年来，我国在气候变化与农耕文化、作物应对气候变化与适应、农业生态系统对气候变化的响应等方面取得了重要进展。

"二万年以来东亚古气候变化与农耕文化发展"研究建立了我国旱作、稻作农作物微体化石鉴定标准体系、古气候定量重建新方法，厘定了中国农业起源和农耕文化发展时空格局，重建了2万年来古气候变化过程，提出并论证了东亚季风气候演变对农业起源和农耕文化影响的理论框架，成果获得了2020年国家自然科学奖二等奖。

基于气候变化对我国粮食作物生产的影响与适应机制方面的研究，阐明了气候 – 作物 – 管理交互作用的机理，为准确开展气候变化影响评估和适应途径分析提供了科学基础；揭示了气候变化对粮食作物生产的影响程度和过程，为区域作物生产适应气候变化提供了方向参考；量化了粮食作物产量提升潜力，明确了我国粮食作物生产应对气候变化的适应机制。提出除气候影响外，技术因素是作物产量提升关键影响因素，品种改良和技术措施优化是粮食作物适应气候变化的关键途径。该成果先后被IPCC第五次评估报告、中国第三次气候变化评估报告等引用，并纳入联合国粮食及农业组织（FAO）气候变化与全球粮食安全评估报告。

4. 全过程全链条农业面源污染综合防控

近年来，我国在农业污染综合防控方面取得了一大批重大进展和标志性成果。

（1）种植业面源污染减拦净全过程防控

浙江省平湖市广泛推广的稻田退水"零直排"技术，通过全封闭型——"稻田＋生态沟渠＋水塘（河浜）"、半封闭型——"稻田＋生态沟渠＋生态塘"、开放型——"稻田＋生态沟渠＋生态缓冲带"3种模式，有效减少污染物排放，实现了增产增效、减投减排和区域水环境改善。农业农村部2021年农业主推技术"稻田氮磷流失田沟塘协同防控技术"，通过稻田、沟、塘整理改造，促进了水资源循环利用，充分发挥稻田 – 沟 – 塘系统的调蓄净化能力，提高氮、磷和水资源利用效率，有效减少稻作区氮磷的流失。

（2）生态种养和废弃物资源循环利用

"稻渔生态种养关键技术创新与应用"研究，创建了冬闲田连作生态养殖增效模式，创新了以"稻 – 鱼""稻 – 虾""稻 – 鳖"及"稻 – 鸭 – 鱼"等为主体的跨界融合示范推广方式，成果获得神农中华农业科技奖科学研究类成果一等奖（2020—2021年）。"稻渔复合种养生态系统优化配置关键技术与应用"研究，研发了稻渔复合种养系统优化配置的协同种养共性关键技术（稻田空间布局技术、密度协同配置技术、氮素施用调控技术、再生稻蓄育技术），优化和集成稻渔复合种养共性关键技术（稻田空间布局技术、密度协同配置技术、氮素施用调控技术等），成果获得神农中华农业科技奖科学研究类成果奖一等奖（2020—2021年）。"种养废弃物资源循环利用关键技术研发与应用"技术，集成了"粮 –（秸秆/菌渣）– 粮/菜/药/菌""粮 –（秸秆/禽畜粪便）– 沼/粮/油/果""粮 –（秸秆/

禽畜粪便）– 有机无机复合肥"3 种种养废弃物综合循环利用模式，囊括 12 项循环链接技术，成果获得神农中华农业科技奖科学研究类成果奖一等奖（2020—2021 年）。"基于污染物减控的畜禽粪污循环利用关键技术"从畜禽粪污"污染物产排特征 – 减控关键技术 – 循环利用模式"全链条进行研究，形成了基于污染物减控的粪污循环利用及风险防控技术体系，创立了整县推进畜禽粪污循环利用典型模式，成果获得神农中华农业科技奖科学研究类成果一等奖（2020—2021 年）。

（3）面源污染分区协同防控

"流域农业面源污染分区协同防控"研究，创建了云贵高原、南方丘陵山区和南方平原水网区流域农业面源污染监测方法和防控理论，突破了污染治理与资源利用结合的关键技术，创新了大理模式、兴山模式和宜兴模式等农业面源污染防控技术模式。

（4）有机物降解去除关键技术

"农田农村退水系统有机污染物降解去除关键技术及应用"研究，研发了基于纳米材料和微生物的高效降解去除有机污染物的新方法、新材料、新工艺和新产品，发明了载体制备成形方法及性能检测、纳米材料和高效降解菌载体附着方法及耦合净污、降解去除装置及逐级布设、区域有机污染物深度消减与生态截污廊道构建等核心技术，相关成果获得了 2019 年国家技术发明奖。

5. 农业废弃物资源化与高值化利用

在"双碳"政策背景下，农业废弃物高值转化已成为农业、环境、能源、材料等领域的研究热点，并取得了重要进展。

主要成果包括：①"典型农林废弃物快速热解创制腐植酸环境材料及其应用"研究，首创农林废弃物自混合下行循环床快速热解制腐植酸新工艺，发明了热载体分级分离与循环的液体控灰新方法、自混合下行床 – 脉冲提升管耦合的下行循环床快速热解装备及配套专有设备，建成全球单套规模最大的 20 万吨 / 年生物质快速热解装置，在国际上首次实现了农林废弃物制高纯、高活性生物腐植酸的工业化；将生物腐植酸通过可控化交联聚合创制系列高值靶向腐植酸环境材料，在国际上首次实现污染退化土壤的可持续修复，该成果获得了 2020 年国家技术发明奖二等奖。②以农林废弃物高效连续热解炭化关键技术研发和功能性炭材料创制为突破口，基于对农林废弃物炭化过程及炭材料性能影响机理的深刻揭示，创新农林废弃物高效连续热解自活化、量子点改性、功能化修饰及固定微生物技术，显著提升了炭材料的吸附与催化降解性能。该成果开辟了农林废弃物资源化利用及环境污染治理新途径。③基于微生物强化的农业废弃物高效转化及产品创新与应用研究，创建了以微生物为核心的农业废弃物好氧发酵臭气过程减排与末端治理的技术与设备集成模式；研制多功能一体化微生物肥料产品，创建了功能微生物驱动的耕地质量提升新模式。该成果提升了农业废弃物资源化效率及产品价值。④利用农废和生物调控的土壤修复技术，发明了农业废弃物快速腐解复合菌剂及制作技术，园艺植物和水稻通用型、专用型、功能型全营养基质技术，解决了困扰行业多年的农业废物资源化利用难题。⑤基于全生物降解地膜产品研发与应用研究，创新了全生物降解聚酯PBAT催化合成工艺和全生物降解地膜吹制加工工艺，创制了全生物降解地膜评价技术体系，提出了全生物降解地膜应用评价"五性一配套"评价技术规范，创建了不同区域主要覆膜栽培作物全生物降解地膜替代技术规程，有效解决了农业生产与地膜残留污染防控的技术难题。

6. 养分资源协同调控生物多样性和多营养级生物互作

农业生物多样性在农业生产及农业生态环境保护等方面具有重要意义。我国通过重构种植养殖体系，实施作物种植多样化、种养结合、保护和利用地下生物多样性等措施来提升和加强农业生态系统服务功能。

近5年，我国在作物多样性与可持续农业方面进行了广泛的实践和深入的研究，取得了显著的成效，开发了多系品种混合种植、多样化特色作物种植、轮/间/套作等多种提高作物多样性的生产方式。研究表明，我国高投入－高产出的玉米间套作模式（粮食作物与玉米间作、条带种植、分期播种和收获）共生期较短、肥料投入相对较高，增产效应是欧洲的矮谷物与豆科混作模式的4倍。虽然间套作的籽粒产量和热量产量略低于产量最高的单作（仅低4%），但间套作较最高产的单作具有相当甚至更高的蛋白质产量，且间套作在蛋白质增产方面的优势在低氮投入下表现得更明显。轮间套作还能提高作物体系的抗逆性和养分利用效率，进一步增强生态系统服务功能。在我国华北平原，第一步通过采用间作和覆盖作物来优化冬小麦－夏玉米－春玉米轮作体系，进一步减少水与养分的投入，并减少损失；第二步引入长期轮作，以进一步加强养分循环和病虫害控制；第三步在景观尺度通过增加生物多样性（如花带）来促进生态系统服务。在浙江、福建、安徽等地，茶园套种大豆、油茶、沉香、绿肥等措施被广泛推广，达到了改善茶园土壤和生态的功能，提高了茶叶产量和品质。

截至2022年，国内已逐步形成稻－虾、稻－鱼、稻－蟹、稻－鳖、稻－贝、稻－蛙、稻－鸭等多种典型复合种养模式，并集成创新了20多项配套关键技术。林下养蜂模式在四川攀枝花、安徽定远、江苏溧阳等地成功推广，该生态农业模式较好地提高了果园内果树的产量和品质，同时增加了当地蜜蜂的养殖量和蜜质。鸡－鱼种养系统在湖南省零陵区成功应用，该系统将鱼塘与鸡舍紧密结合，使鸡粪可以直接落在鱼塘中，成为鱼的饵料，同时鱼也能吃掉鸡产生的废料，达到鸡、鱼共生的目的，提高养殖效益。海南省儋州市将椰子种植与家畜养殖结合，通过在椰子园内种植饲草、饲料作物等，为牛、羊等家畜提供食物，并利用牛羊粪肥来追肥椰树，实现了产业和农业的资源共享和有机循环。

由真菌、病毒、细菌、原生动物、节肢动物等组成的地下生物多样性对农业生态系统功能的维持也至关重要。近5年，我国学者在农田地下生物多样性的时空格局、群落互作、根系微生物组的组装规律和控制机理及新型微生物肥料研发与高效利用等方面取得多项进展。中国科学院南京土壤研究所在养分资源协同调控生物多样性和多营养级生物互作、提高农田土壤生物功能稳定性方面取得进展。其研究表明，在长期均衡施用化肥和有机无机配施下，土壤养分资源水平较高，显著增加了潜在的跨营养级生物间互作（增幅超316%），是土壤生物功能稳定性提高的主导因素。作物与根系微生物以各种复杂的方式相互作用，这些微生物对宿主有很多实质性的益处，包括促进其营养的吸收、加速植物生长、增强其抗逆性，提高作物对非生物逆境胁迫（热、干旱、盐）的抵抗力等，截至2023年，已有10余种有显著益生作用的植物根际促生菌（PGPR）被开发成作物促生抗病的微生物菌剂。

（三）本学科与国外同类学科比较

1. 耕地质量提升

耕地质量是粮食生产的根基，国家一直高度重视耕地质量保护与提升工作。中国在耕地质量保护与提升方面做了大量工作，执行了轮作休耕试点、占用耕地补偿、耕地质量监测监管、高标准农田建设等一系列政策措施，逐步形成了较完善的政策框架和工作机制，取得了阶段性成效，但也存在一些不足。我国北斗卫星、田间原位快速检测、5G等技术和设施的逐步完善，为实现耕地资源重要参数动态获取和智慧监测提供了基础，今后需推进耕地质量监测指标的多元化，加强耕地质量监测信息化、标准化建设，建立耕地土壤健康快速诊断方法体系，研究中低产田障碍消减和养分资源高效利用等配套技术。

2. 农业高效节水与循环利用

现阶段，尽管我国的节水高效农业有了一定的进步，但与发达国家相比，在节水农业应用基础研究、节水农业设备与产品研发及节水农业综合技术应用等方面还存在一定的差距。虽然我国当前已经能够自主研发农业灌溉相配套的各种设备和产品，但由于一些关键技术的落后，还难以实现规模化、产业化经营。一些生产节水相关产品和设备的企业不能依靠产品的质量占领农村广阔的市场，还要靠国家项目的开展和实施。因此，节水高效农业的社会化服务体系还不够完善，与节水农业有关的许多重要环节之间衔接不够。在节水农业综合技术应用方面，节水农业技术是一项十分复杂的系统工程，既涉及土壤、肥料、作物等农田系统要素，又与作物育种、耕作、栽培、植保、农业工程等多学科交叉，密不可分，需要各项技术的相互融合与配套。我国多数灌溉区还没有建立适宜当地水土条件的节水农业技术集成体系和应用模式。由于缺乏与节水技术配套的应用设施和相关技术标准，在节水农业应用时无法实现规模化实施。而且，我国当前仍缺少与农艺节水技术配套的机械设备，自主研发的相关产品由于技术成本的增加使得其规模效益难以发挥。

3. 农业环境对气候变化的适应与韧性

气候变化对生态系统及社会经济影响深远，农业资源及环境尤为突出。中国历来高度重视气候变化的影响、减缓和适应，一贯坚持减缓和适应并重，实施积极应对气候变化国家战略。在气候变化与农耕文化、作物应对气候变化与适应、农业生态系统对气候变化的响应等方面取得了阶段性成效，但也存在一些不足。在全球气候日趋复杂的大背景下，极端天气事件频发加剧了水资源短缺和全球粮食危机。《国家适应气候变化战略 2035》明确提出，2035 年中国全社会适应气候变化能力显著提升，气候适应型社会基本建成。应对气候变化对农业的不利影响，因地制宜采取适应措施，加强中长期气候变化对农业影响研究。在农业生产中，不仅要减排固碳，而且应增强其适应性，以提高应对各种不利气候条件的韧性。

4. 农业面源污染防控

自 20 世纪 70 年代以来，很多国家逐渐认识到以流域为单元进行水环境治理是面源污染治理成本效益最优的路径，在工程性措施与非工程性措施集成技术应用的基础上，结合相应的法律政策和监管模式，使得欧洲莱茵河、美国密西西比河、加拿大圣劳伦斯河等流域水环境质量明显改善。通过借鉴国外成功经验和依托国家重大科技专项等取得的成果，我国形成了一批较为成熟的面源污染防控技术，建立了一批面源污染监测和防治示范区。但是，已有技术多关注技术层面的防控，缺乏流域尺度系统和全面的防控体系，不同区域农业面源污染输出及防控手段差异很大；在监管制度方面，尚未建立覆盖面源污染监测全要素的技术或标准规范及面源污染治理制度等。并且，亟需建立分区分类面源污染防治管理模式、健全面源污染防控的考核评估体系、制定相关管理政策和相关制度标准，强化面源污染防治实施效果的监测与评价，探索整建制全要素全链条推进农业面源污染综合防治机制。

5. 农业废弃物高值化利用

中国是传统的农业大国，每年产生的农业废弃物达几十亿吨。虽然农业废弃物利用水平稳步提升，畜禽粪污、农作物秸秆、农膜等农业废弃物资源化利用及高值转化方面取得了显著成效，但与发达国家相比，仍存在一定差距。我国农业废弃物综合利用率虽较高，但产业链总体效益较低，需要走"高值化"综合利用之路。在"双碳"政策背景下，应融合多学科深度挖掘农业废弃物高值化利用途径，创新相关技术。各级政府应制定配套政策，打通农业废弃物收储 – 运输 – 高值产品应用链条的堵点，建立与完善市场流通保障体系。

6. 生物多样性农业利用与保护

我国有悠久的农业传统，针对传统农业生物多样性利用效应和机理的研究比较成熟，如轮间套作、稻田养鸭、稻田养鱼等，并且在世界上产生了重要影响。近年我国在利用作物多样性控制作物病害、虫害、草害等方面也取得了不少重要成果，关于其机理的研究和大规模应用都达到国际前沿水平。我国高度重视农业生物多样性的保护，在种质资源挖掘和保护、外来物种入侵防控、农村污染防治等方面开展了许多工作，其中多项成果获得了国家科学技术进步奖和神农中华农业科技奖。

我国在景观多样性的利用和保护方面关注力度不够，农业生境的退化和破坏严重，虽然自 20 世纪 90 年代后期开始逐渐开展了相关研究，但在方法论创新和实际应用方面与国际先进水平均有较大差距。我国生物多样性农业模式与技术体系的形成主要靠经验，在生物多样性农业数据库建设和技术集成体系的建设方面开展工作较少，如缺乏系统的农业生物多样性检测、评估和保护方法，集约化农业发展缺乏生物多样性保护的完整技术体系等。我国在生物多样性农业的社会经济研究方面存在不足，缺乏农业生物多样性补偿政策研究。

三、展望与对策

（一）未来几年发展的战略需求、重点领域及优先发展方向

1. 战略需求

以耕地保护和利用为核心，以"发现问题 - 消减障碍 - 提升地力 - 生态服务"为总体思路，开展耕地监测、耕地改良、耕地培肥、耕地利用的创新研究，是保障国家粮食安全、生态安全和农业高质量发展的战略需求。所以应开展耕地资源时空演变与驱动机制、耕地质量退化过程与阻控机理、耕地地力提升与关键技术、耕地生态服务功能与调控途径研究。

以农业高效节水与循环利用为核心，开展农业节水和循环利用基础性和技术性难题突破研究，推进重点县域高水效农业综合试验区建设，加快发展高水效农业和现代旱作农业是新时代保障国内食物安全、农产品有效供给和农业可持续发展的重要措施。

立足于生产、技术和政策多角度，加强农业应对气候变化的理论和适应性技术研究，构建适应性技术体系框架；持续推进农业适应气候变化的政策，以增强农业适应性。

以农业面源污染精准防控为核心，构建面源污染天空地一体化智慧监控平台，深入研究时空演变规律及水环境响应机制，并构建分区分类防治管理模式和考核评估体系，创新整建制全要素全链条推进农业面源污染综合防治机制，引领带动区域农业绿色发展水平整体提升，为我国农业面源污染防控提供科技支撑。

基于绿色循环利用、实现"双碳"目标和农业可持续发展理念，加强农业废弃物的肥料化、饲料化、新型生物基原料产品化等技术研发与相关技术的耦合，提高农业废弃物附加值，实现绿色循环利用。同时，整合优质学术资源，搭建高端、前沿、跨学科的学术交流平台，以推动农业发展绿色化、智能化和可持续化。

以农业生物多样性保护与利用为核心，以"发现问题 - 开展研究 - 技术集成 - 推广应用 - 生态服务"为总体思路，开展农业生态系统中生物多样性关系研究，加强生物多样性农业信息化和标准化建设，完善和推动农业生物多样性保护的政策、法律及生态补偿措施。

2. 重点领域及优先发展方向

（1）耕地保育与质量提升

耕地保育与质量提升是保障国家耕地红线和粮食安全的必要途径。当前，耕地保育与

质量提升的主要研究方向与重点有以下几方面：①耕地质量天空地一体化智慧监控。以准确监测与管控耕地为目标，充分利用北斗卫星、大数据、田间原位快速检测、5G等技术和设施，实现耕地资源重要参数动态获取和智慧监测，为国家决策提供实时数据参考；加强土壤健康研究，研发系统性、针对性的耕地质量健康评价与培育技术。②耕地土壤健康快速评判与诊断。建立耕地土壤健康评价指标体系，快速判别土壤健康状况；建立土壤健康相关理化指标快速诊断方法体系，形成诊断标准；根据相关指标诊断分析结果，研发保障耕地土壤健康的技术模式和产品，建立土壤健康保障技术体系，确保土壤健康。③耕地地力培育、中低产田障碍因子消减技术。研究厚沃耕层构建、中低产田障碍消减等配套技术，以及耕地养分资源激发、活化与作物高效利用技术，研发配套产品，形成耕地质量培育保障技术体系。

（2）农业高效节水与循环利用

基础性和技术性"卡脖子"难题的突破。破解作物生命需水信息高通量表型诊断与高水效靶向立体调控、水－土－气－生系统耦合与结构解析、农业水网智慧管控、超大规模化系统高端节水装备等基础性和技术性"卡脖子"难题，为农业高效节水与水的循环利用提供理论和科技支撑。县域高水效农业综合试验区建设。推进重点区域以县域为单元的高水效农业综合试验区建设，全链条多过程系统推进，多种技术优化组合，科学确定县域农业用水、净耗水、单位粮食产量的净耗水和灌溉水利用系数指标，通过"四条红线"控制，整体推进高水效农业快速健康发展。加快发展高水效农业和现代旱作农业。依托生物技术、信息技术和智能装备，实现单株、农田和区域不同尺度水与作物表型信息的智能感知、用水智能决策与智能控制，实现精准用水和水效益最大化的新型农业用水体系。开展农田集雨、集雨窖等设施建设，发展现代旱作农业，构建与新型农业经营体系相适应的现代灌溉农业和现代旱作农业体系。

（3）农业环境对气候变化的适应与韧性

适应气候变化，增强农业的气候韧性，既是保障粮食安全的需求，也是提高人类福祉的重要途径。当前农业应对气候变化主要研究方向与重点有以下几方面：一是加快作物品种对气候变化的适应性研究，研发抗气候变化的新品种；二是基于粮食安全的"双碳"目标，开展气候韧性农业理论方面相关研究，提升农业生产应对气候变化的能力；三是应充分考虑区域气候特征和作物特性等因素，以及因素间相互作用，探索评估气候变化对作物影响的新方法。

（4）农业面源污染防控

我国地域辽阔，地形地貌复杂，面源污染精准防控难。当前农业面源污染防控主要研究方向与重点有以下几方面：一是面源污染天空地一体化智慧监管。依托已有农业面源污染监测网、地表水环境监测网、卫星遥感反演等多源、多点、长序列实测水文水质监测资料，研发水质水量在线同步监测技术和面源通量核算技术集成，实现面源污染实时监测和污染核算，为面源污染精准防控提供实时数据参考和决策依据。二是界面尺度污染物迁移转化机制研究。创新流域尺度污染物溯源与模拟方法，探明农业源污染物在土－水介质中的迁移转化规律和驱动机制。加强农田"水土"和"根土"界面环境污染物迁移、转化分子机制及其微生物学过程的基础研究，从环境功能微生物应用及作物吸收污染物分子调控角度开展绿色修复技术的研发与理论创新。三是整建制全要素全链条推进农业面源污染综合防治机制构建。加强系统设计，统筹种养业、上下游各环节，整体推进源头减量、全量利用、末端治理、循环畅通。聚集资源力量，健全协同机制，建立整建制全要素全链条推进农业面源污染综合防治基地，创新整建制全要素全链条推进农业面源污染综合防治机制，引领带动区域农业绿色发展水平整体提升。

（5）农业废弃物高值化利用

农业废弃物高值化利用是发展循环经济、实现"双碳"目标和农业可持续发展的有效途径。当前，农业废弃物高值化利用主要研究方向与重点有以下几方面：一是基于纳米生物技术研发农业废弃物纳米化的生物质产品；二是加强学科交叉，从遗传、生理等角度挖掘和开辟农业废弃物的生物质资源化利用途径；三是基于"双碳"政策背景研发农业废弃物高值化和绿色循环利用的综合技术；四是完善农业废弃物利用相关政策、法规，开展激励补偿机制研究。

（6）生物多样性农业利用与保护

生物多样性农业的利用是发展绿色农业的重要道路，农田生物之间微妙的化学、物理、生物关系的揭示有助于更加巧妙地构建农业生产体系，减少对投入品的依赖和资源的消耗。农业生态系统中生物多样性关系是各国研究的一个热点，今后研究的重点：一是农业有益微生物菌群的筛选及其应用。在农林牧渔业中开展微生物生态学研究，基于宏基因组、宏转录组、宏蛋白组和培养组等多组学手段揭示宿主－微生物相互作用关系，挖掘具有有害生物防治、提升农产品质量和产量功能的有益微生物菌群。二是农业景观多样性保护和利用的研究。推动集约化农业向生态农业的转型，研究和制定适宜不同农区的农业生物多样性保护和生态系统服务提升的生态基础设施（农田缓冲带、绿篱、坑塘湿地、传粉昆虫栖息地、农田生态廊道、生态化沟路渠等）建设标准和管护技术。三是生物多样性农业信息化和标准化。加强生物多样性农业数据库建设，构建系统的农业生物多样性检测、评估和保护技术体系。四是生物多样性农业的社会经济研究。进行农业生物多样性补偿政策研究，为农业生物多样性保护提供政策、法律、制度及资金保障，促进农业生物多样性保护措施的全面落实。

（二）未来几年发展的战略思路与对策措施

1. 加强农业资源与环境交叉融合顶层设计，进行系统性战略布局

瞄准国家农业绿色低碳高质量发展重大需求，立足未来农业资源环境国际竞争力，加强农业资源与环境交叉融合顶层设计，强化农业生产中资源利用与保护协同、资源利用与环境污染防控协同、农业外源防控和内源治理协同、农业高质高效增产稳产与绿色低碳协同的系统性战略布局。切实加强财政科技资金对农业资源环境技术创新的基础性、战略性和公益性研究的支持力度，发挥新型举国体制优势，聚集国家优势创新团队，围绕农业资源环境产业链部署创新链，重点推进农业资源环境重大原创性前沿理论和技术研究系统性布局。

2. 整合农业资源环境优势力量，构建资源环境交叉融合的新型技术创新体系

整合农业资源环境优势力量，通过创新项目组织与实施机制，从农业资源环境基础研究 – 技术创新 – 产品创制与应用形成上下游贯通的协同创新链；加强农业行业部门在战略部署中的作用，充分发挥科研院所在农业资源环境基础研究与技术创新领域的优势，强化基础前沿理论的原创基础研究；鼓励社会资本介入，以国家投入为主，鼓励地方政府和企业参与和投入，发挥企业等社会资本的创新效能，与有科技创新需求的企业组成联合实验室等创新联合体，形成多元主体参与的农业资源环境技术创新与和应用的新型技术创新体系。

3. 加强农业资源环境学科能力建设，打造国家战略科技力量

打造创新能力突出的农业资源环境研发团队，加快农业资源环境基础研究人才、领军人才和青年科技人才的培养，探索农业资源环境产业需求导向的创新团队协同作战新模式，推动跨部门、跨研究所研企联合的协同创新人才聚合平台建设，打造农业资源环境学科国家战略科技力量；提升现有耕地保护国家重点实验室平台对农业资源环境科技创新支撑能力，重点建设农业绿色发展和面源污染治理国家重点实验室，布局农业资源环境前沿技术创新中心，在生物信息技术、资源要素智能化保护中利用平台建设。

参考文献

［1］ BAMIGBOYE A R, BASTIDA F, BLANCO–PASTOR J L, et al. Global hotspots for soil nature conservation［J］. Nature, 2022,610: 693–698.

［2］ CHEN C, LI L, HUANG K, et al. Sulfate–reducing bacteria and methanogens are involved in arsenic methylation and demethylation in paddy soils［J］. ISME Journal, 2019,13: 2523–2535.

［3］ CHEN S, GONG B. Response and adaptation of agriculture to climate change: Evidence from China［J］. Journal of Development Economics, 2021,148: 102557.

［4］ COOPER M, MESSINA C D. Breeding crops for drought–affected environments and improved climate resilience［J］. Plant Cell, 2023,35(1): 162–186.

［5］ JIA K, ZHANG W, XIE B Y, et al. Does climate change increase crop water requirements of winter wheat and summer maize in the lower reaches of the Yellow River Basin?［J］. International Journal of Environmental Research and

Public Health, 2022,19(24): 16640.

［6］ JIANG Y, LUAN L, HU K, et al. Trophic interactions as determinants of the arbuscular mycorrhizal fungal community with cascading plant－promoting consequences ［J］. Microbiome, 2020,8: 142.

［7］ LESK C, COFFEL E, WINTER J, et al. Stronger Temperature－Moisture Couplings Exacerbate the Impact of Climate Warming on Global Crop Yields ［J］. Nature Food, 2021,2(9): 683－691.

［8］ LI C, HOFFLAND E, KUYPER T. Syndromes of production in intercropping impact yield gains ［J］. Nature Plants, 2020,6: 653－660.

［9］ LI C, STOMPH T, MAKOWSKI D, et al. The productive performance of intercropping ［J］. Proceedings of the National Academy of Sciences of the United States of America, 2023, 120(2): e2201886120.

［10］ LI S, ZHUANG Y, LIU H, et al. Enhancing rice production sustainability and resilience via reactivating small water bodies for irrigation and drainage ［J］. Nature Communications，2023,14: 3794.

［11］ LI X, WANG Z, BAO X, et al. Long－term increased grain yield and soil fertility from intercropping ［J］. Nature Sustainability，2021,4: 943－950.

［12］ LIU T, AWASTHI M K, AWASTHI SK, et al. Impact of the addition of black soldier fly larvae on humification and speciation of trace elements during manure composting ［J］. Industrial Crops and Products, 2020,154: 112657.

［13］ MUNERET L, MITCHELL M, SEUFERT V, et al. Evidence that organic farming promotes pest control ［J］. Nature Sustainability, 2018,1: 361－368.

［14］ PENG H, ZHAO W, LIU J, et al. Distinct cellulose nanofibrils generated for improved pickering emulsions and lignocellulose－degradation enzyme secretion coupled with high bioethanol production in natural rice mutants ［J］. Green Chemistry, 2022,24(7): 2975－2987.

［15］ QIAO L, WANG XH, SMITH P, et al. Soil quality both increases crop production and improves resilience to climate change ［J］. Nature Climate Change, 2022,12(6): 574－580.

［16］ WEI Z, GU Y, FRIMAN V P, et al. Initial soil microbiome composition and functioning predetermine future plant health ［J］. Science Advances, 2019,5: eaaw0759.

［17］ REN W, HU L, GUP L. Preservation of the genetic diversity of a local common carp in the agricultural heritage rice－fish system ［J］. Proceedings of the National Academy of Sciences of the United States of America, 2018,115(3): E546－E554.

［18］ XIAO F M, ZHENG Z, SHA Z M, et al. Biorefining waste into nanobiotechnologies can revolutionize sustainable agriculture ［J］. Trends in Biotechnology, 2022,40(12): 1503－1518.

［19］ YAO Z L , KANG K, CONG H B, et al. Demonstration and multi－perspective analysis of industrial－scale co－pyrolysis of biomass, waste agricultural film, and bituminous coal ［J］. Journal of Cleaner Production, 2021,290: 125819.

［20］ YU H, HU M, HU Z, et al. Insights into pectin dominated enhancements for elimination of toxic Cd and Dye coupled with ethanol production in desirable lignocelluloses ［J］. Carbohydrate Polymers, 2022,286: 119298.

［21］ ZHANG T Y, HE Y, DEPAUW R, et al. Climate change may outpace current wheat breeding yield improvements in North America ［J］. Nature Communications, 2022,13: 5591.

［22］ ZHANG Y Q, ZHENG, H X, ZHANG X Z, et al. Future global streamflow declines are probably more severe than previously estimated ［J］. Nature Water, 2023,1: 261－271.

［23］ ZHU P, BURNEY J, CHANG J F, et al. Warming Reduces Global Agricultural Production by Decreasing Cropping Frequency and Yields ［J］. Nature Climate Change, 2022,12: 1016－1023.

［24］ ZHU L, CHEN Y, SUN R, et al. Resource－dependent biodiversity and potential multi－trophic interactions determine belowground functional trait stability ［J］. Microbiome, 2023,11: 95.

［25］ 康绍忠. 藏粮于水藏水于技——发展高水效农业保障国家食物安全 ［J］. 中国水利，2022（13）：1-5.

［26］ 李影，秦丽欢，雷秋良，等. 小流域农业面源污染监测断面设置与污染物通量估算研究进展 ［J］. 湖泊

科学，2022，34（5）：1413-1427.

［27］王浩，汪林，杨贵羽，等．我国农业水资源形势与高效利用战略举措［J］．中国工程科学，2018，20（5）：9-15.

［28］俞映倞，杨林章，李红娜，等．种植业面源污染防控技术发展历程分析及趋势预测［J］．环境科学，2020，41（8）：3871-3873.

［29］展晓莹，张爱平，张晴雯．农业绿色高质量发展期面源污染治理的思考与实践［J］．农业工程学报，2020，36（20）：1-7.

［30］张飞扬，胡月明，谢英凯，等．天空地一体耕地质量监测移动实验室集成设计［J］．农业资源与环境学报，2021，38（6）：1029-1038.

撰稿人：刘连华　葛体达　郑子成　张晴雯　赵立欣

农业生物技术发展研究

一、引言

（一）学科概述

1. 农业生物技术概念与内涵

农业生物技术指运用基因工程、发酵工程、细胞工程、酶工程等生物技术，改良动植物及微生物生产性状，培育动植物及微生物新品种，以及生产生物农药、兽药、肥料与疫苗等生物制品的新技术。随着基因组学、系统生物学、合成生物学等学科的发展，农业生物技术正在重塑国际生物产业格局，催生新型产业集群，赋予未来社会经济发展新动能。发展农业生物技术已成为世界各国抢占生物产业制高点、提高国际竞争力的战略选择。

进入 21 世纪以来，农业生物技术的发展表现出三方面突出特点：一是农业生物技术基础理论研究更加系统和深入；二是农业生物技术正向精准化和高效化方向快速推进；三是农业生物新产品创制逐步向规模化和工程化转变。当前，农业生物技术已成为解决食物短缺、资源约束、环境污染、能源危机等困扰人类生存与发展问题的重要途径。

2. 与其他学科的关系

多学科交叉融合是引领农业生物技术逐渐向最优化设计、模块化操作、系统化管理等方向发展的重要途径。农业生物技术（BT）与大数据、人工智能等信息技术（IT）交叉融合，形成了以 BT+IT 为典型特征的高效生物农业技术体系，强力推动精准化、高效化、智能化技术革命，驱动现代技术快速变革迭代，对全球生物产业发展格局和农产品供给产生了重大影响。

农业生物技术与材料科技和先进制造技术的深度融合将带来农业生物智造的突破，促进种质评价、遗传操作等技术难题的解决。生物基础理论研究与基因编辑、全基因组选择等关键核心技术的融合，使农业生物品种改良进入设计—模拟—验证—应用全过程的新时代，促使传统的"经验育种"朝着工程化精准育种发展。农业生物技术产品正由传统低效产品向新型生物农药、生物肥料、生物疫苗等高附加值生物制品方向转变。农业生物技术正从单一性向学科分支精细化和集成化发展，促进农业生物产业向系统化、规范化转变。

（二）发展历史回顾

1. 农业生物技术学科形成

农业生物技术的发展历程可大致分为传统生物技术、近代生物技术和现代生物技术。传统生物技术的代表是酿造技术；近代生物技术的代表是微生物发酵技术；现代生物技术以基因工程为标志，建立在分子生物学基础上，以重组 DNA 技术为核心，创建新的生物类型或生物机能技术。

随着现代农业生物技术的不断发展和迭代，产生了转基因、基因编辑、合成生物等系列前沿生物技术，并催生了生物种业与新型农业生物投入品等战略性新兴产业。1983 年，第一例转基因植物（抗病毒烟草）问世。1996 年，以抗虫、耐除草剂两种主要性状为主的玉米和大豆等一系列转基因作物的大规模种植，标志着转基因技术的成功商业化。近10 年来，基因编辑技术应运而生并飞速发展，历经了早期的锌指核酸内切酶技术（ZFN）、类转录激活因子效应物核酸酶技术（TALEN），到现在被广泛应用的规律间隔性成簇短回文重复序列技术（CRISPR）。随着学科之间的不断交叉融合，合成生物技术快速发展，突破自然已有的代谢途径，从而可以实现对目标生命重要性状的人工设计和颠覆性改造。当前，农业生物技术与信息技术、先进制造技术和智能技术等交叉融合，成为推动新一轮农业科技革命的决定性力量。

2. 我国农业生物技术学科的发展

我国农业生物技术研究历经 30 多年的发展，经历了初建、发展、深化与完善阶段，建立了农业生物技术理论创新体系，前沿基础研究逐步夯实，在农业生物组学、水稻生物学、逆境生物学、生物固氮等基础研究领域取得了系列原创性成果，在转基因、全基因组选择、基因编辑、生物合成、智能设计等技术研发方面实现了由跟随国际先进水平到自主创新的跨越式转变，部分学科方向已跻身国际领先行列，开始从局部创新迈入全面自主创新阶段。我国转基因技术从 20 世纪 80 年代起步，在转基因生物新品种培育科技重大专项等支持下，显著提升了我国自主基因、自主技术、自主品种的研发能力，形成了一批原创性重大成果。截至 2023 年 12 月，我国批准了自主研发的抗虫棉、抗虫耐除草剂玉米、耐除草剂大豆等生产应用安全证书，转基因农业生物的产业化正有序推进。开发的世界首个植物免疫蛋白质生物农药阿泰灵成功走向海外。研发的禽流感、新城疫重组二联活疫苗成为我国有效抗击禽流感的新型"杀手锏"。近 10 年来，我国在基因编辑领域的创新能力显著提升，与美国等发达国家的差距明显缩小。2013 年以来，我国相继在重要动植物上建立了农业生物基因编辑技术体系，开发出具有自主知识产权的 Cas12i/12j 工具酶。我国已建立了主要农作物 CRISPR/Cas9 介导的基因定点编辑技术体系，形成了基因表达精准调控、抗病毒育种新策略，并实现了野生植物驯化、杂交育种新方案等多种育种技术创新。优化了 CRISPR-Cpf1 系统，扩大了编辑靶位点的范围，已应用于水稻、大豆等植物中，并得到了系列基因敲除突变体。开发出基于基因编辑的 β-酪蛋白基因座、Rosa26 和 H11 基因座等位点的定点整合技术体系，主要用于动物育种。在合成生物学领域，我国已通过合成生物学方法构建了最小固氮酶系统；实现了由小分子核苷酸到活体真核染色体的定制精准合成，实现了单染色体啤酒酵母细胞的人工创建；通过人工改造向光素、在作物植物中重构蓝藻 CO_2 浓缩机制（CCM）及进一步改造光呼吸通路等方法，大幅度增加水稻等作物产量；在实验室中首次实现从二氧化碳到淀粉的人工全合成；以微生物细胞为细胞工厂，已实现人参皂苷、番茄红素、灯盏花素、天麻素等众多天然产物的人工合成，形成新的制造模式，并在生物农药、兽药、肥料与疫苗等生物制品合成领域展现出巨大潜力。我国农业生物合成技术已步入快速发展阶段，未来在高新技术领域的竞争会越来越激烈，我国核心关键技术必须加强自主创新。

二、现状与进展

（一）学科发展现状及动态

1. 农业生物技术理论突破

进入 21 世纪，我国农业生物技术前沿基础研究发展迅速，与美国等相比，我国正借助新一代生物技术带来的机遇加快从"跟跑"向"并跑""领跑"转变，建立了较为完善的农业生物技术创新体系，并取得系列突破。

生物育种基础研究不断突破。解析了高产、优质、抗病虫、抗逆、养分高效利用、作物与微生物互作、高光效等性状形成的遗传基础和调控机理。克隆出水稻 *GRF4*、*NGR5*、*OsTCP19* 绿色高效基因、OsDREB1C 光合作用相关转录因子、*THP9* 玉米高蛋白基因、*Fhb7* 小麦主效抗赤霉病基因等一批育种价值基因。解析了水稻自私基因 *qHMS7* 介导的毒性—解毒分子机制，揭示了水稻基于 PICI1-OsMETS-Ethylene 的免疫代谢调控通路，发现了首个被植物抗虫蛋白识别并激活抗性反应的昆虫效应子。完成了"明恢 63""珍汕 97"和"蜀恢 498"等全基因组组装和 3010 份亚洲栽培稻基因组研究。完成了乌拉尔图小麦 G1812 的基因组测序和精细组装，绘制出小麦 A、D 基因组；完成小麦属和粗山羊草属的 25 个普通小麦近缘种和亚种的全基因组测序，构建了小麦属全基因组遗传变异图谱，为研究小麦的遗传变异奠定了基础。完成了玉米 Mo17、黄早四等骨干自交系参考基因组的组装，构建了玉米核心自交系泛基因组。首次绘成大豆图形结构泛基因组图谱。先后绘制完成黄瓜、番茄、西瓜、大白菜、甘蓝等蔬菜作物的全基因组序列图谱和变异图谱，奠定了我国优良蔬菜品种培育的理论基础。运用基因组设计理论和方法体系，首次实现异源四倍体野生稻的从头驯化，提出了异源四倍体野生稻快速从头驯化的新策略；首次培育出第一代杂交马铃薯，解析了马铃薯自交衰退的遗传基础。

生物农药作用模式研究取得新进展。揭示了抗病小体激活植物免疫机制，发现 ZAR1 抗病小体的钙离子通道功能，建立了钙信号与植物细胞死亡的联系，揭示了一种全新的植物免疫受体作用机制，为人工设计广谱、持久的新型抗病蛋白进而发展绿色农业带来了新启示。揭示了超级害虫烟粉虱多食性奥秘，首次发现植物和动物之间存在功能性水平基因转移现象，揭示了烟粉虱"偷盗"寄主植物解毒基因，解析了广泛寄主适应性的分子机制，发现了昆虫多食性的奥秘，为害虫绿色防控提供了全新思路。成功破译了几丁质生物合成机制，解析了大豆疫霉菌几丁质合成酶的冷冻电镜结构，首次揭示了几丁质生物合成的完整过程，突破了过去 50 年来未曾突破的难题，为研发安全高效的生物农药打下了基础。

生物肥料的应用潜力初显。我国科学家将合成生物技术应用到生物固氮研究中，开展了不同固氮酶体系与潜在宿主细胞器中原有功能元件之间的适配性研究，构建了最小固氮酶系统，被认为重新唤醒了实现农作物自主固氮的梦想。通过揭示固氮酶核心酶组分 NifD 蛋白在真核细胞器线粒体中异源表达的不稳定机制，进一步筛选出在线粒体具有高稳定性的 NifD 突变体，从而向构建稳定通用高效的固氮酶系统迈出了新的一步，为实现农作物自主固氮打下了坚实基础。揭示了光信号调控大豆共生结瘤机制，解析了地上光信号与地下共生信号互作调控大豆根瘤发育的机制，证实了光信号对大豆根瘤形成及共生固氮的关键作用，揭示了豆科植物地上地下协同的新机制，为优化农业系统碳－氮平衡提供新策略。

生物疫苗技术不断取得新突破。从传统疫苗到现代疫苗，疫苗理论和技术不断取得突破，疫苗技术已经从以巴斯德原则的病原体"分离、灭活和注射"发展到基于基因工程、免疫学、结构生物学、反向疫苗学和系统生物学融合的现代疫苗技术。欧美发达国家先后研制出猪瘟嵌合基因工程疫苗、猪瘟基因缺失疫苗及猪伪狂犬病基因缺失疫苗，在这些新型疫苗的推动下，欧盟于 2016 年宣布彻底消灭了猪瘟。我国自主研发的猪瘟兔化弱毒疫苗、马传染性贫血疫苗、H5N1 禽流感疫苗、布氏杆菌猪二号活疫苗和猪喘气病兔化弱毒活疫苗等动物疫苗在技术上处于国际领先水平，集成上述技术成果研制的口蹄疫高效疫苗，在全国推广应用，为及时快速遏制口蹄疫的大规模流行发挥了决定性作用。

生物制品多样性越来越丰富。合成生物学等前沿生物技术在农业中的广泛应用将开创人类按照自身需求设计农业生物、创制新型高效智能农产品的新纪元。我国科学家首次实现了二氧化碳到淀粉的人工合成，设计了化学和酶耦合催化的人工淀粉合成途径，实现了不依赖植物光合作用的二氧化碳到淀粉的人工全合成，使工业化车间制造淀粉成为可能，为实现"双碳"和粮食安全战略提供全新解决思路。首次实现从一氧化碳到蛋白质的合成，突破了乙醇梭菌蛋白核心关键技术，提高了反应速度、原料物质和能量的转化效率，实现了工业化一步生物合成蛋白质收率最高 85% 的纪录，并形成万吨级工业产能。

2. 农业生物技术方法创新

我国农业生物技术快速发展，实现了由跟踪国际先进水平到自主创新的跨越式转变，显著提升了我国生物农业的国际竞争力，转基因、基因编辑等前沿育种技术研究进入国际第一方阵。

转基因技术。转基因受基因型限制问题在作物中普遍存在，即便是烟草、拟南芥和水稻等模式植物也存在强烈的基因型依赖性，限制了转基因技术的遗传改良应用。在小麦中鉴定出一个植株再生相关基因 *TaWOX5*，可显著提高小麦再生和转化效率，克服了小麦等麦属物种遗传转化中的基因型依赖性难题。发现在水稻和玉米的愈伤组织中过表达玉米 *GOLDEN2* 基因可促进愈伤分化，从而提高遗传转化效率。发现玉米中编码生长素上调小 RNA（small auxin-upregulated RNA）的 *ZmSAUR15* 基因能够调控玉米幼胚诱导胚性愈伤组织效率，有助于打破玉米遗传转化的基因型限制。探明了维持花粉活力和花粉萌发孔打开的最佳条件，采用纳米磁珠介导 DNA 递送优化了玉米花粉遗传转化，此方法有可能突破玉米等物种不依赖组培体系的遗传转化。

基因编辑技术。基因编辑技术是以定点删除、替换或插入等方式改变基因组序列，进而实现对目标性状的精准改良、调控并创制新性状的颠覆性技术。以 RNA 为同源重组修复的模板，分别利用核酶自切割和具有 RNA/DNA 双重切割能力的 CRISPR/Cpf1 基因编辑系统，成功将水稻乙酰乳酸合酶基因突变，获得后代无转基因成分的水稻植株。采用动物细胞系中研发的技术系统，先后研发出高效的小麦、水稻和玉米胞嘧啶碱基编辑器、腺嘌呤碱基编辑器，实现了引导编辑在植物中的应用。运用玉米高效定向基因转录激活调控的技术工具，在活体卵细胞中激活了 *BABYBOOM* 表达，实现了玉米母体细胞孤雌生殖。通过基因编辑技术创制了对白粉病具有广谱抗性的小麦材料。通过工程化结合引导编辑器与位点特异性重组酶开发出能够在植物中实现 10kb 以上大片段 DNA 高效精准定点插入的 PrimeRoot 系统，为基于基因堆叠的植物分子育种提供有力的技术支撑。

全基因组选择技术。全基因组选择（genomic selection，GS）是一种利用覆盖全基因组的高密度分子标记进行选择育种的方法，可通过构建预测模型进行早期个体的预测和选择，加快育种进程并节约成本。利用植物海量多组学数据进行全基因组预测的深度学习方法（DNNGP），可以实现育种大数据的高效整合与利用，促进了深度学习在全基因组选择中的应用。提出了基于深度学习的全基因组选择方法 DeepGS，可以通过基因型筛选具有优异表型的个体。开发出采用集成学习范式中的梯度提升决策树算法构建的作物基因组设计育种一站式工具箱 CropGBM，具有运算速度更快、模型稳定性更强、预测精准性更高等优点。

合成生物技术。合成生物学根据人类需求进行生物设计与合成，将克服农业生物育种基因进化速率低的限制，成为推动农业技术空前飞跃的技术途径。利用 CRISPR/Cas9 敲除待融合染色体多余的着丝粒和端粒，并通过酿酒酵母的同源重组机制来实现染色体的逐轮融合，首次得到只包含 1 条染色体的酵母细胞。利用优化的叶绿体信号肽（RC2）将水稻四个酶导入水稻叶绿体中，形成了类似 C4 植物的 CO2 浓缩机制，通过合成生物途径引入，显著提高了水稻的光合效率、生物量和产量。采用"源 - 库 - 流"策略设计了虾青素代谢途径，通过增加番茄红素的合成，并使用 RNAi 技术引导番茄红素向 β - 胡萝卜素转化，利用种子特异性双向启动子驱动 β - 胡萝卜素羟化酶基因和 β - 胡萝卜素酮化酶基因，在玉米籽粒中将类胡萝卜素合成途径延伸至虾青素合成。利用二氧化碳人工合成出淀粉，实现"从 0 到 1"的重大突破，显示出合成生物学引导产业变革的巨大潜能。

智能设计技术。作物智能设计育种基于作物重要农艺性状形成的遗传和分子基础，通过人工智能决策系统设计最佳育种方案，进而定向、高效改良和培育作物新品种。开发出从基因组 DNA 序列预测基因表达调控模式的人工神经网络模型，构建了作物全基因组范围预测表观修饰位点的模型。提出"精准育种"，并将其划分为"知识驱动的分子设计育种"与"数据驱动的基因组设计育种"，阐述了机器学习技术如何将"知识"与"数据"转化成育种服务的驱动力，以及如何在基础研究与育种实践之间建立桥梁，加速实现植物领域的精准设计育种。运用"基因组设计"理念培育杂交马铃薯，用二倍体替代四倍体育种，用杂交种子替代薯块繁殖。提出了异源四倍体野生稻快速从头驯化的新策略，旨在最终培育出新型多倍体水稻作物。

干细胞技术。家畜干细胞在生命科学基础研究、细胞培养人造肉生产和优良品种培育等方面具有巨大应用前景。2021 年，科学家首次绘制了猪胚胎第 0~14 天（完整的附植前阶段）高质量单细胞转录组图谱，基于单细胞数据创制出猪原肠化前上胚层多能干细胞（pgEpiSCs）培养体系，成功建立 15 株细胞系，细胞维持上胚层多能性状态，具有典型干细胞特征，最长传代次数超过 260 代。通过对 pgEpiSCs 进行 3 次不同方式基因编辑，包括随机插入、CRISPR/Cas9 介导的定点插入及单碱基编辑器介导的碱基 C 到 T 置换，并以经过 3 次基因编辑的干细胞系为供体细胞，通过核移植技术获得来源于 pgEpiSCs、出生存活的基因编辑克隆猪，解决了家畜干细胞难以承受长周期、多次基因编辑的难题。

表型组。表型组（phenome）指某一生物的全部性状特征。近年来，在规模化作物表型数据采集、分析等领域取得重要进展，将 AquaCrop 模型与光学和雷达成像数据结合，开发出一种冬小麦产量估算方法。以农作物冠层高光谱遥感机理为基础，融合新型特征选择算法与迁移学习技术，提出冬小麦叶片叶绿素含量反演新方法。基于无人机多光谱影像构建了水稻冠层氮含量提取模型，利用该模型可以高效筛选出高效利用氮的水稻品种。利用 RGB 相机、红外热像仪和多光谱相机组成的无人机成像系统，通过提取归一化差异植被指数（NDVI）、绿基 NDVI（gNDVI）、温度、色相、颜色饱和度、冠层大小和株高 7 个图像特征来量化作物干旱胁迫状态，可为作物栽培管理提供实时参考。随着传感器成本的下降和计算机处理能力的提升，以及获取大量复杂表型传感器的自动表型平台的开发，高通量表型技术在农作物育种与生产中显示出巨大潜力。

倍性育种技术。倍性育种技术指通过染色体数量改变，产生不同的变异个体，进而选择优良变异个体培育新品种的育种方法。其中应用最广泛的是单倍体育种技术，在两个世代内即可实现纯合育种材料的培育，极大地缩短了育种周期、提高了育种效率，是国际上应用最广泛的育种技术之一。我国在玉米单倍体诱导 *ZmPLA1/ZmMTL/ZmNLD*、*ZmDMP*、*ZmPOD65* 等基因克隆、诱导机理解析、诱导系分子育种方法建立及单倍体体系拓展等方面取得了系列突破；开发出"单倍体介导的基因编辑技术"——HI-Edit/IMGE，巧妙地将单倍体和基因编辑技术结合，在单倍体诱导的同时进行基因编辑，从而突破了作物定向改良育种的技术瓶颈，实现两代内作物性状的精准定向改良。

细胞工程。细胞工程是细胞生物学与遗传学的交叉领域，主要利用细胞生物学的原理和方法，结合工程学的技术手段，有计划地改变或创造细胞遗传性的技术。通过转基因技术将经密码子优化后合成的人血白蛋白基因转入水稻，利用胚乳特异性启动子启动基因在水稻胚乳中大量合成人血白蛋白，最后得到了纯度大于99%的2.75克/千克水稻的白蛋白，并获批准进入临床研究。利用克隆的青蒿素合成途径的 5 个关键酶基因，构建了 4 种提高青蒿素含量的转基因青蒿品系并完成了中间试验，获得了农业农村部颁发的环境释放试验审批证书。利用家蚕生物反应器平台高效表达了猪、鸡、羊、鸭和伴侣动物（犬、猫）的Ⅰ、Ⅱ、Ⅲ型干扰素，各种干扰素在每条蚕的生产量均高达几百万至几千万国际标准单位，是已报道的最低成本且是最高生物活性的动物干扰素的生产方式。

3. 重大产品创制和产业发展

（1）作物生物育种重大产品

研发出抗病虫、耐逆、优质、养分高效等转基因棉花、玉米、大豆、水稻、小麦等生物技术产品，转基因抗虫棉全面实现国产化，抗虫耐除草剂玉米、耐除草剂大豆正有序推进产业化试点，基因编辑高油酸大豆获批安全书，在水稻、小麦等领域储备了一批转基因和基因编辑产品。

转基因棉花产品创制及产业化。我国转基因抗虫棉研发和应用整体处于国际先进水平，依托转基因棉花成熟的产业化链条，建立上中下游一体化科企合作模式，加快新品种培育、示范推广和产业化应用，实现了转基因抗虫棉国产化。同时，我国培育的抗虫棉在吉尔吉斯斯坦等中亚国家得到大面积推广种植。研发储备了转 *iaaM* 基因优质高产棉花，转 *GR79-EPSPS* 和 *GAT* 耐草甘膦除草剂棉花等一批棉花生物育种新产品，为产业迭代升级奠定了基础。

转基因水稻产品创制。研发出抗虫、抗病、抗逆、高产及优质功能型转基因水稻，其中 2 种抗虫转基因水稻华恢 1 号和 Bt 汕优 63 获批生产应用安全证书，抗虫效果达95%以上。华恢 1 号通过美国食品药品监督管理局的安全性审查，华恢 1 号及其衍生品种的大米及米制品获准在美国上市，我国抗虫水稻研发处于国际领先水平。

转基因小麦产品创制。转基因小麦研发整体处于国际先进水平，研发出抗旱节水、抗病、养分高效利用转基因小麦。抗旱节水小麦在干旱胁迫条件下，比对照品种增产10%、节水25%以上，对缓解水资源不足、促进小麦生产可持续发展具有重要意义。

基因编辑农作物产品创制。利用基因编辑技术实现了多种作物重要农艺性状的遗传改良，创制出系列产量提高、耐除草剂、抗病、品质改良、资源高效、抗生物及非生物逆境胁迫等农作物新种质。如高产、抗白粉病、氮高效利用和富含高抗性淀粉小麦，高产、耐除草剂、耐低镉、香味改良、抗稻瘟病及白叶枯病水稻，高产、耐旱、耐除草剂、香味改良、高赖氨酸、抗穗腐病玉米，高油酸大豆，高维生素C生菜，高番茄红素、维生素C番茄，高花青素生菜，抗褐变蘑菇等。基因编辑高油酸大豆获全国首个基因编辑产品安全证书，油酸含量达到80%以上。

（2）动物生物育种重大产品

转基因人乳铁蛋白功能型奶牛、转α乳清白蛋白基因奶牛、转基因抗乳腺炎奶牛、转人溶菌酶基因奶牛、肌抑素基因敲除猪和转溶菌酶基因抗腹泻奶山羊等完成生产性试验，具备了产业化条件。转基因抗腹泻猪和抗乳腺炎奶山羊进入生产性试验；转人乳铁蛋白基因奶山羊、转基因富含多不饱和脂肪酸猪等逐步展现出产业化潜力。此外，培育出一批具有产业化前景的转基因抗蓝耳病猪、抗疯牛病基因敲除牛、转β防御素基因牛、转基因高多不饱和脂肪酸牛、基因编辑无角牛、快速生长"冠鲤"和"吉鲤"等育种新材料和新品系。

抗蓝耳病猪。蓝耳病是危害猪的重要病毒性传染病。该病暴发30多年来，尽管有各类毒株疫苗，但仍未能有效控制。通过基因编辑技术培育抗蓝耳病猪新品种，能够抵抗PRRSV 1型和PRRSV 2型毒株感染，猪蓝耳病发病率较对照组降低了50%以上。

节粮型优质健康猪。针对我国饲料粮短缺、抗生素被广泛用作添加剂等重大问题，在肌肉生长抑制素和高活性猪源抗菌肽等重要功能基因基础上，培育节粮、品质优良、抗病力强、身体健康、适于无抗养殖的基因编辑猪新品种。在无抗养殖条件下，料重比降低了10%以上；肌内脂肪含量2.5%以上；仔猪腹泻率减少30%，死亡率下降20%。

抗乳腺炎羊。乳腺炎是严重危害奶牛羊养殖业的一种传染性疾病，全球牛羊中约有1/3患有各种类型的乳腺炎，我国每年因奶牛羊乳腺炎等疾病造成的经济损失约30亿元人民币。研究获得自主知识产权人溶菌酶转基因羊核心群140头，其乳汁中稳定表达2.5克/升的重组人溶菌酶，重组人溶菌酶效价在42000~45000U。

优质速生鲤鱼。传统育种技术至今无法培育多优良性状聚合的鱼类新品种。利用转基因技术培育的"海优鲤"具有富含海水鱼的不饱和脂肪酸、养殖周期缩短一半、饲料利用效率提高15%等优良特性，是优质高产和资源节约型的淡水养殖鱼类新品种。

（3）生物疫苗重大产品

猪传染性胃肠炎、猪流行性腹泻、猪轮状病毒三联活疫苗。创制出我国首个安全高效的猪病毒性腹泻三联活疫苗，主、被动免疫保护率分别达96.15%和88.67%，实现了一针防三病。疫苗在全国累计应用2560万头份，免疫覆盖仔猪1.54亿头，实现销售收入约2.01亿元。经测算经济效益为38.94亿元，社会生态效益显著。

猪用重组口蹄疫O型、A型二价灭活疫苗。研制出国际首例口蹄疫反向遗传疫苗"猪口蹄疫O型、A型二价灭活疫苗"，获国家一类新兽药证书，实现了产业化应用。该疫苗彻底解决了我国无猪用A型口蹄疫疫苗的问题，对稳定国内O型口蹄疫疫情、有效控制猪A型口蹄疫疫情和逐步推进口蹄疫免疫无疫等具有重要意义。2018—2020年累计销售疫苗收入23.86亿元，社会经济效益显著。

山羊痘活疫苗和小反刍兽疫活疫苗。天痘清——山羊痘活疫苗（CVCCAV41）为羊痘和牛结节性皮肤病提供了有效预防控制方法，在疫病高发区经大量实践证明，完全能预防牛结节性皮肤病的感染和传播；康刍清——小反刍兽疫活疫苗（Clone9株）为羊疫病防控做出了突出贡献，该疫苗具有浓缩纯化、安全高效的特点，抗原含量高，保护周期长，免疫持续可达36个月。

（4）生物技术制品

动物（鸡）系列干扰素产品研发。成功实现鸡3种类型干扰素全覆盖系列产品的研发，获得了多项生产应用安全证书，3种类型干扰素不同组合可应用于多种复杂场景下禽类养殖对免疫调节、抵抗疫病和提质增效的需求，对于肉鸡生产料肉比下降了5%，蛋鸡产蛋率提高1%以上，是国内自主规模生产动物全系列干扰素产品从无到有的关键突破。

生物饲料添加剂新产品研发与应用。研发类胡萝卜素、叶黄素等功能性营养品，辣椒碱、酿酒酵母培养物等抗菌益生新产品，以及姜辣素等抗病毒新产品，实现了产业化生产，有效减少了抗生素等化学药物的使用，改善了畜禽产品的营养价值及品质。研发的半乳甘露寡糖获得农业农村部饲料添加剂新产品证书，酶的表达量提高300多倍。甘露聚糖酶发酵产酶活性达到美国和美酵素酶活性的10倍，被评为国家重点新产品。

（二）学科重大进展及标志性成果

1. 农业生物技术基础研究取得系列突破

水稻基因组学研究及应用国际领先。开创了水稻研究从传统遗传图谱向全基因组水平转变的先河，引领了水稻精准设计育种的新方向，攻克了水稻生产中产量与多个重要性状之间相互制约的世界性育种难题，突破了水稻超高产与高品质协同改良的理论和技术瓶颈，奠定了我国在水稻新品种创制理论和技术领域的国际领跑地位，是农业领域重大基础理论突破，具有世界性、革命性意义。

首次实现异源四倍体野生稻的从头驯化。提出异源四倍体野生稻快速从头驯化的新策略，突破了多倍体野生稻参考基因组绘制、遗传转化及基因组编辑等技术瓶颈，建立了从头驯化技术体系；证明了异源四倍体野生稻快速从头驯化策略切实可行，对创制高产抗逆新型作物和保障粮食安全具有重要意义。

解析非洲猪瘟病毒三维结构。首次解析了非洲猪瘟病毒全颗粒的三维结构，阐明了非洲猪瘟病毒独有的 5 层结构特征，揭示了非洲猪瘟病毒多种潜在的保护性抗原和关键抗原表位信息，阐述了结构蛋白复杂的排列方式和相互作用模式，提出了非洲猪瘟病毒可能的组装机制，为开发效果好、安全性高的非洲猪瘟新型疫苗奠定了坚实基础。

2. 农业生物技术方法原始创新

规模化高效遗传转化实现突破。通过 Ac/Ds 系统和 LoxP 特异位点重组系统建立了筛选标记去除技术；通过使 *BBM* 和 *WUS2* 在玉米中同时过表达，建立了非基因型依赖的玉米高效转化体系；通过使 *TaWOX5* 在小麦中过表达，建立了非基因型依赖的小麦高效转化体系；交叉纳米技术，建立了纳米磁珠介导的不依赖基因型的玉米遗传转化技术。此外，已构建水稻、棉花、玉米、大豆和小麦等主要农作物规模化转基因技术体系，满足了转基因新品种培育需求。

自主基因编辑工具突破种业核心关键技术。研发出具有自主知识产权的 Cas12i、Cas12j 两把"基因剪刀"，突破了传统育种难以解决的遗传障碍，实现了特定性状的精准改变，彻底颠覆了农业生物遗传改良技术路径和选育效率，弥补了我国在基因编辑工具领域的技术空白，打破了国外对该项技术的垄断，已获得中国、中国香港地区、日本专利授权，并在美国、欧盟等 12 个国家和地区进行专利布局。

实现杂交马铃薯基因组设计育种。研究利用基因组大数据进行育种决策，建立杂交马铃薯基因组设计育种体系，培育了第一代高纯合度自交系和概念性杂交种"优薯 1 号"；证明了马铃薯杂交种子种植的可行性，推动了马铃薯育种和繁殖方式变革。

首次实现了二氧化碳到淀粉的人工合成。该研究设计了化学和酶耦合催化的人工淀粉合成途径，实现了不依赖植物光合作用的二氧化碳到淀粉的人工全合成；使工业化车间制造淀粉成为可能，为实现"双碳"和粮食安全战略提供全新解决思路。

3. 重大生物技术产品创制

抗虫耐除草剂玉米重大产品研发与产业化。成功培育研制 13 个转基因抗虫耐除草剂玉米转化体，获得了生产应用安全证书，3 年转基因产业化试点中，抗虫耐除草剂性状突出，全生育期对草地贪夜蛾、玉米螟等害虫的整体防效超过 90%，除草效果达到 90% 以上，转基因玉米籽粒中黄曲霉素和伏马毒素含量与常规玉米相比可降低 80% 以上。

耐除草剂大豆重大产品研发与产业化。培育了 3 种转基因耐除草剂大豆，并获得了生产应用安全证书，产业化试点成效显著，除草效果达到 95% 以上，比常规大豆平均增产 8.2%，为推动玉米大豆均衡增产的轮作种植模式发展奠定了基础。耐除草剂大豆 DBN9004 获批阿根廷种植许可，实现了我国转基因作物自主知识产权产品"走出去"，并获得国内进口用作加工原料的生产应用安全证书。

重组禽流感病毒（H5+H7）灭活疫苗的创制及应用。创制出"一次免疫"可同时防控 H5 和 H7 亚型禽流感的反向遗传学灭活疫苗，获得国家一类新兽药证书，及时推向应用并适时更新疫苗种毒。截至 2020 年年底，疫苗在家禽中累计应用超过 480 亿羽份，有力保障了家禽业健康发展，并成功从家禽源头阻断人感染 H7N9 病毒，产生巨大的社会经济效益。

（三）本学科与国外同类学科比较

1. 国际上本学科新的发展趋势与特点

（1）农业生物技术基础理论研究更加系统和深入

一是国际社会对种质资源保护和利用高度重视。美国、欧盟、印度、德国、俄罗斯、韩国、日本等已将种质资源收集全面上升为国家战略，均建立了国家主导的保存体系与运行机制。全球种质资源保护呈现出从一般保护到依法保护、从单一方式保护到多种方式配套保护、从种质资源主权保护到基因资源产权保护的发展态势。未来种质资源收集更具针对性，各国将通过国际交换收集本国缺乏的资源；种质库保存方式也由原来以低温库保存种子发展到现在低温种质库、试管苗库、超低温库、DNA 库等多种保存方式相配套的现代保存体系，确保被保护种质资源的遗传完整性。此外，种质资源保护由无监管向快速无损监测预警转变，监测的技术手段也逐步由传统、耗时耗力的发芽试验转向无损、快速的衰老预警技术。

二是育种性状形成基础研究更加系统和深入。世界各国已克隆并功能解析了水稻、玉米、小麦、大豆等主要农作物产量、生育期、株型、品质、抗病、抗虫、抗逆（耐盐、抗旱和耐低温等）、养分高效利用（氮磷肥等）、育性、遗传转化调控、细胞全能性与器官发育等复杂性状，主要畜禽生长性能（体重、料重比）、产肉性能（出肉率、胴体率）、品质性状（肌内脂肪含量、脂肪酸）、抗逆抗病（成活率、抗体总量）等形成的重要基因，解析了其遗传调控网络。

三是重要农业生物品种或性状形成演化的遗传基础研究越来越深入。随着测序技术及群体遗传学的发展，相继阐明了水稻、小麦、玉米、大豆等主要农作物的基因组结构变异、染色体重组特征、基因组选择与驯化机制、育种演化规律、类群分化规律、倍性演化机制、核心种质基因组变异与形成规律、基因同源重组等遗传基础，并开展了农业生物复杂基因组和重要性状形成演化的遗传基础研究，不断创新发展现代动植物分子育种理论。

（2）农业前沿生物技术创新向多元化与融合化发展

一是表型组、智能设计等新型育种技术不断涌现。在国际上，多国建立了国家级植物表型平台，跨国公司都将植物表型平台作为其良种选育的核心技术，已有多套表型设施在运转，控制环境条件下匹配基因组学和表型组学数据，实现"自助化、智能化"育种的目标。科学家越来越重视对人工智能技术的研究和农业应用，如在算法开发、人工模拟、应用场景实用等领域已取得进展。最近开发出从基因组 DNA 序列预测基因表达调控模式的人工神经网络模型，有望借助人工智能技术实现定向育种，新一代人工智能技术具有更强的数据挖掘能力，正推动育种走向智能化时代。

二是多学科交叉深度融合催生新的技术变革。跨领域研究重大突破将为农业发展带来新机遇，如杂交育种技术与基因工程技术融合开发出的智能不育制种技术、杂交与基因编辑结合开发出的无融合生殖固定杂种优势技术、单倍体技术与基因编辑技术结合开发出的"单倍体诱导介导的基因编辑技术"等都表现出广阔的应用前景。智能设计育种将基因组、表型组、人工智能、机器学习、物联网等跨学科技术深度融合，可实现作物新品种的智能、高效、定向培育。跨学科研究和系统方法集成将成为解决重大关键问题的首选项。

三是在合成生物学进行了系统布局。美国在合成生物学基础能力、核心技术及重大战略方向进行了系统布局。2014 年，美国国防部预研项目署（DARPA）成立了全新的生物技术办公室，旨在整合生物、工程、计算机科学技术，同年启动了"生命铸造厂"计划。保守估计，美国近几年在合成生物学方面的总投入在 20 亿美元以上。美国能源部和国家自然科学基金会资助建立了多个合成生物学工程研究中心。英国把合成生物学列为支撑该国未来经济成长的"八大技术"之一，自 2007 年以来，英国在合成生物学领域的总投入已经超过 1.25 亿英镑。欧洲建立了由 14 个欧盟国家参加的欧洲合成生物学研究领域网络。

（3）农业生物新品种培育与重大产品产业效益显著

生物育种领域。全球农业植物品种研发呈现以产量为核心向优质专用、绿色环保、抗病抗逆、资源高效、适宜轻简化、机械化的多元化方向发展。随着组学、系统生物学、合成生物学和计算生物学等前沿科学的不断进步，现代动植物新品种培育技术体系正在向专业化、规模化、智能化和工程化方向高速发展，形成了以高通量基因鉴定、高效率遗传转化、高水平蛋白表达、智能化设计育种和安全性科学评价等为核心的共性技术操作平台。

生物农药领域。以美国、欧盟为首的技术发达国家在生物农药领域的竞争中占有绝对优势，生物农药成了各国新农药开发研究的重点选择对象。欧美科研机构、大型农化跨国公司都把病虫害绿色防控产品研发作为未来 10 年的研究重点，如美国"赢在未来"国家科技创新战略及欧盟"框架计划－地平线 2020""欧洲战略投资基金"等都把农作物病虫害绿色防控产品作为重要内容。

生物肥料及土壤修复领域。美国、巴西、澳大利亚、法国、德国等确定了根瘤菌优先发展战略。根瘤菌生物肥料的使用每年为农业节约化肥 1000 多万吨，农民节约投入数百亿美元。拜耳（孟山都）公司和诺维信公司联合宣布推出最新产品——全球首款用于玉米种子处理的微生物种衣剂。英国农业技术公司 Azotic Technologies 采用生物工程和种衣剂技术研发固氮技术产品 Envita，并面向全球市场销售。Envita 产品在美国玉米、大豆和水稻的田间试验表明可提高产量达 5%~13%，在不减少氮肥用量的情况下高达 20%。

2. 我国本学科总体水平比较

（1）农业生物技术基础研究

种质资源收集和鉴评更加全面。"十三五"期间，我国已对约 17000 份水稻、小麦、玉米、大豆、棉花、油菜等种质资源的重要性状进行精准表型鉴定评价，发掘出一批作物育种急需的优异种质。截至 2023 年 12 月，已完成超过 40 份水稻、45 份玉米、10 份小麦、30 份大豆种质的基因组从头组装。此外，已有超过 3000 份水稻、7000 份玉米、500 份小麦、3000 份大豆种质完成了重测序分析，为后续相关作物的基因发掘和设计育种奠定了基础。

农业生物技术前沿基础研究发展迅速。进入 21 世纪以来，在农业生物组学、水稻生物学、表观遗传学等农业前沿理论研究领域取得了系列原创性成果，解析了一系列作物重要性状形成的分子机制，为作物新品种创制提供了重要的理论基础，实现了由跟踪国际先进水平到自主创新的跨越式转变，部分学科方向已跻身国际领先行列，开始从局部创新迈入全面自主创新阶段。

（2）农业前沿生物技术创新

作物育种技术不断创新取得重大突破。近年来，我国在转基因、全基因组选择、基因编辑、生物合成等领域技术创新能力显著提升。如通过鉴定和利用小麦再生基因 *TaWOX5*，破解了麦属物种遗传转化基因型依赖性难题；建立了水稻等农业生物基因编辑技术体系，并在育种领域得到应用；提出基于深度学习的全基因组选择方法 DeepGS，通过基因型筛选优异表型个体；创制了猪原肠化前上胚层多能干细胞（pgEpiSCs）培养体系，最长传代次数超过 260 代；运用"基因组设计"理念培育杂交马铃薯，对马铃薯育种和繁殖方式进行颠覆性创新等。这些技术创新，为保障国家粮食安全提供了有力的技术支撑。

微生物前沿技术取得新突破。我国政府高度重视合成生物学研究。明确了非天然聚酮类化合物的人工设计原则和组合合成机制，为理性设计和工程化高效合成非天然产物奠定了理论基础、提供了技术支撑。解析了联合固氮菌新型非编码 RNA 参与固氮基因表达调控的分子机制和天然类固氮酶 LPOR 的结构及催化机制，为固氮智能调控元件筛选和人工固氮酶进化设计提供理论基础。构建了新一代耐铵泌铵工程菌株，固氮贡献达到每年 45 千克纯氮／公顷。实现了 20 多种重要抗病虫非天然化合物的理性设计和人工组合合成，引领新型农用药物开发方向。首次开发出高效的丝状真菌（*H. insolens*）CRISPR/Cas9 基因组编辑平台，有助于促进纤维素酶表达调控研究和获得提高纤维素酶生产能力的工程菌株。

（3）农业生物新品种培育与重大产品研制

生物育种领域。利用转基因技术培育出抗虫水稻、抗除草剂大豆和抗虫耐除草剂玉米。利用基因组编辑技术获得对白粉病具有广谱抗性的小麦材料，具有高产、多抗、优质等特性的玉米材料。利用分子设计育种技术已培育出优质、高产、抗病、抗倒伏的"宁粳系列"和"嘉优中科系列"等综合性状优良的水稻新品种。采用多亲本复合杂交和分子标记预测杂种优势等方法实现了油菜多个优良性状的聚合，选育出"中油杂系列"油菜新品种。我国利用基因修饰等技术获得了高瘦肉率梅山猪、抗三种重大疫病猪等一批高瘦肉率、高繁殖率和抗病生物育种材料，获取了动脉粥样硬化模型巴马小型猪和 2 型糖尿病模型巴马猪等医用工程猪。

生物农药领域。全球生物农药的需求量将占农药市场的 60%，缺口巨大。我国生物农药防治覆盖率仅有 10% 左右，远不及发达国家 20%~60% 的水平。我国虽然已经掌握了许多生物农药的关键技术与产品研制的技术路线，拥有众多自主知识产权；生物农药产品剂型已从不稳定向稳定方向发展，由剂型单一向剂型多样化方向发展，由短效向缓释高效性发展。但我国生物农药品种结构还不够合理，生物农药的协同增效、适宜剂型、功能助剂等配套技术成为制约生物农药和生物防治的技术瓶颈。生物农药市场中小企业高度分散，许多公司往往只有一两种产品，不利于生物农药行业的壮大和规模化发展。

生物肥料领域。我国已经建立了庞大的微生物肥料体系，但是与欧美相比，差距明显，主要表现在菌剂与作物品种的匹配技术等瓶颈尚未解决，生物肥料保活材料筛选与保活技术落后，研发产品中菌剂活性较短，不利于储藏和运输等。此外，企业自主研发能力不强、创新能力不足、竞争力差，研究成果主要依赖科研院所，产学研结合不够密切也制约了行业的创新发展。

生物疫苗领域。我国在生物疫苗方面的研究已经取得比较大的突破和进步。一是禽流感疫苗的研究与应用处于国际领先水平。禽流感 DNA 疫苗（H5 亚型，pH5-GD）获得国家一类新兽药证书，这是全球获得批准的首个禽病 DNA 疫苗产品，用于预防 H5 亚型禽流感的 DNA 疫苗。二是水产基因工程活疫苗。截至 2023 年 12 月，国际上只有美国的 2 例淡水鱼类细菌减毒活菌疫苗得到了商业许可。我国研发的大菱鲆鳗弧菌基因工程活疫苗是我国也是国际上首例被行政许可批准的海水鱼类弧菌病基因工程活疫苗。三是猪链球菌病、副猪嗜血杆菌病二联亚单位疫苗。我国研发的该疫苗解决了猪多病原、多血清型共感染的世界性难题，是国际上首个猪链球菌病和副猪嗜血杆菌病基因工程亚单位疫苗。

三、展望与对策

（一）未来几年发展战略需求、重点领域及优先方向

1. 战略需求

发展生物技术是我国实施可持续发展战略的重要手段，将创新驱动发展战略与乡村振兴战略有机结合，以科技创新引领农业农村发展是实现农业强国的重要路径。

确保食物安全。我国是人口大国，食物安全始终关乎社会稳定和国家安全。截至 2022 年，我国粮食产量连续 8 年稳定在 6.5 亿吨以上，实现了"十九连丰"，猪牛羊禽肉

产量为 9227 万吨，达近 10 年最高水平。但满足 14 亿人的吃饭问题仍存在缺口，2022 年，我国粮食和肉类对外依存度分别为 21.4% 和 8.0%。今后，需求仍呈刚性增长，到 2030 年，我国粮食产量必须提高 20% 才能满足需求。但随着城镇化进程的加快导致耕地减少，以及受全球气候变化和国际形势动荡等影响，使我国食物安全存在变数。依靠现代农业生物技术培育高产品种是保障食物有效安全供给的重要任务。

助力农业绿色发展。我国农业生产始终面临资源与生态环境双重压力。病虫害频发，年受害面积 3 亿亩，农药化肥使用量占全球总量的 30%，常年受旱农田 7 亿多亩，农田重金属污染状况堪忧。党的二十大提出要推动绿色发展，牢固树立和践行绿水青山就是金山银山的理念，站在人与自然和谐共生的高度谋划发展。因此，依靠现代农业生物技术研制突破生物农药、生物肥料等绿色投入品，是引领我国农业走上一条产出高效、产品安全、资源节约、环境友好的农业现代化道路，支撑美丽中国建设的重要途径。

支撑国民营养健康。近年来，我国人民生活水平不断提高，营养供给能力显著增强，国民营养健康状况明显改善。但仍面临居民营养不足与过剩并存、营养相关疾病多发、营养健康生活方式尚未普及等问题，成为影响国民健康的重要因素。《中国居民营养与慢性病状况报告（2020 年）》表明，膳食脂肪的供能比持续上升，达到 34.6%；超重肥胖问题不断凸显，成年居民超重率和肥胖率分别为 34.3% 和 16.4%；慢性病患病 / 发病仍呈上升趋势，成年居民高血压患病率为 27.5%、糖尿病患病率为 11.9%、高胆固醇血症患病率为 8.2%。党的二十大提出把保障人民健康放在优先发展的战略位置，坚持预防为主，加强重大慢性病健康管理。因此，依靠现代农业生物技术研制营养专用安全农产品、研制生物疫苗，以满足国民多元化的消费和健康需求，是支撑健康中国建设的重要源头。

增强国家农业竞争力。当前，世界新一轮农业科技革命蓄势待发，前沿生物技术已成为引领现代农业发展的战略性高技术。转基因技术产业化表明，1996—2018 年，转基因技术应用使作物产量增加 8.22 亿吨，农药使用量减少 8.3%，给农民带来经济效益 2249 亿美元，显著提升了现代农业生产水平和农产品国际市场竞争力。我国农业已进入"食物总量难以平衡，食物进口逐渐增长"的新阶段，面临农业生产成本高、创新技术与品种供给不足、竞争力弱、核心技术受限等问题，要使粮食等主要食物进口控制在适度安全的水平，亟需提高我国农业竞争力。另外，生物农药、兽药、肥料与疫苗等前沿合成生物制品在解决农业重大产业问题、提升国家竞争力方面展现出巨大潜力。因此，大力突破前沿生物技术瓶颈对增强国家农业竞争力具有重要意义。

2. 重点领域

加强前沿基础研究，提升技术原始创新能力。当前，新一轮科技革命和产业变革突飞猛进，学科交叉融合不断发展，基础研究转化周期明显缩短，国际科技竞争向基础前沿前移。美国等发达国家在动植物基础研究领域进行了系统性、前瞻性布局，在基础研究领域不断突破，育种基础研究正驱动着品种遗传改良。我国种业基础研究经历了从起步到迅速发展，从跟跑到并跑甚至领跑的发展历程，但整体上发展不均衡，基础研究理论仍相对薄弱，缺乏原始性、前瞻性、引领性理论创新，突出表现为缺乏重大育种价值基因，复杂性状形成的遗传基础与调控网络解析不深入，尚未形成指导育种的理论基础。

突破核心关键技术，抢占产业发展制高点。重大原始性科技创新及其引发的技术革命和进步是产业革命的源头，核心关键技术是生物育种理论向产品转化过程中的"芯片"。近年来，农业发达国家已进入以"生物技术＋人工智能＋大数据"为特征的育种 4.0 时代。转基因技术、基因编辑技术、全基因组选择、合成生物学成为当前国际生物技术育种研究的核心与前沿。国际上正推动育种科学发展为以高维数据收集挖掘为基础、以数据建模预测为指导的智能化育种技术体系，带动种业进入新一轮技术革命。整体上，我国虽然在生物技术育种的部分领域有明显优势，但核心关键技术的原始创新匮乏、应用不足，如基因编辑技术原始创新的专利受控于国外，育种方式以传统育种为主，缺乏工程化高效育种技术体系，前沿生物农药、生物肥料、生物疫苗等生物制品研发技术发展滞后。

开发重大产品并加快应用，增强产业核心竞争力。国际上产品创制的生物化特征日益凸显，生物育种产品升级迭代，已从抗虫和耐除草剂产品转向改善营养品质、提高抗逆性，以及工业、医药需求导向的新一代产品，具有多基因叠加和多性状复合特点的良种成为研发与应用重点。整体上，我国突破性种源培育不足，玉米、大豆、生猪、奶牛、肉牛、极端微生物等种源性能与世界先进水平相比还有较大差距，转基因、基因编辑主粮等产品尚未进入产业化应用，生物农药、生物肥料、生物疫苗、生物制品等前沿应用领域发展滞后，重大生物技术产品培育不足。

3. 优先发展方向

（1）前沿基础研究

农业生物种质资源形成与演化规律。描绘核心种质资源全景多维组学特征，系统研究重要单倍型、结构变异、表观变异在驯化和重大品种培育过程中的演变路径，围绕重要农业生物产量、品质、抗逆、营养高效利用、农用微生物固氮、光能及营养高效等关键性状，解析主要农业生物种质资源多样性分布和演化规律，揭示农业生物基因组选择形成机理。

农业生物重要性状形成的生物学基础。充分利用各种生物种质资源，系统解析动植物抗病虫、抗逆、品质、养分利用和产量等关键性状形成的分子机理，阐明农业生物重要性状形成的生物学基础，构建关键性状及性状间的分子调控网络；针对主要受环境调控的复杂农艺性状，挖掘参与环境互作的调控基因，解析其在不同环境下的作用机制，明确其与环境信号的感知与应答机理，为生物育种和新产品创制提供理论支撑。

农业生物重要性状的优异基因资源设计。挖掘主要农业生物高产、优质、抗病、抗逆、养分高效利用等性状形成的共性调控元件，并阐明共性元件的作用机理；对共性调控元件进行分子设计，并验证不同设计的育种价值和应用策略，创制有重大应用价值的优异新基因资源，满足现代育种技术对优异基因资源的重大需求。加强农业模式微生物表达调控系统研究，加强农业微生物逆境抗性基础研究，加强非豆科生物固氮机制研究，提升农业微生物前沿基础研发水平。

（2）核心关键技术创新

底盘技术创新。研发新型转化辅助载体，完善纳米、超声波、基因枪等物理辅助递送技术，创制易转化受体等新型遗传转化方法，突破不依赖基因型的高效遗传转化底盘技术；利用人工智能技术和合成进化技术设计新 DNA/ 蛋白质序列，指导动植物的基因编辑育种和合成生物学；研发动植物表型鉴定关键共性技术与方法，构建多尺度、多生境、多维度的动植物资源高通量鉴定和高效评估方法。开展生物固氮、生物抗逆、生物强化、生物降解与生物转化等重要元器件、基因线路和人工系统研究。

生物育种技术创新。研发具有我国自主知识产权的新型基因组编辑工具，系统建立基于基因编辑新技术赋能与迭代的动植物生物育种技术体系，夯实基因编辑前沿技术生物育种技术核心竞争力；研发合成生物学等技术，突破生物农药、生物肥料、生物疫苗等生物制品研发技术，为下一代生物育种核心技术奠定坚实的技术基础；建立动植物干细胞生物育种技术体系，为大型农业动物克隆、植物干细胞再生驱动的育种应用提供成熟技术方案。

智能设计技术创新。建立以全景组学和时空组学信息为特征的动植物生物育种大数据，结合育种模拟和运筹优化辅助制定生物育种杂交选择方案；借助人工智能技术的迁移和强化学习等建立在多年多点时空数据下的表型预测模型，实现深度学习在基因组预测中的应用；在生物技术和人工智能的驱动下，将物联网与智能设施和作物管理集成，实现数据分享和开源育种，开发更多用户友好型软件，为工程化、规模化生产服务提供支撑。

（3）重大生物产品开发与应用

动植物生物育种体系开发与产业化。集成基因组编辑、全基因组选择、智能设计、染色体工程、细胞工程、干细胞、倍性育种等前沿育种技术，与大数据、人工智能技术交叉融合，构建高效化、工程化的主要农作物、农业动物和农业微生物育种技术体系。综合利用优异基因融合、基因精准修饰等手段，创制新型育种材料，培育推广优质高产、资源高效、抗逆环保、功能专用，以及适宜机械化、轻简化生产模式的农业生物新品种（系），加强新品种繁育技术研究与应用。

生物新品种培育与产业化。针对抗病、抗虫、抗除草剂、抗逆、优质功能型等重要性状，创制有育种利用价值的动植物新材料；重点培育抗虫耐除草剂玉米、耐除草剂大豆、复合抗虫水稻、抗旱节水小麦等转基因农作物新品种，培育节粮型优质健康猪、高产优质抗病牛、抗乳腺炎羊、优质速生鲤鱼等转基因动物新品种（系）；开展转基因新品种生物安全评价，研发配套制种技术和栽培技术，推进中试及产业化。

生物制品研制与产业化。发展具有全新机制的生物农药，研发一批高效、持效、货架期长、有较强竞争力的微生物农药等；研发新型生物肥料，建立农业废弃物资源化、肥料化、饲料化和沼气化新技术和新工艺，形成具有高效合成能力的无细胞级联酶工厂，开发环境友好、绿色高效的生物肥料；强化生物疫苗产品研发，利用生物技术制备基因工程疫苗、合成肽疫苗等生物疫苗；加强新型生物制品研发，创制抗生素替代、盐碱地改良、农业废弃物生物转化等生物制剂，构建蛋白、油脂、蔗糖及其替代糖、植物提取物等农业产品高效合成的细胞工厂。

（二）未来几年发展的战略思路与对策措施

随着全球经济和社会的发展，农业生物技术已成为推动农业现代化、提高农业生产效益和优化农业生态环境的重要技术。我国农业生物技术领域也已取得一定进展，但是还需要制定相应的战略思路和对策措施，进一步加强农业生物技术的研发与应用，以满足我国农业现代化的需求，提升我国农业的国际竞争力。

1. 强化顶层设计，进行系统性战略布局

加快战略布局，推动技术跨越式发展。瞄准国家重大需求，立足未来国际竞争力，坚持"自主创新、重点跨越、支撑发展、引领未来"的方针，系统设计发展的重点领域、人才培养、资金投入、产业化及运行管理机制，以及产业布局等；强化国家在生物育种、生物农药、生物肥料、生物疫苗、生物制品等领域的创新战略布局，将农业生物技术发展纳入国家中长期发展规划；建设农业生物技术创新平台，整合科研资源，提供研发设施和技术支持，加强各方合作，促进科研成果转化和产业化。

加大支持力度，推动各类优势力量集聚。切实加强财政科技资金对农业生物技术创新的基础性、战略性和公益性研究的支持力度，同时鼓励社会资本介入，形成多元化的投资结构。发挥新型举国体制优势，聚焦国家重大战略性农业生物技术创新目标，集聚全国优势创新团队、重大设施平台，重点推进重大原创性前沿技术研究、核心关键技术创新、技术支撑平台建设与推广应用等。通过创新项目组织与实施机制形成一条基础研究－技术创新－产品应用的上下游贯通一体的创新范式，真正推动农业生物技术的落地。

加强多部门联合，形成有集聚效能的组织管理体系。加强部门间的协调和配合，充分发挥行业部门在战略部署上的作用，成立由国内外农业生物技术及其产业相关领域著名专家组成的前沿关键技术创新战略咨询委员会。加强全国农业科技力量的组织凝聚力，按照技术创新总目标细化任务，组织优势力量一体化实施，形成齐心协力、协同攻关的农业生物技术新体系。

2. 整合优势力量，构建新型技术创新体系

促进多方协作，构建新型高效的技术创新体系。我国应加强生物农业技术创新的整体协作，按照农业生物技术类别，设置从上游基础研究到下游技术推广应用的全链条式项目组织形式，形成下游产品推广考核上游基础研究新模式；按照创新链条，选择优势单位承担创新任务，充分发挥高校和科研院所在基础研究与技术创新领域的优势，调动企业在技

术推广应用方面的优势；发挥企业等社会资本的创新效能，与需求企业组成创新联合体，企业配套投入研发资金，创新成果优先转让或许可合作企业，驱动成果产业化前置。

加强基础理论、农业生物技术、重大产品创制。以保障国家粮食安全和种业安全为重大使命，聚焦关键产品，基础前沿理论上要强化"从 0 到 1"的原创基础研究，关键核心技术上要突破前沿生物技术，重大产品创制上要创制种业发展急需的新种质，加强覆盖全产业链的重大产品研发，培育支撑产业应用急需的战略性产品。

充分调动各方的积极性，形成多元化投资结构。以国家投入为主，积极鼓励地方政府和企业参与和投入，逐步建立我国农业生物技术研究和产业化开发的多渠道投资体系；鼓励企业、社会资本等投资农业生物产业，建立农业生物技术产业发展基金、生物技术产业投融资体系，在中小企业板中设立生物产业板块，设立风险投资基金、解决新技术创业和企业成长问题。

3. 促进国际合作，畅通技术引进来与走出去

加强国际合作，推动种业科技合作双向开放。支持我国领军企业和科研机构到海外建立研发机构，着眼于全球市场开展农业生物技术创新；支持国际科研机构、跨国公司等来华设立研发机构，搭建国内外大学、科研机构联合研究平台，吸引全球优秀科技人才来华创新创业；推进我国与主要贸易国签订农业生物技术领域双边及多边合作协议，联合举办国际论坛，共建具有国际水准的第三方技术服务机构和高端智库机构，加强双方在项目资金、人才队伍、信息数据、科技平台等全方位多领域的合作交流。

实施国际大科学计划，提升我国种业创新影响力。以 2020 年科技部启动实施的国际大科学计划培育项目 G2P 为基础，摸索相对成熟的国际合作实施机制，推动农业领域国际大科学计划的组织实施。通过整合国内外优势科研机构，构建生物种业研究国际协作网络，把农业生物技术发展为国际联合创新的重要板块。

立足全球视野，推动自主知识产权成果的国际化。联合领军企业在种植业大国率先推进生物育种、生物农药等产品研究并实现产业化，推动国际化生产与贸易流通，降低国际贸易壁垒带来的风险；启动农业生物技术的知识产权国际化工程，多维度评估生物产业技术成果，持续性推进"核心关键技术专利"在全球布局。

4. 加强能力建设，打造国家战略科技力量

夯实人才队伍，打造攻关能力突出的研发团队。从战略层面系统梳理我国生物育种、生物农药、生物肥料、生物疫苗、生物制品等领域人才结构，培强补弱，加快生物育种基础研究人才、领军人才、急需紧缺特殊人才和青年科技人才的培养，培育国家种业战略人才力量。按生物育种、生物农药、生物肥料、生物疫苗、生物制品等农业生物技术领域全链条进行人才需求布局，探索产业需求导向下创新团队运行新模式，推动团队联合攻关与人才聚合，打造攻关能力突出的新团队。

推动平台建设，提升平台对技术研发的支撑力。按生物育种、生物农药、生物肥料、

生物疫苗、生物制品等农业生物技术领域链条，在提升现有平台对科技创新支撑能力的基础上，统筹规划，重点建设相关重点实验室等前沿性重大科研设施，布局农业生物前沿技术创新中心，推动高通量、智能化、大规模筛选测试平台和性能测定基地建设。

联合企业攻关，强化企业科技创新主体地位。建立龙头企业引领机制，集中资源支持"产学研一体化"优势企业，加快培育一批具有核心研发能力、产业带动能力、国际竞争能力的领军企业，形成优势企业集群；支持企业加快领域优势力量整合，鼓励企业采取行业"揭榜挂帅"、创新联合体、校（院）企深度合作等方式，探索实现以企业为主导，涵盖基因挖掘、技术创新和产品推广的创新应用"一条龙"模式。

参考文献

［1］ BAILEY-SERRES J, PARKER J E, AINSWORTH E A, et al. Genetic strategies for improving crop yields［J］. Nature, 2019, 575: 109-118.

［2］ BEVAN M W, UAUY C, WULFF B B, et al. Genomic innovation for crop improvement［J］. Nature, 2017, 543: 346-354.

［3］ CHEN B, NIU Y, WANG H, et al. Recent advances in CRISPR research［J］. Protein & Cell, 2020, 11(11):6.

［4］ CHEN K, WANG Y, ZHANG R, et al. CRISPR/Cas genome editing and precision plant breeding in agriculture［J］. Annual Review of Plant Biology, 2020, 70:28.01-28.31.

［5］ GAO C. Genome engineering for crop improvement and future agriculture［J］. Cell, 2021, 184: 1621-1635.

［6］ HICKEY L T, A N H, ROBINSON H, et al. Breeding crops to feed 10 billion［J］. Nature Biotechnology, 2019, 37: 744-754.

［7］ HOU D, O'CONNOR D, IGALAVITHANA A D, et al. Metal contamination and bioremediation of agricultural soils for food safety and sustainability［J］. Nature Reviews Earth & Environment, 2020, 1: 366-381.

［8］ JACQUIER N M A, GILLES L M, PYOTT D E, et al. Puzzling out plant reproduction by haploid induction for innovations in plant breeding［J］. Nature Plants, 2020, 6(6):610-619.

［9］ WALLACE J G, RODGERS-MELNICK E, BUCKLER, E S. On the road to breeding 4.0: unraveling the good, the bad, and the boring of crop quantitative genomics［J］. Annual Review of Genetics, 2018, 52: 421-444.

［10］ 崔永祯，杨晓云，李绍祥，等. 转基因技术与基因编辑技术在抗除草剂农作物上的应用［J］. 中国种业，2022（4）：19-22.

［11］ 顾红雅，左建儒，漆小泉，等. 2020年中国植物科学若干领域重要研究进展［J］. 植物学报，2021，56：119-133.

［12］ 孔红铭，赵楠星，陈秋平. 利用合成生物学改善食品营养研究进展［J］. 食品安全导刊，2021（15）：166-168.

［13］ 林春草，陈大伟，戴均贵. 黄酮类化合物合成生物学研究进展［J］. 药学学报，2022，5：57.

［14］ 林风，吴丽云. 微生物健康产品及其产业［J］. 食品与发酵科技，2022，58（4）：113-116.

［15］ 刘德飞，马红武. 植物病害防治相关微生物组研究进展与展望［J］. 生物资源，2020，42（1）：54-60.

［16］ 王璞玥，唐鸿志，吴震州，等. "合成生物学"研究前沿与发展趋势［J］. 中国科学基金，2018,32（5）：7.

［17］温维亮，郭新宇，张颖，等. 作物表型组大数据技术及装备发展研究［J］. 中国工程科学，2023，25（4）：227–238.

［18］杨谦，程伯涛，汤志军，等. 基因组挖掘在天然产物发现中的应用和前景［J］. 合成生物学，2021，2（5）：19.

［19］张洛，王正阳，蒋建东，等. 农业领域合成生物学研究进展分析［J］. 江苏农业学报，2023，39（2）：547–556.

［20］卓富彦，张宏军，刘万才，等. 我国微生物农药在粮食作物上应用回顾及发展建议［J］. 中国生物防治学报，2023，39（4）：747–751.

撰稿人：李新海　谷晓峰　马有志　赖锦盛　李　奎　王海洋　王宝宝

农产品贮运与加工学发展研究

一、引言

（一）学科概况

农产品贮运与加工学科是研究可食性农产品在贮藏、运输和加工过程中所涉及的物理、化学和生物学等特性，以及其加工产品的营养、安全、风味等品质所涉及的科学与技术的学科。根据研究对象，农产品贮运与加工包括粮油贮运与加工、果蔬贮运与加工、畜产品贮运与加工、水产品贮运与加工等方向。

近年来，国家对"三农"问题和食品安全高度重视，农产品贮运与加工学科的发展对实现农业产业化、保障食品安全做出了重要贡献。"乡村振兴""健康中国"等战略实施以来，农产品贮运与加工学科进入快速发展阶段，在国际上形成了重要影响力，创新水平不断提高、人才培养规模与质量不断提升、产业服务能力不断增强，支撑了农产品贮运加工业的快速发展。随着"粮食安全"国家战略和"大食物观"的提出，农产品贮运与加工学科的深度和广度不断拓展，与其他相关学科不断融合，使得其基础科学理论体系进一步完善和深化、新技术新工艺新装备不断创新、工程化水平逐步提升，促进了学科的蓬勃发展。2022 年，我国规模以上农产品加工企业主营业务收入超 19 万亿元，占全国 GDP 的 16%。以农产品贮运与加工学科为重要支撑的食品工业已经成为我国国民经济的支柱产业，位列全球首位，在保障民生、拉动内需、带动相关产业发展、促进社会和谐稳定、服务国民健康等方面做出了巨大贡献。

（二）发展历史回顾

我国农产品贮运与加工学科起源可追溯到 1902 年，当时的中央大学创办了农产与制造学科，隶属于农业化学，距今已有 100 多年。1912 年，吴淞水产专科学校设立了水产制造学科。20 世纪 40 年代，当时的南京大学、复旦大学等 10 多所院校开设了农产品贮运与加工相关的系、科。自 1952 年全国院系调整后，国内农业院校在农学、园艺学及畜牧兽医等学科的基础上开始建立农产品贮运与加工相关专业。1952 年，山东农学院（现山东农业大学）设立农产品贮运与加工专业；1953 年，沈阳农学院（现沈阳农业大学）设立果蔬贮藏加工专业；1958 年，东北农学院（现东北农业大学）设立畜产品加工专业。

20 世纪 80 年代，北京农业大学（现中国农业大学）、北京农业工程大学（现中国农业大学）、南京农业大学、华中农业大学等更多的农业院校纷纷开设农产品贮运与加工相关专业，归属于食品科学系。1990 年颁布的《授予博士、硕士学位和培养研究生的学科、专业目录》中，农学门类的农学学科设置了农产品贮藏加工专业，农业工程学科设置了农产品加工工程专业，畜牧学科设置了动物食品科学专业，水产学科设置了水产品贮藏与加工专业。1997 年，教育部颁布了《授予博士、硕士学位和培养研究生的学科、专业目录》，农产品加工及贮藏工程、水产品加工及贮藏工程、粮食油脂及植物蛋白工程连同食品科学 4 个二级学科被归属于食品科学与工程一级学科（工学门类），推动了农业与轻工、商业等相关学科的大融合。2013 年出版的《学位授予和人才培养一级学科简介》中，食品营养和食品安全成为与农产品加工及贮藏工程等并列的二级学科，反映了我国农产品加工进入了关注营养健康的高质量发展阶段。2021 年修订的二级学科目录中增加了食品与机械学科方向，标志着农产品贮运与加工相关学科向机械化和工程化方向发展。

二、现状与进展

（一）学科发展现状及热点动态

1. 粮油贮运与加工

我国粮食和油料产量均居世界第一位。2022 年，我国粮食产量超过 6.8 亿吨，人均粮食占有量为 483.5 千克，远高于国际粮食安全标准线。其中，谷物、豆类和薯类是我国主要的粮食作物，分别占粮食总产量的 92.24%、3.42% 和 4.34%。2021 年，我国的植物油生产量为 4973.1 万吨，然而，由于国民对植物油的需求量大，高达 6092.5 万吨（2021 年），导致我国植物油对进口油料和成品油的依赖性仍然较大。

粮油贮藏及储粮害虫防治技术日益完善。粮油贮藏技术和储粮害虫防治技术是农业工程学科的重要组成部分，主要涉及粮食、油料等农产品的储存和保护。我国粮油储藏数量、品种、范围在国际上处于领先水平。粮油储藏与检验技术人员根据区域与气候条件，建立了 7 种粮油储藏与检验生态理论体系，对粮油储藏设施和设备的围护结构、粮油仓库配套的粮油储藏和防治技术进行了优化，在一定程度上减少了我国的粮食损耗。在粮油贮藏技术方面，研究的热点包括智能化贮藏系统的构建、防腐剂在粮食贮藏中的应用及高效的温湿度控制技术等。农民使用筒仓袋、储存袋和金属筒仓等可以达到很好的效果。据报道，采用农村家庭储存设施的粮食损失为 7%~13%，而通过科学储存方式造成的损失仅为 0.2%。在储粮害虫防治技术方面，研究动向集中在害虫综合防治技术、抗药性害虫防治技术、智能化防治系统等。近年来，粮油贮藏技术和储粮害虫防治技术的研究领域不断拓展，如利用植物提取物、微生物剂等开展粮油储藏和储粮害虫防治研究。此外，智能化包装能在感知、监控食品状况的基础上，对不同状态或不同成熟度的食品做出"主动"调整，从而提高粮食储存效率。总体来说，粮油贮藏技术和储粮害虫防治技术的发展趋势正向智能化、环保型和高效性的方向发展。

主要粮食作物加工走向现代化。小麦、稻谷、玉米等是我国主要种植的粮食作物，是我国粮食安全的保障。小麦的主要用途是生产面粉。近年来，面粉制品领域迅猛发展，面粉制品种类日渐丰富，应用领域也在持续拓宽，逐渐向"安全、营养、美味、多样"的方向转变。面粉制品加工业主要集中在小麦产区，在普通面粉的基础上，专用面粉、营养强化面粉及高端面粉等新型面粉制品不断涌现。新版《小麦粉》（GB/T 1355—2021）国家标准的实施，为面粉制品的安全提供了更清晰的保障。随着机械设备的更新换代，传统的机电磨坊式加工已被自动化机械生产取代，并且加工技术趋于成熟，已形成自动化生产线。酶制剂技术、超微粉碎技术和酸面团发酵技术等新型加工技术的融入改善了面粉制品的食用品质和营养价值，在面粉制品加工行业取得了新的突破，促进了我国传统面粉制品工业的发展，其中酸面团发酵技术被认为是提高全麦面粉产品质量最有前途的方法之一。数字化时代的发展为面粉制品加工产业带来了新机会，智能化、数字化和信息化的面粉加工技术逐渐投入实际应用，这使得面粉制品生产工业在提高生产效率的同时，大大地降低了人力资源成本，提高了企业的综合实力。

我国是一个农业大国，我国稻谷、玉米加工业一直保持着持续增长的良好态势，并且在粮食再生产中发挥着重要作用。据统计，截至 2021 年，我国稻谷加工量为 15778 万吨，较 2020 年增加 87 万吨，呈逐年上升趋势，并且其加工技术及应用也得到了较好发展。现如今，稻谷加工业的收益逐年递增，加上国家政策对民营企业的扶持，促使我国稻谷产品的结构日益多样化，延长了产业链，提高了产品附加值。玉米加工业是我国农产品加工业的重要组成部分。2022 年，我国玉米加工量达到 7050 万吨左右，同时，产量、库存量和进出口量均呈上升趋势。自国家玉米收购和储存制度改革以来，中国玉米副产品加工业迅速发展，玉米加工产品品类超过 1000 种。

粮油营养成分提取进一步精细化。粮油作物中的营养成分主要为淀粉、油脂和蛋白质。不同作物中的营养成分含量有所区别，如谷类主要含有淀粉，而油料作物主要用来提取油脂和蛋白。一般来说，淀粉的提取与加工可以分为湿法和干法两种。湿法指以水为介质，通过破碎、浸泡、磨浆、筛选、沉淀、洗涤、脱水等步骤，将淀粉从原料中分离出来，并通过干燥、筛分等步骤得到淀粉产品。干法指利用机械力或化学剂，直接从原料中分离出淀粉，并通过干燥、筛分等步骤得到淀粉产品。淀粉提取与加工的目的不只是得到高纯度的淀粉，还有改善或赋予淀粉一些特殊的性质和功能，以适应不同食品的需求。淀粉可以作为增稠剂、胶凝剂、稳定剂、甜味剂等。在食品工业中，可以通过调节其糊化温度、黏度、稳定性、凝胶强度等参数对淀粉进行改性处理。

在油脂提取与加工方面，为克服传统油脂提取方法（溶剂浸出法和机械压榨法等）的诸多弊端，许多新型油脂提取方法如挤压膨化法、水剂法、水酶法和超临界流体萃取法应运而生。新观念和新技术的融入也使植物油脂提取技术突破瓶颈成为可能，微波辅助提取、超声辅助提取、高压辅助提取和脉冲电场辅助提取的成功应用有效提高了提取效率，降低了资源浪费与环境污染。随着人们对食品安全的日益重视，在油脂加工中尽可能地保护营养成分、减少有害因素和降低能源消耗成为油脂加工行业的重要方向。同时，油脂提取副产物也得到了综合利用。

全球植物蛋白市场稳步增长。据统计，2019 年全球植物蛋白市场规模约为 53.22 亿美元，预计到 2025 年将达到 89.46 亿美元，复合增长率为 9.04%。大豆蛋白在植物蛋白中占据主导地位，我国为大豆原产地，在悠久的历史中形成了种类繁多的大豆蛋白产品，因此大豆蛋白食品早已成为我国居民膳食中不可缺少的一部分。随着食品工业的蓬勃发展，传统大豆蛋白产品在制造工艺和设备上得到了完善和创新，以大豆蛋白为主要原料的各种新型植物蛋白产品也推陈出新，促进了植物蛋白质产品生产与加工的多元化发展。植物蛋白肉、植物蛋白奶和植物蛋是新型植物蛋白产品的代表。植物蛋白肉制造已具有相当规模，尤其是高湿挤压产品，深受广大消费者及投资商的喜爱，已成为植物蛋白发展的新风口。在植物基趋势的强劲热潮下，植物蛋白奶市场的发展也十分迅猛，品类日益丰富。除了豆奶、椰奶和杏仁奶等主流产品，还开发了藜麦蛋白奶、核桃蛋白奶和亚麻籽蛋白奶等新型植物蛋白奶产品，为乳糖不耐受人群提供了新的选择。植物蛋在味道与质地方面可与真实鸡蛋媲美，兼具低胆固醇和高蛋白质等优点，受到了企业和消费者的广泛关注，展现了广阔的发展前景。

粮油加工副产品高价值利用逐步深入。粮油在国民生活中处于极其重要的地位，我国是粮油生产大国，粮食年产总量超过 5 亿吨，其中粮油加工副产品（主要包括豆渣、麸皮、碎米、米糠、油料皮壳、饼粕等）年均总产量高达 1 亿吨。对粮油加工副产品的高价值利用既可以避免资源的大量浪费，又可以提高社会和经济效益，是节粮减损的重要措施之一，已成为粮油加工行业亟待解决的重要问题。豆渣、豆粕和大豆乳清是豆制品加工业主要的副产品，是高蛋白、高膳食纤维和低脂肪的优质资源。近年来，结合发酵、浸提和加热等多种处理手段对其有效成分进行了提取和应用。在稻米副产品高价值利用方面，涌现出多种副产品加工设备与技术，如米糠榨油、米胚开发和以米糠为原料制备的高强度环保材料等。此外，粮油副产品含有多种无法直接被人体消化吸收的有益营养成分，这些成分对肠道微生态起到重要作用。从该角度出发，肠道益生菌群导向性食品的研发可以为粮油副产品的价值探索提供新方向，这也有利于各种功能性食品、特殊营养定制食品及药品的研究和发展。

2. 果蔬贮运与加工

我国是世界最大的果蔬生产国，2022 年我国水果产量 3.1 亿吨，蔬菜产量 7.9 亿吨，约居世界首位。2020 年，全国规模以上果蔬茶加工企业 4520 家，完成主营业务收入 5473.2 亿元，实现利润总额 344.8 亿元。近年来，苹果、番茄、柑橘等传统大宗果蔬产业持续发展之余，大蒜、生姜、辣椒、杜果、蓝莓、刺梨等特色果蔬产业规模也迅速扩大。果蔬贮运与加工学科的发展主要体现在以下几个方面。

果蔬产地商品化与冷链保鲜技术逐步发展。作为一种生鲜农产品，果蔬易腐坏的特征使其对贮藏和运输环境要求较高。我国果蔬采后损失率约 25%，而贮藏环节是果蔬产后损失最严重的环节，损失率高达 15%，另外 10% 的损失主要发生在分销环节。按照 2021 年水果和蔬菜的产量估算，仅 2021 年水果损失就有 0.75 亿吨，蔬菜损失有 1.95 亿吨，共计 2.7 亿吨。我国果蔬采后损失率高的一个重要原因是冷链物流技术相对滞后，体系不完善。2015—2021 年，我国冷链物流行业持续高速增长，已超 4500 亿元，到 2025 年，市场规模预计可跃升至约 8970 亿元，完善的冷链物流基础设施是提高果蔬冷链物流质量和效率的保障。生鲜电商、社群团购等新的配送模式不断涌现，顺丰、京东等配送和电商平台不断提高自己的冷链配送能力。然而，由于我国果蔬的采后商品化水平不足，缺乏产地预冷措施，国内销售时大多以原始状态上市，商品分级和包装不完善，给全程冷链造成了阻碍。近年来，果蔬产地商品化、预冷、全程冷链和保鲜技术的研究受到重视。一些大宗果蔬品种已制定采后商品化质量标准和冷链物流保鲜技术规程，如番茄、苹果、柑橘、桃子等，但仍有相当一部分果蔬缺乏相应的采后商品化处理技术。2023 年中央一号文件特别强调"支持家庭农场、农民合作社和中小微企业等发展农产品产地初加工"。产地预冷、低温运输、天然保鲜剂、物理保鲜等技术成为研究的热点。将真空冷却、水冷等技术用于杜果、娃娃菜等果蔬采后处理，可以维持果实细胞壁的完整性，保持采后品质，延长保质期。茉莉酸甲酯、水杨酸甲酯、褪黑素、一氧化氮等天然保鲜剂，以及紫外线、微酸性电解水、低强度白光脉冲、介质阻挡放电等离子体等无残留的物理手段逐渐用于果蔬的采后保鲜，尤其是针对低温冷藏易造成冷害的杜果、香蕉等热带和亚热带果蔬。

果蔬绿色高效新型加工技术层出不穷。近年来，果蔬杀菌、制汁、干燥、冷冻、提取、发酵等加工技术不断创新，由传统的低效率、高能耗、多排放的加工方式向新型高效绿色加工方式转变。微波、欧姆、磁场、超声等新型热加工方式逐步取代传统热加工，应用在果蔬杀菌、提取、干燥等领域。超高压（HPP）、高压二氧化碳（HPCD）、低温等离子体、高压脉冲电场等非热加工技术取得引领性成果，在果蔬原料的杀菌防腐、品质保持、酶活调控、传质提取等方面的应用不断扩展。尤其是超高压非热加工技术，已达到国际领先水平。2022 年，我国首个超高压加工国家标准《超高压食品质量控制通用技术规范》（GB/T 41645—2022）发布，有力支撑了我国超高压非热加工技术的推广应用。传统热风干燥向真空冷冻干燥、微波真空干燥、压差膨化干燥、高压静电场干燥及多技术联用的干燥方式发展,用于果蔬脆片、果蔬粉、脱水果蔬块等产品的生产。传统低温冷冻向液氮冷冻、浸渍冷冻、气流冲击冷冻、物理场辅助冷冻等发展,结合装备创新实现工艺连续化,提高冻结效率。此外,果蔬的发酵技术成为近年来的研究热点,乳酸菌和酵母菌是主要的发酵用菌剂,发酵果蔬中丰富的多酚、多糖、氨基酸等活性化合物及益生菌代谢产物提高了果蔬改善肠道菌群、抗氧化、免疫调节等活性,因此,果蔬发酵的微生物菌种开发、对人体健康的功效机制研究等受到广泛关注。

果蔬活性组分开发和评价方法持续完善。针对果蔬活性组分开发与利用的研究进入新的阶段,全基因组测序、16S rRNA 测序、蛋白组学、靶向 / 非靶向代谢组学等多组学检测成为重要的研究手段,以全面揭示果蔬活性组分的功效机制。花色苷、姜黄素、白藜芦醇等多酚类化合物,柑橘果胶、马铃薯多糖、南瓜多糖等多糖类化合物,以及番茄红素、β-胡萝卜素、叶绿素等色素成分都是研究的热点。这些活性组分在炎症性肠病、大脑认知障碍、糖脂代谢异常等过程中的作用受到了人们关注,其通过肠道菌群调控发挥作用的机制也被一一揭示。此外,全果蔬,如丝瓜、桑葚、枸杞、大麦等的益生功效也被证实,如大麦叶可以通过富集乳酸菌来促进肠道中肌苷的产生,从而激活 PPARγ 信号通路来缓解炎症性肠病。通过 16S rRNA 基因测序技术及对微生物多样性和丰度等的分析揭示了来源于茶、葡萄、蓝莓等植物的多酚类化合物可以通过上调肠道有益菌丰度,增加乙酸、丁酸、丙酸等短链脂肪酸的产生来改善高血脂、高血糖和肥胖等代谢综合征。果蔬多酚还可以通过维持肠道菌群的动态平衡,降低下丘脑 - 垂体 - 肾上腺轴的活性和血清皮质酮水平,发挥神经保护作用。针对果胶的研究进入精细化阶段,低酯果胶、鼠李半乳糖醛酸聚糖 Ⅰ(RG-Ⅰ)型果胶等新型果胶的健康效应受到关注。与高酯果胶相比,低酯果胶可以通过富集乳酸杆菌、双歧杆菌等肠道益生菌预防结肠炎。多分支的 RG-Ⅰ 型果胶能通过提高盲肠中拟杆菌丰度来缓解肥胖,还能促进结肠产生更多的短链脂肪酸,进而通过下调炎症因子水平、减少肠道黏膜损伤、调节氧化应激等多角度协同改善肠道屏障功能。

果蔬副产物综合利用和开发技术不断创新。果蔬加工过程中产生的果皮、果核、果渣、种子等副产物占整个果蔬的 25%~30%。据联合国粮食及农业组织估计,果蔬加工过程中产生的副产物最高可达 60%,高于其他农产品。综合利用与精深加工是减少果蔬原料损失率、提高产品附加值的重要途径。2023 年中央一号文件提出要"深入开展粮食节约行动,推进全链条节约减损""引导大型农业企业发展农产品精深加工"。我国综合利用技术水平相对落后,加工副产物综合利用率平均不到 40%,远低于发达国家的 90%。近年来,针对柑橘皮、番茄皮籽、葡萄皮渣、甘蔗皮渣等副产物综合利用技术的研究增多。果蔬副产物从传统的作为饲料、肥料、燃料利用逐渐转向开发为天然营养素(膳食纤维、多酚类化合物、生物碱、植物甾醇、脂肪酸等)、色素(番茄红素、β-胡萝卜素等)、生物相容性薄膜材料、微胶囊等,应用于食品、化妆品、药品等领域。从柑橘皮中提取的高黏度的果胶多糖可作为增稠剂和胶凝剂，从葡萄皮、苹果渣中提取的多酚类化合物作为抗氧化剂用于预防慢性退行性疾病和心血管疾病，从黑莓残渣、黑枸杞残渣中提取的花色苷可作为天然着色剂，从柠檬籽、玉米芯、甘蔗渣中提取的纤维素纳米晶体可用于制备生物活性薄膜和 3D 打印材料。微波辅助提取、超声辅助提取、亚临界流体萃取、酶辅助提取及超高压辅助提取等绿色提取技术层出不穷，与传统提取方法相比，这些新型提取技术具有溶剂使用量少、提取时间短、提取效率高等优点。

3. 畜产贮运与加工

我国是畜产品生产和消费大国，肉、蛋、奶是居民膳食优质蛋白的重要来源，畜产品贮运加工业是关系国计民生的重要产业。2022 年，我国肉类产量 9227 万吨、禽蛋产量 3456 万吨、原料奶产量 4069 万吨。近年来，畜产品加工业持续发展，生产规模和技术水平不断提升，畜产品贮运与加工学科的发展主要体现在以下几个方面。

肉类品质评价与智能识别取得巨大进步。2021 年中央一号文件提出了"深入推进农业结构调整，推动品种培优、品质提升、品牌打造和标准化生产"要求，《农业农村部办公厅关于印发〈农业生产"三品一标"提升行动实施方案〉的通知》中指出，"十四五"期间农业生产"三品一标"提升行动启用最新概念，即品种培优、品质提升、品牌打造和标准化生产，对肉类品质数字化表征评价与智能化识别提出了新的要求。在学科发展方面，随着肉类产业不断发展和国民消费水平的升级，越来越多的消费者更加关注肉的食用品质和营养品质。肉类食品的评价技术也逐步成为研究热点，评价方法已由主观性较强的感官评价法逐渐发展为智能化、数字化的品质表征识别。我国肉品领域科技工作者也取得了许多可喜的成果，开展肉品时空品质与多维品质数字化表征与特征品质挖掘研究，研建了肉品质表征数据库和数字地图，研发了系列配套的肉品质快速检测与智能识别技术。在具体技术装备进展方面，主要针对肉品在加工仓储物流过程中的时空多维品质变化与特性开展表征、评价、感知、识别研究，其中"表征"的本质是模型，模型需要以"信息"驱动，模型的应用场景是"识别监测"：一是利用多模态识别、感知与网络通信技术，采集肉品品质、典型加工环节、加工因子的多源信息，构建声、光、电、磁多维信息感知网络，开发品质信息集成采集系统；二是利用数字化表征、机器学习及大数据清洗、处理及转换等技术，将采集的多源信息抽象为特定的数据格式，实现多维度、多源数据的数字化表征，构建时空多维信息数据库；三是声、光、电、磁等快速感知技术手段，构建肉类多维时空品质预测模型，研创配套的在线式、移动式、便携式、掌上式等智能化识别系统装备。

肉类智能仓储物流保鲜研究取得突破。肉蛋奶等畜产品是膳食优质蛋白质的重要来源，非洲猪瘟、新冠疫情出现以来，生鲜畜产品"保供稳价安心"的重要性与紧迫性进一步凸显，2020 年中央一号文件提出了"启动农产品仓储保鲜冷链物流设施建设工程"，推动了畜产品仓储物流保鲜理论、技术、装备相关研究。在理论方面，首次提出并确证了与我国饮食习惯和烹饪加工方式相匹配的畜禽肉能量代谢酶控僵直保质新理论，填补了宰后早期畜禽肉品质调控理论空白。发现了畜禽宰后早期（禽宰后 0~2 小时、猪宰后 0~8 小时、牛羊宰后 0~12 小时）生理生化变化决定了生鲜肉最终品质的新规律，揭示了丙酮酸激酶、乳酸脱氢酶、糖原磷酸化酶等能量代谢关键酶通过单一或多种翻译后修饰调控酶活性而调控僵直，进而负向调控肉品质的分子机制；阐明了超快速冷却、冰温处理等环境因子调控能量代谢酶翻译后修饰水平而控僵直保质的新机制，突破了钙蛋白酶促成熟保质理论的局限。在技术方面，研发了超快速冷却控僵直保质的冷鲜肉加工新工艺，阻断了宰后僵直的发生，解决了品质保持难、损耗大的难题；研发了静电场辅助冰温 / 超冰温、冷鲜肉专用高阻隔 / 贴体 / 热收缩 / 活性包装靶向抑菌保鲜技术，破解了生鲜肉易腐败、货架期短的难题；研发了基于 CO_2 单级 / 复叠制冷的多温区冷库成套技术和精准控温智能立体冷库，构建了具有实时远程调控、数据查询与分析功能的智能仓储监控系统，解决了仓储过程损耗大、能耗高、智能化程度低的问题；研发了冷鲜肉品质与环境因子信息智能感知技术，利用近红外无损监测技术同步在线检测 12 个肉品质参数，解决了在线检测监测技术缺乏、监控不精准、智能化程度低的问题；开发了集仓储物流实时状态分析、历史数据查询、制冷系统控制于一体的智能管理系统，实现了仓储物流过程智能管控；针对超高温灭菌乳（UHT）无菌性酶促变质、巴氏杀菌奶保质期短、液态奶品质评价指标体系缺乏等问题，构建了巴氏杀菌乳和 UHT 乳品质评价及质量安全控制体系，通过技术集成与示范，实现了巴氏杀菌乳及 UHT 乳提质增效的目标。

肉类绿色制造与营养安全理念深入人心。近年来，绿色制造、精深加工、梯次利用等新概念、新技术、新进展日益得到社会和产业的认可。《中华人民共和国国民经济和社会发展第十四个五年规划和 2035 年远景目标纲要》明确提出要"深入实施智能制造和绿色制造工程"，"完善绿色制造体系"。肉制品绿色制造指以优质肉类为原料，利用绿色化学原理，对产品进行绿色工艺设计，采用绿色加工技术，生产生态环保绿色产品的方法。产品在加工、包装、贮运、销售过程中，采用绿色节能的加工技术，提升产品营养和质量安全水平，减少资源消耗，降低对环境的不良影响，提高社会效益和经济效益。在加工与保藏技术方面，提出了风味与健康双导向的传统肉制品绿色制造理论，首次系统解析了传统熏烧烤肉制品特征品质与加工危害物形成机制，研发了特征品质增益与危害物消减协同技术，研制了定量熏制、连续烤制等核心装备，研建示范生产线 9 条，特征品质保持 95% 以上，危害物降低 40% 以上，电耗、水耗、污染物排放较传统工艺分别降低了 79%、50%、40% 以上。建立腊肉绿色加工技术体系，干腌与注射腌制结合、高温短时烘烤、抗氧化保鲜等新工艺，提高了生产效率，降低了危害物含量，延长了感官、色泽、氧化稳定性，提高了安全性。研发异源蛋白 – 多糖分子互作调控及专用功能蛋白 – 抗氧化多肽和抗冻多肽的靶向筛选、制备新工艺，延缓肉糜制品氧化、冰晶生长和重结晶造成的营养损失和品质劣变。研发了超声波滚揉嫩化、新式低温钠盐解冻、真空油炸、热固化成型、速冻等技术并进行集成运用，实现了传统酥肉的工业化加工，有效提升了其新鲜程度和货架期，保障了其营养安全性。

肉类高值化全组分利用日益成熟。近年来，骨血脂、头蹄尾、内脏等畜禽屠宰加工副产物的高值化加工、全组分利用一直是国内外研究的难点。在畜禽骨方面，如何采用工程化的技术高效分离提取与柔性联产工业化制备胶原蛋白和骨多糖是近年来国内外研究的热点，我国研究者研发了畜禽骨营养组分"水－热"选择性同步提取技术，实现了骨胶原蛋白肽和硫酸软骨素的高效同步提取；通过成骨细胞增殖实验和骨关节炎大鼠实验，证实了骨胶原蛋白肽和硫酸软骨素对于促成骨细胞增殖和缓解骨关节炎的作用，为功能性骨源食品的开发提供了理论与技术依据。在血液方面，畜禽血液还原态保持、血蛋白质的靶向酶解与活性肽的高效分离提取技术是畜禽血液加工利用的研究热点，近期国内外研究者主要聚焦在蛋白酶的筛选、酶解工艺的优化、生物活性功能挖掘、活性肽高效分离等方面，开发了具有抗菌、抗氧化、降血压、补铁等功能的血蛋白活性肽。在头蹄尾内脏方面，可食性的头、蹄、尾、内脏等畜禽副产物深受国内消费者喜爱，研究主要聚焦在预处理、调制过程中特征品质形成、不良风味的消减和高值化产品研发方面，尤其是工程化、标准化、自动化的风味调制、定量卤制、嫩化等加工关键技术是研发的难点；国内研究者对猪肥肠"脏器味"主要特征成分进行了系统分析，明确了肥肠"脏器味"主要是生猪养殖过程中肠道微生物厌氧降解氨基酸产生的4-甲基苯酚、3-甲基吲哚和吲哚，同时发现去肠油和煮制可显著降低肥肠"脏器味"特征成分含量；系统评估了可食性副产物的消化性，研发了基于超声和高压处理提升副产物消化性的技术，开发了副产物类预制菜肴产品。

乳蛋白的高值化利用水平逐渐提高。牛乳中的 α-乳白蛋白及其水解产物与母乳中 α-乳白蛋白的氨基酸序列高度同源（74%），可用作婴儿配方食品的补充品，提高配方食品中的蛋白质组成及氨基酸水平，使其更大程度地接近母乳水平。β-乳球蛋白是氨基酸的重要来源，也是一些生物活性肽如 β-乳球蛋白源血管紧张素转换酶（ACE）抑制肽、降血压肽、抗菌肽的重要来源。乳铁蛋白作为一种广谱抑菌剂，具有广谱的抗菌活性。大量临床人群干预数据证明，乳铁蛋白的摄入有助于降低婴幼儿、儿童的腹泻发病率。牛乳中的免疫球蛋白主要为 IgG、IgA 和 IgM。其中 IgG 的含量最高，占初乳中总免疫球蛋白的80%以上，是母体向幼崽传递特异性免疫力的主要载体。IgM 在牛乳中的含量较少，与 IgG 相比能够更有效活化补体，调节病原微生物和中和毒素。

蛋品品质控制与功能配料制造取得突破。我国蛋制品加工以低值食品工业原料和通用型辅料为主，在贮运与加工过程中面临远距离运输装备智能化不足、营养物质易散失、质地结构难保持、高值化产品加工精度效率低等问题。近年来，我国在蛋品运输装备智能化、蛋品保鲜及包装新兴材料、蛋品高值化产品精深加工等方面取得突破。开发了蛋品涂膜浸渍保鲜新材料，开发了蛋品生产与清洁加工技术，通过新兴绿色材料包覆、涂膜－包装智能一体化装备等解决蛋品生产及贮运过程中营养成分散失、状态品质不稳定、涂膜生产难度大等问题；突破了蛋品功能配料（多场景应用液蛋配料、功能性蛋粉配料）精准化制造与复合品质提升关键技术，通过技术升级解决了高值产品加工精度及效率亟待提升、现有品类产品加工性能差异化不显著的问题；集成加工过程及品质标准化控制关键技术并进行蛋品配料及基料的产业化示范，通过技术集成与示范解决了蛋品加工过程及品质标准化控制程度亟待增强的问题，有效推动了蛋品由食品工业原料向食品高值配料转型升级、由通用型辅料向适宜不同应用场景的差异化产品转型升级。

4. 水产品贮运与加工

中国是水产品生产大国，2023 年全国水产品总产量为 7116.17 万吨，水产品总产量连续 35 年保持世界第一，水产品人均占有量达 50.48 千克，是世界平均水平的两倍以上，是 1978 年全国人均水平的 10 倍以上。近年来，水产品加工业已成为我国渔业的支柱性产业和新的增长点，水产品贮运与加工学科的发展主要体现在以下几个方面。

水产品贮运与保活保鲜的高效技术日渐完善。水产品的保活保鲜是制约水产业发展的主要瓶颈之一。鲜活水产品在贮运过程中因内外环境因素变化而引起的活体疲劳、应激反应、细胞凋亡及菌群变化都会导致水产品品质劣变。近年来，相关研究以活体水产品疲劳为出发点，重点围绕易逝期开展活品品质评价、肌肉收缩与可视化表征、代谢特征解析和肌肉疲劳消除，阐明活品疲劳的分子机制，建立有效的疲劳恢复措施以延长活品货架期；以生鲜水产品贮运过程中品质变化和微生物菌群为主要指标，利用多学科融合技术手段，研究水产品贮运过程中引起品质变化的内源酶、蛋白质降解产物、脂质降解产物、优势腐败菌代谢产物和微生物群体感应信号分子，建立以靶向控制微生物为基础的水产品保鲜新技术。如采用微酸性电解水流化冰可显著提高冷藏水产品保质期。通过冷驯化、天然植物源诱导休眠剂方式促使各种水产品进入休眠状态，利用温控、气调处理进行无水保活运输，待到达目的地时，以梯度升温"唤醒"方式解除休眠，依靠冷驯化／"唤醒"装备、天然植物源诱导休眠剂产品、智能无水运输车、配送箱、运输盒等装备完成，从而实现水产品无水物流新模式。

水产品绿色加工与质量安全提升关键技术实现突破。水产品在加工过程中面临许多技术性挑战，如特征寡糖提取的难题、海参自溶的控制难题，以及贝类、金枪鱼、鱿鱼、淡水鱼的绿色加工与质量保持问题。借助高通量筛选与制备技术，结合生物学功能评价技术，成功制备了海洋糖类化合物芯片；通过控制温度、时间、pH 等条件，并使用酶抑制剂、金属离子及射线照射等手段，实现对自溶过程的发生、进行和终止的有效控制和双向调节。开发了免疫亲和色谱技术替代传统的液 – 液分配和固相萃取技术，降低了基质中杂质干扰，提高了残留检测方法的灵敏度和准确度；研发了营养免疫新型功能肽和珍珠角蛋白定向制备及改造技术，创建功能肽评价模型，发掘肽类新功能，实现了海洋功能肽定向制备技术的工程化应用；大宗低值蛋白资源的呈味基料制备技术等也不断发展，为水产的安全加工、高效利用和功能性提升提供了强有力的支持。在此基础上，基于3D打印的营养定制型鱼糜加工技术、非热杀菌技术，基于内源酶精准调控的品质提升技术、无创检测与危害因子快速识别技术与消减控制技术，以及基于物联网的水产品质量安全追溯预警技术等，逐渐成为水产品加工领域的研发热点，为我国水产品加工产业的持续发展和技术创新奠定了坚实基础。

水产品功能活性成分研究不断适应健康需求。水产品及其副产物富含多种功能活性成分，近年来，该领域研究主要集中在功能活性因子挖掘、功能活性因子作用机制、功能活性因子构效关系与量效关系、功能活性因子加工过程稳定性维持等方面。在功能活性因子挖掘方面，由于功能活性因子能通过激活某种酶的活性等调节人体机能从而表现出对人体有益的活性功能，作为开发营养功能性水产食品的关键原料，近年来越来越多的研究集中在从已有原料或新原料中发掘新型功能活性因子。如国内学者突破了水产品主要营养功效因子高效提取、高通量筛查、营养功效预测、化学结构表征等关键技术，构建了水产品主要营养功效因子数据库，建立了水产品中功能肽、蛋白、寡糖、脂质、非宏量营养素等营养功能因子的高通量筛选方法 / 平台；发现了水产食品中富含的糖脂质（脑苷脂）在改善老年人常见的骨质疏松症、中老年期高发的代谢综合征等代谢性慢病的预防和膳食干预中的有效性，并通过结构比较研究解析了水产特征性脂质营养功效的构效关系和作用机制；开展了藻类、甲壳类及棘皮动物特征糖类功效因子的筛选工作，解析了褐藻聚糖硫酸及寡糖、葡萄糖醛酸甘露寡糖、海胆葡聚糖、壳寡糖、红藻半乳糖硫酸醋寡糖及酚糖复合物等特征糖类化合物的结构特征，明确了抗炎、神经保护、免疫调节、抗氧化及抗衰老等营养功效作用与构效关系；利用分子自组装、分子包埋等方法建立了营养因子的稳定化、主动靶向能力的营养因子径向载运体系，增强了营养功效因子结构及活性的稳定性，提高了脂溶功效因子的水溶性、生物利用率。

水产加工领域实现自动化与智能化装备的创新突破。我国的水产加工方式总体上以劳动密集型为主，机械化、自动化程度不高，而机械化、自动化、智能化是保证产品质量、提高生产效率的必然趋势。水产品加工按照加工环节可分为保鲜保活、前处理、初加工、精深加工、船载加工、综合利用等。科研人员针对不同水产品类型及不同加工环节，研发出多种新型水产加工装备。如研发了自动鱼肉分离机，实现了鱼肉与骨皮的高效分离；开发了智能冷冻技术，能够实时监控和调整冷冻温度和时间，确保产品的新鲜和口感；创制了高效虾肉剥壳机，能够实现快速、准确的虾壳剥离，大大提升了生产效率；自主设计了国际领先的鱿鱼钓船，突破了鱿鱼船上保鲜与品质改良，以及鱿鱼精深加工、副产物高值化利用关键技术，破解了"甲醛超标"的行业难题，为我国鱿鱼产业的持续健康发展提供了系统的理论和技术支撑。自主设计制造南极磷虾专业捕捞加工船及配套装备，填补了我国南极磷虾专业性捕捞加工船的空白，相关装备入选了2019年农业农村部新装备。

（二）学科重要进展及标志性成果

1. 节粮减损理论技术与装备研究展现成效

节粮减损在粮油的贮藏、运输和加工等环节都能得到体现。中国储备粮管理集团有限公司的兰延坤与吉林大学吴文福等的项目"储粮数字监管方法及库外储粮远程监管系统"获得了 2022 年吉林省科学技术进步奖一等奖，该项目在研究储粮数字监管原理、策略和关键技术，凝练储粮数字动态监管模式的基础上，创新研发和规模化推广应用了储粮数字监管方法及库外储粮远程监管系统，有效降低了库外储粮管控风险、管理费用和粮食损耗，社会效益和经济效益显著。除了在储粮环节减少环境变化导致的粮食变质问题和病虫害入侵问题，不断推进粮食作物的精深加工和高值化利用也是节粮减损的一项重要举措。东北农业大学的江连洲和隋晓楠团队长期以来致力于研究大豆精深加工关键技术的创新与应用，获得了 2020 年黑龙江省自然科学奖一等奖等奖项，开展了大量大豆食品加工理论与技术方面的科研攻关研究，且多项研究成果经认定达到国际领先水平，得到了广泛推广和应用，取得了显著社会和经济效益，为我国大豆产业的发展做出了突出贡献。此外，合肥工业大学李兴江的"大豆多层次精深加工关键技术研究与应用"获得了 2022 年安徽省科学技术奖专业（学科）科技进步奖，为大豆精深加工技术研究展示了新的策略。河南工业大学王晓曦团队获得了 2021 年河南省科技成果奖一等奖，其成果"小麦产后加工及副产物高值化关键技术及应用"有效解决了新收获小麦储存困难、加工过程营养素向副产品流失多、增值转化利用率低等问题。

2. 生鲜农产品仓储物流逐步发展

近几年，我国农产品仓储物流保鲜产业取得了长足进步，规模化、自动化和信息化程度明显提升。总体上正从"静态保鲜"向"动态保鲜"转变。当前，世界正迎来新一轮科技革命和产业变革，生物、信息、新材料、人工智能等新兴技术交叉融合，不断突破常规技术瓶颈，驱动生鲜农产品仓储物流科技发展。同时，在用工日益紧张、环境能源条件日益严峻等因素驱动下，精准化、绿色化和智能化成为生鲜农产品仓储物流产业发展的新趋势并取得了重要进展。中国农业科学院农产品加工研究所张德权团队聚焦冷鲜肉保质保鲜理论创新、保质保鲜与仓储物流技术及装备研发，构建了冷鲜肉仓储物流保鲜技术体系，提出并确证了能量代谢酶控僵直保质新理论，丰富了传统钙蛋白酶理论；研发了超快速冷却和低压静电场辅助冰温控僵直保质、高阻隔包装靶向抑菌保鲜新技术，研制了 CO_2 数字立体冷库、冷鲜肉多品质便携式近红外检测仪、"云智冷"物联网监控平台，研发了低温等离子体冷杀菌保鲜及冷链物流消杀关键技术及装备。冷鲜肉货架期最长可达 120 天，仓储物流过程损耗由 8% 以上降至 3% 以下，整体节能 30% 以上，实现了冷鲜肉精准保质保鲜，相关成果"生鲜肉精准保鲜数字物流关键技术及产业化"获得了 2021 年神农中华农业科技奖一等奖。浙江省农业科学院食品科学研究所郜海燕牵头完成的"特色浆果高品质保鲜与加工关键技术及产业化"项目，揭示了浆果采后加工品质劣变机理，创建了浆果物流保鲜标准化共性技术及加工制品品质保持核心技术，研发了配套材料、产地处理装备并成功实现产业化应用，获得了 2020 年国家科学技术进步奖二等奖。

3. 新型植物基食品实现技术突破与产业化

近年来，随着消费水平的提高，人们更关注食品的安全、营养和功能性。植物基食品以其疾病预防、健康和环保的优势迅速火热，而其中植物基肉制品（植物肉）是最具前景的板块。预计到 2025 年，全球植物肉市场价值将达 280 亿美元，而到 2029 年，价值将飙升至 1400 亿美元。同样，在这一重要领域，相关学科也有着重要发展和突破性的标志性成果。东北农业大学江连洲和隋晓楠团队成果入选了 2022 中国食品科技十大进展，其成果"大豆蛋白质柔性化加工理论创新与应用"实现了大豆蛋白质柔性化加工理论创新与关键技术突破，解决了产品功能导向设计缺乏理论指导难题，引领食品蛋白质加工行业技术升级并成功将研究结果投入生产，取得了重大经济效益。该团队走在植物肉产业化一线，将自身研发的植物肉产品推向多家企业，并在这一领域发表多篇高水平论文。江南大学未来食品科学中心陈坚院士团队完成的"整块植物蛋白肉制备关键技术"通过了中国轻工业联合会组织的成果鉴定。该技术建立了大豆分离蛋白热凝胶能力提升体系，研发了植物基多糖和蛋白热不可逆凝胶提升技术，开发了基于大豆油体的植物基模拟脂肪，发明了基于缓释酸包裹去除魔芋胶碱溶导致碱味的方法，优化了整块植物蛋白肉制备的工艺流程，实现了整块植物蛋白肉的工业化生产。陈坚院士团队完成的"优质植物蛋白肉制造关键技术与装备"项目已通过中国轻工业联合会组织的成果鉴定。该项目以优质植物蛋白肉专用大豆分离蛋白、热不可逆凝胶、动物脂肪模拟物和耐高温谷氨酰胺转氨酶等制备与应用为突破点，实现了优质植物蛋白肉的工业化生产；中国农业科学院农产品加工研究所王强团队在食品领域国际高水平期刊发表了多篇关于植物肉的文章，阐述了植物蛋白高水分挤压技术在植物基肉制品研究中的关键作用，以及其未来发展方向。南京农业大学的国家食用菌产业技术体系加工研究室利用香菇、平菇等食用菌复合豆类、谷物等开发出了风味独特的植物肉产品。

4. 细胞培养肉实现百升级试生产

细胞培养肉技术通过在无菌实验室或工厂大规模体外培养动物细胞和组织而生产新型肉类食品，符合可持续发展、低碳农业和"大食物观"的总体战略目标。作为融合了细胞生物学、组织工程和食品工程先进技术的新兴产业，细胞培养肉近年来在基础理论和关键技术攻关上不断取得突破，生产规模逐渐扩大，生产成本大幅降低。在国际上，细胞培养肉已经成功通过新加坡食品安全署的监管审批和美国食品药品监督管理局的关键安全批准，被批准在新加坡和美国售卖。我国细胞培养肉行业迅速发展，继南京农业大学周光宏团队研发出中国第一块细胞培养肉，国内学者在种子细胞库建立、低成本培养基研制、大规模培养工艺、食品化加工技术等规模化生产核心技术上不断取得突破，推动了细胞培养肉行业迅速发展。3D生物打印、静电纺丝和片层堆叠等技术用于细胞培养肉三维结构重塑,新加坡国立大学苏州研究院以廉价易得的谷物醇溶蛋白为原料,利用电流体动力制造出完全可食用的培养肉纤维支架。浙江大学通过干细胞分离、工厂化培养与组织化构建技术突破了细胞培养大黄鱼组织仿真鱼排关键技术。2022年11月,细胞培养肉科技公司周子未来实现了国内首次细胞培养肉种子细胞在百升级生物反应器中试生产,是中国细胞培养肉产业化的里程碑事件,加速了细胞培养肉"走"上餐桌的进程。

5. 传统食品工业化、标准化水平不断提升

传统食品指生产历史悠久、采用传统工艺生产且反映地方文化和特色的食品。近年来,我国对中餐主食的机械化加工工艺不断优化,实现了对传统主食制作技法与风味的高度还原。如天津狗不理食品将智能加工技术应用在整个工艺过程中,研究开发了包馅机、十八褶捏花机械手装置、包子成型机自动化梳理线、排盘机等设备,提高了包子的制作效率,智能化控制馅料比、面皮均匀度、调节包子的成褶数量和形状,其产品与人工包制的包子在外观、味道上有极高的相似度。在中餐菜肴工业化方面,国内科研力量通过开展中式菜肴工艺挖掘、整理、保护、传承和创新,创立了工业化菜肴风味与营养品质双保障理论,实现了风味增益与品质保真。突破原料精准配伍、新型靶向减菌、智能烹调、工业化数字转换、风味发育与保持、高效复热等关键技术,创制保鲜解冻、高效腌制、过热蒸汽焗制、定量卤制、绿色烤制、连续炒制等工程化装备,组装集成配套生产线,构建工业化加工技术体系,开发了新型中式酱卤肉制品、4R(即食、即热、即烹、即配)、3S(特殊场景、特殊人群、特殊医学用途)等工业化菜肴食品,建立了全程质量安全控制和标准体系,制定了相关行业、团体等标准规程,有力地推动了传统食品工业化和标准化进程。

6. 功能性食品配料制备与合成技术取得进展

近年来,为了提升全民健康水平,促进产业健康发展,国家陆续出台《"健康中国2030"规划纲要》《关于促进食品工业健康发展的指导意见》《国民营养计划(2017—2030年)》《健康中国行动(2019—2030年)》等文件,积极推动研究开发功能性蛋白、功能性膳食纤维、功能性糖原、功能性油脂、益生菌类、生物活性肽等功能性食品,引导居民形成科学的膳食习惯。功能性食品配料指在食品中添加的具有特定功能和健康效益的成分。经过多年深入研究,实现了非可消化多糖、植物多酚、虾青素、食品酶、蛋白肽等功能性配料的制造和功能解析。柑橘果胶、番茄红素、蓝莓花色苷等植物基功能性配料生产技术实现突破和产业化。此外,利用生物技术开发新型食品和功能性配料有所突破,与传统的提取技术相比,具有更高效、更清洁、杂质更少的优势。如江南大学以枯草芽孢杆菌和酿酒酵母为底盘,通过合成生物学技术创制微生物细胞工厂,通过流程重构、单元替代、过程强化3种路径,实现了多种食品原料包括母乳寡糖、脂溶性维生素、乳铁蛋白多层食品配料的高效生产;三元生物攻克了菌种选育、配方优化、发酵控制、结晶提取等环节的工艺难题,实现了赤藓糖醇的规模工业化生产。国内多家单位成功实现了在细菌、酵母、微藻和烟草中生物合成虾青素，为虾青素的生产和应用打开了新的大门，也为开发更多与虾青素相关的产品奠定了基础。

7. 食品杀菌与灌装关键装备实现国产化

近年来，我国的杀菌和灌装装备逐步实现从手动到自动、从间歇型向连续型的方向转变。浙江大学刘东红团队突破了食品连续高温杀菌过程中从低压到高压动态连续输送密封难题，研发了多舱程序式升温、自适应累积控制、热氧化协同杀菌等装备技术，建成了拥有自主知识产权的通用型连续高温杀菌和无菌灌装生产线，打破了我国杀菌灌装装备长期依赖进口的状况，成果"食品杀菌与灌装高性能设备关键技术及应用"获得了2020年国家技术发明奖二等奖。中国农业大学廖小军团队创新了第二代超高压非热杀菌加工技术，突破了温压结合、超高压+CO_2、超高压+Nisin等关键技术，成果"果蔬高压非热加工关键技术及应用"获得了高等学校科学研究优秀成果奖技术发明奖一等奖。"十三五"以来，国产超高压装备的加工处理能力明显提升，不断向大容量、连续化和智能化方向发展，间歇式超高压装备的最大高压舱容量已达到600升，且实现了商业化生产。截至2022年年底，国产超高压生产线已超过40条。

（三）本学科与国外同类学科比较

1. 粮油贮运与加工

随着我国自主创新能力的显著提升，粮油学科的研究成果不断取得突破，在国际上也占据了一定的地位。但是与发达国家相比，我国还面临着科研资金投入不足、基础性研究较为薄弱、应用水平有待提高、技术设备缺乏自主创新性及国际竞争力弱等问题。国家要加大对粮油学科研发的资金投入，借鉴国外经验，提高自主创新能力，以科技创新推动产业转型升级。我国的粮油加工产业也要审时度势，加强与高校的产学研合作，使研究成果落地，推动产品价值化、商业化。

粮油贮运加工技术设备的更新换代迫切需要学科科学研发。与美国、加拿大、澳大利亚等发达国家相比，我国粮油加工学科在生产高效、产品创新和质量提高方面的整体水平相对落后，食品加工设备的自动化、规模化程度相对较低，在烘焙面制食品技术及工艺上还大量依赖国外。在粮食储存方面，国外一般采用先进的储存技术，如密封、空气净化、温湿度控制等，并采用有效的害虫防治措施，如使用毒剂、防虫网、防虫膜等。而我国大部分地区还是将粮食储存在农户自家粮仓中，由于设施简陋、烘干能力不足、缺少技术指导等原因导致的粮食损失较为严重。尽管通过实施"粮安工程"和"科学储粮仓"等措施，粮食仓储环节损失明显降低，但控制粮食产后减损依然任重道远。此外，我国对粮油副产物的加工利用率也远低于发达国家，例如油料副产物含有丰富的蛋白质、氨基酸等功能性成分，我国对其加工综合利用率只有40%，而发达国家达到90%。我国在相关技术创新方面尚未形成体系，关键设备技术依赖进口，且新技术推广时间周期较长，粮油加工设施稳定性等要求低于世界先进水平，国际竞争力较弱。

粮油加工应用领域的多维拓展迫切需要学科思维发散。以谷物蛋白为例，我国深加工大米的产品品种较少，为配合社会发展，我国的稻谷精深加工产业应摆脱过去的品种传统化、单一化，逐步向多样化、创新化、功能化等方向发展。未来，除了开发新型玉米食品，还可以加大对玉米精深加工的研究，提高玉米原料的利用率，实现清洁生产。众所周知，谷物多数都存在口感不好的问题，因此需要加大对谷物食品中的成分及其相互作用的研究，以改善谷物食品的风味和功能特性。

粮油加工产业的转型升级迫切需要学科技术支持。大部分国内科研人员多为公共营养学背景，他们专注于粮油的基础研究，脱离了与粮油加工行业的联系。如在油脂加工方面，大多数国外研究是由各领域专家和油脂加工企业合作进行的，这样可以进行更有针对性的实验，使科技成果与实际应用紧密结合。此外，国内油脂加工行业产品结构统一，主要是油脂和饼粕。大多数国外粮油加工企业都建立了完整的产业链，以提高其竞争力，同时新原料和新技术的应用与国内粮油加工业相比较为成熟。因此，应充分借鉴西方粮油工业化的成功经验，开发适用于中国粮油产品生产的食品机械设备，提高自主研发水平，缩小与发达国家之间的差距，推动粮油的生产向机械化、工业化方向发展，增强粮油产业的综合竞争力。

2. 果蔬贮运与加工

当前，由于我国支撑果蔬贮运与加工学科发展的科技研发投入强度不足，学科的科学基础性研究相对薄弱，少数产业关键技术和装备达到国际领先水平，多数核心技术尚处于"跟跑"和"并跑"阶段，与世界第一果蔬种植生产大国的地位尚不匹配。

我国冷链物流体系尚不完善，技术落后、设施陈旧、管理不善、地区分布不均等问题导致我国果蔬冷链运输率仅为15%，且断链比例高达67%，腐损率约为15%，而日本、美国、加拿大的果蔬冷链流通率在85%以上，平均损耗率仅有5%，我国人均冷藏车拥有量和人均冷库容量远低于日本、美国等发达国家，这影响了果蔬贮运和规模化加工能力的提升。

非热加工技术可以有效解决传统"热加工"破坏果蔬营养成分、色泽、风味等问题。我国果蔬非热加工技术的研究起步较晚，但发展较快，相关研究成果与世界一流研究单位保持同步或领先水平，尤其在超高压加工方面，创新研发了第一代（单独超高压）和第二代（超高压＋）技术装备，在果蔬加工品质提升方面形成了一批具有自主知识产权、处于世界领先地位的核心技术，并于2022年发布了我国首个超高压加工国家标准《超高压食品质量控制通用技术规范》（GB/T 41645—2022），有力支撑了超高压技术的推广应用。与 Hiperbaric 等国际超高压装备领跑机构相比，我国无包装流体超高压装备的生产能力、连续性、稳定性等方面还存在一定差距。

我国果蔬副产物的综合利用率较发达国家低，虽然近年来从果蔬副产物中提取果胶、色素、抗氧化物等高附加值产品的研究较多，但多数集中在活性成分对人体健康的作用机制和实验室水平的制备技术，多数技术创新仍然面临无法产业化的难题。欧美等发达国家通过生物、化学和物理转化等方式开发食品添加剂、功能性食品、药品和生物质能源等产品，消费者接受度和技术成熟度都相对较高。在果蔬精深加工方面，我国水果加工率约为23%，蔬菜加工率约为13%，而发达国家果蔬加工率超过50%。我国果蔬加工产品仍集中在果汁、罐头、果脯等传统领域，功能属性和附加值不高，市场竞争力不强，亟需通过技术创新促进产业的转型升级。

3. 畜产品贮运与加工

在品质评价与智能识别方面，发达国家肉类品质评价技术已进入工业4.0阶段，在实现自动化的基础上，布局研发基于智能传感、物联网等技术的智能化评价识别技术与装备。与发达国家相比，我国肉品科技工作者基于中国人肉类饮食习惯和烹饪加工方式，构建了自主的肉类品质评价与智能识别技术装备体系，部分技术居世界领先水平。但在一些尖端前沿技术装备的研发、创制上，我国与发达国家还有一定差距。

在智能仓储物流保鲜方面，我国取得了巨大进步，但一些发达国家依然牢牢掌握智能仓储系统最先进技术，引领智能仓储物流保鲜领域发展。美国打造了生鲜冷链流通体系，实现了追溯系统和冷链配送的全覆盖。日本自动化仓库每年建造约250座，是世界上拥有自动仓储系统最多的国家之一。发达国家生鲜畜产品的冷藏运输率已达到90%，我国与发达国家之间仍有一定差距。因此我国畜产品仓储物流保鲜技术还有很大提升空间。

绿色制造与营养安全一直是世界食品研究的热点领域。在产品品质形成与保持机理，热加工过程的传质传热规律、过热蒸汽加热与控制，采用多组学、人工智能等方法揭示产品品质、食物嗜好性和营养健康之间的关系等方面进步明显。对于我国特有的畜产品贮运与加工，如菜肴制品，没有现成的国外技术装备可以引进，只有进行自主创新、集成创新才能突破工业化的技术瓶颈。国内虽然已在原料筛选、工艺优化、烹饪调理等方面开展了大量研究工作，但在数字化、工程化和智能化加工技术装备，个性化营养，新型安全因子控制研究等方面还存在较大差距。

在高值化全组分利用方面，我国对副产物加工利用的意识领先于国外，尤其是将副产物用于肉制品、调味品加工技术的研发处于国际领先水平。日本、欧美等发达国家在硫酸软骨素、血红素、肝素钠等活性物质提取方面一直处于领先地位。近年来，国内科研工作者先后突破了硫酸软骨素、骨多糖、血红素等活性物质高效提取分离技术，创制了工程化装备，缩小了与发达国家之间的差距。

4. 水产品贮运与加工

我国的水产品贮运与加工研究起步较晚，但随着水产养殖业的快速发展，该学科逐渐受到了重视。然而与发达国家相比，国内对水产品贮运与加工业的科技支撑能力仍不足。主要表现在以下几个方面。在基础研究方面，水产原料基础认识重视程度不够，水产品来源酶类特性机制研究深度不够，水产食品精深加工理论基础研究不足。在关键技术突破方面，我国水产品加工精深程度不足，加工对产品的增值幅度小；综合利用率低，副产物高值化产品少。在加工装备方面，与发达国家相比，我国海洋食品加工装备在创新能力、制造水平及智能化和规模化等方面存在较大差距，如规模化前处理装备严重不足、冷链物流装备能耗高、智能化装备水平不高等。

发达国家更注重水产品贮运与加工全产业链的体系构建，无论从全产业链构建、加工装备升级或质量安全控制方面都获得了长足的进步，如三文鱼、鱼糜、鱼粉和鱼油产业已是实践全产业链理念的典范。三文鱼作为海洋鱼类的典型代表，挪威三文鱼产业是全球最成功的海洋食品产业发展案例；鱼糜原料以海洋鱼类为主，日本新型鱼糜生产设备如连续漂洗机、精滤机、脱水机的使用提高了鱼糜生产效率与产量；鱼粉、鱼油的市场需求量不断上升，秘鲁和智利是世界上主要的鱼粉、鱼油生产国和出口国。因此，水产品贮运与加工研究在全球范围内都备受关注，不同国家和地区的研究重点和方向各不相同，但目标都是提高水产品的品质，支持可持续发展，保障粮食安全。

三、展望与对策

（一）未来几年发展的战略需求、重点领域及优先发展方向

1. 战略需求

（1）节粮减损，保障农产品的多元有效供给

粮食安全是"国之大者"。习近平总书记强调，"中国人的饭碗任何时候都要牢牢端在自己手中，饭碗主要装中国粮"。我国粮食供求长期呈现紧平衡状态，增产空间有限，对未来粮食的安全有效供给提出了挑战。一方面，我国因贮运加工能力不足、科技水平落后等导致的农产品的产后损失严重，粮食、果蔬、畜水产的损失率分别高达 13%、25% 和 8%，每年损失总量约 3.6 亿吨，造成了严重的资源浪费。因此，减少农产品产后损失是增加粮食供给的重要途径。另一方面，构建多元化的食物供给已成为未来几年的战略需求。习近平总书记指出，"在确保粮食供给的同时，保障肉类、蔬菜、水果、水产品等各类食物有效供给，缺了哪样也不行"，《中共中央　国务院关于做好 2023 年全面推进乡村振兴重点工作的意见》提出要"树立大食物观，加快构建粮经饲统筹、农林牧渔结合、植物动物微生物并举的多元化食物供给体系"。如何充分利用江河湖海、森林草原等自然资源，开辟不与主粮争地的可食用资源，保障国民对"大食物"的需求，也是亟需解决的战略问题。

（2）提质增效，提高农产品加工转化利用率

2022 年，我国农产品加工总体转化率为 72%，比发达国家低 14%，副产物综合利用率平均不到 40%，低于发达国家的 90%。农产品加工增值效益低，二、三产业规模小，体

系不健全，制约了农产品加工业的高质量发展。国务院《"十四五"推进农业农村现代化规划》中提出到 2025 年农产品加工业与农业总产值比达到 2.8 的目标。《中共中央 国务院关于做好 2023 年全面推进乡村振兴重点工作的意见》提出要"实施农产品加工业提升行动，支持家庭农场、农民合作社和中小微企业等发展农产品产地初加工，引导大型农业企业发展农产品精深加工"，标志着农产品贮运加工进入多元化、多层次、高质量的发展阶段。在新的发展阶段，亟需农产品贮运加工的理论和技术创新带动产业的转型升级，实现提质增效。

（3）营养健康，满足人民对美好生活的向往

我国饮食结构问题导致的心血管疾病和癌症死亡率都位居世界第一，随着消费者健康意识的觉醒，国民对食物数量和安全的基础需要逐渐转向对营养健康的高层次需求。我国《"健康中国 2030"规划纲要》和《国民营养计划（2017—2030 年）》分别提出"深入开展食物（农产品、食品）营养功能评价研究"和"加快食品加工营养化转型"，启示从农产品原料向食品的加工转化需更加关注农产品营养成分与品质的变化及其改善人类健康的效应。

2. 重点领域和优先发展方向

（1）加强生鲜农产品冷链物流和粮食仓储技术体系建设

加快果蔬、畜水产等生鲜农产品的冷链物流体系建设，提高农产品跨季节、跨区域供应能力，减少产后损失。统筹规划东中西部、南北方和城乡间冷链物流基础设施分布，健全冷链物流全链条监管制度。发展产地预冷、冷藏和配套分拣加工技术和设施，稳步提高冷库、冷藏车总量，聚焦产地"最先一公里"和城市"最后一公里"，补齐两端冷链物流设施短板，减少断链问题。建立集约化、规模化、智能化运作的冷链物流枢纽设施，加快与现代物流运行体系融合；充分利用物联网、5G、云计算、大数据等新一代信息技术，加快设施装备的数字化转型和智慧化升级，提高信息实时采集、动态监测效率，实现冷链物流全链条温度可控、过程可视、源头可溯，提升仓储、运输、配送等环节一体化运作和精准管控能力。建立冷链物流标准体系，加大复合型冷链物流专业人才培养力度，壮大多层次冷链物流人才队伍。

加强绿色储粮技术的研发，推行内环流低温储粮技术；加强粮油贮运减损基础理论与共性关键技术攻克，实现安全耐储粮油精准制造；完善覆盖粮油产后全过程的害虫综合防治体系，并涉及各环节害虫监测预警及杀虫效果评价；改善粮仓的仓储性能，加强精准控温设备硬件建设；加强粮油智能技术集成，实时监测粮情；加大"科技粮仓"的投资力度。在害虫防治方面，针对已大量发生的虫害，使用化学熏蒸药剂时要减量增效，积极采用非化学防治技术，延缓害虫抗药性的发展。

（2）加快农产品梯次合理加工技术与装备创新

深入挖掘不同的农产品原料特性，建立合理加工理念，分别采用"最少加工""适度

加工""深度加工""综合利用"的加工方式，关注加工过程品质变化，避免过度加工带来的原料损失和品质降低，提高农产品加工转化利用率。利用组学、光谱学等手段，分析品种、产地等对农产品原料品质和加工特性的影响规律，构建农产品原料数据库，精准对接后续加工。采用最少加工方式，最大程度保持果蔬、牛乳等生鲜农产品的营养和感官品质，打造清洁标签。确立合理的小麦、稻谷等粮食加工精度，减少消费者对精白米面的依赖，推动全谷物食品开发。加快农产品副产物中果胶、色素、活性蛋白等高附加值成分的分离提取技术和装备创新，延长加工链，实现原料增值。阐明梯次加工过程中传质传热、分子互作、加工危害物消长机制，构建加工过程组分变化与品质调控手段。

发展绿色高效可持续加工技术，替代低效率、高能耗、多排放的传统加工方式，致力于以更短的时间、更低的温度、更少的溶剂、更低的能耗实现农产品杀菌、转化、提取等加工过程的"节能降耗"。继续推动超高压、高压二氧化碳、膜分离、多物理场杀减菌等非热加工技术，发展微波、欧姆、超声、磁场等新型热加工技术，开发纳米组装、挤压剪切、3D打印、细胞工厂等颠覆性重组技术，打破传统加工的局限性。

（3）促进农产品加工的营养化和功能化转型

推动营养导向型农产品加工体系建设。以"大食物观"为指引，深入挖掘各类农产品中的蛋白质、油脂、多酚、多糖等营养素和组分，阐明各类营养组分摄入与人类健康的关系，开展系统的安全性评价和加工适宜性评价。研究原料种类、环境因素、加工方式等对农产品贮运和加工过程中营养组分变化的影响规律，提出农产品贮运条件和加工工艺的营养化改造路径，最大限度降低农产品贮运加工的营养素损耗。充分利用各地名优特新农产品，开发高端果品、肉品、乳品、水产等食品加工基料辅料，研发高品质多元化食品。加大针对老年人、儿童、孕妇、慢性病患者等不同人群的营养补充型、疗养恢复型等健康食品研发，助力大健康产业发展，帮助居民改善膳食结构。

（4）提高农产品贮运加工数字化和智能化水平

加速提升农产品贮存、运输、干燥、杀菌、分离、转化等处理过程和关键装备的数字化和智能化水平，提高农产品加工流的协同生产能力。突破数字化设计与制造，开展智能仓储保鲜、超快速冷却、自动化采收屠宰、数字识别与精准减损、连续化杀菌、无人化烹饪、精准定量填充、智能包装、立体输送等关键技术装备创新，建立标准化处理体系，大幅提高生产效率。开发多维原位感知、机器视觉、无损检测、远程运维等智能检测技术装备，加强对农产品贮运加工过程的实时监测和控制。结合物联网、5G、云计算、大数据等新一代信息技术，利用人工智能、虚拟仿真、设备智联等增强加工技术和装备之间的耦联，促进加工环节的数字化交互，实现复杂加工过程的智能控制，制定全过程物质流、能量流、信息流等优化策略。建立资源共享平台，加强合作与交流，实现智能制造和自动化技术的共享和优化利用。

（二）未来几年发展的战略思路与对策措施

1. 加强顶层设计，全力打造农产品贮运加工战略科技力量

面向粮食安全、乡村振兴、健康中国等国家重大战略需求，推动农产品贮运与加工学科的国家级平台规划和建设。整合我国农产品贮运加工领域的优势研究力量，在重点领域和优先发展方向建立国家实验室、国家工程技术研究中心、国家重大科技基础设施等国家级科研平台。加大科研资金投入，推进基础研究与关键核心技术攻关相互贯通，统筹布局和配置创新平台、重大任务、人才队伍，打造国家战略科技力量，开展有组织科研，突破一批"卡脖子"关键技术，解决制约产业发展的重大科学问题与技术问题。

2. 促进学科交叉，抢占农产品贮运加工前沿技术研发高地

加强农产品贮运加工学科与环境科学与工程、计算机科学与技术、机械工程、生物学等相关学科的交叉融合，培育新的学科增长点，带动理论和技术的创新升级，突破一批农产品贮运加工颠覆性技术，抢占研发战略高地。瞄准国际发展前沿，及时跟踪发达国家和地区在农产品贮运加工领域的最新研究动态和新兴技术，引进和培育具有前沿创新能力的学科带头人和科研中坚力量。

3. 建立应用体系，全面推动农产品贮运加工产业转型升级

构建以市场为导向、企业为主体、高校和科研院所为依托、政府和资金为保障、产学政金研紧密结合的新型农产品贮运加工的技术应用体系，全面推动农产品贮运加工产业结构调整与转型升级。激活科技创新的多元投入机制，引导企业、社会、基金等多元化资金投入科技研发，形成技术与资本互相反哺的良性循环。合理调整产业布局，建立核心技术加持的产业园区，增加规模效应和互补联动，提高产业竞争力。构建积极的成果转化推广机制和完善的科技服务体系，建立科学合理的科技成果评价指标体系与奖励机制，优化创新成果转化路径，鼓励高科技人才创新创业，为产业的可持续发展提供技术和人才保障。

参考文献

［1］ BÁRCENA A, BAHIMA J V, CASAJÚS V, et al. The degradation of chloroplast components during postharvest senescence of broccoli florets is delayed by low-intensity visible light pulses［J/OL］. Postharvest Biology and Technology, 2020, 168. https://doi.org/10.1016/j.postharvbio.2020.111249.

［2］ BOCKER R, SILVA E K. Innovative technologies for manufacturing plant-based non-dairy alternative milk and their impact on nutritional, sensory and safety aspects［J/OL］. Future Foods, 2022, 5. https://doi.org/10.1016/j.fufo.2021.100098.

［3］ CAO J P, WANG C Y, XU S T, et al. The effects of transportation temperature on the decay rate and quality of postharvest Ponkan (Citrus reticulata Blanco) fruit in different storage periods [J]. Scientia Horticulturae, 2019, 247: 42–48.

［4］ DAUD N M, PUTRA N R, JAMALUDIN R, et al. Valorisation of plant seed as natural bioactive compounds by various extraction methods: A review [J]. Trends in Food Science & Technology, 2022, 119: 201–214.

［5］ Food and Agriculture Organization of the United Nations (FAO). Global Food Losses and Food Waste–Extent, Causes and Prevention [EB/OL]. (2011)［2023–4–8］. https://www.fao.org/3/mb060e/mb060e01.pdf.

［6］ GANESH K S, SRIDHAR A, VISHALI S. Utilization of fruit and vegetable waste to produce value–added products: Conventional utilization and emerging opportunities–A review [J/OL]. Chemosphere, 2022, 287. https://doi.org/10.1016/j.chemosphere.2021.132221.

［7］ HEDAYATI S, JAFARI S M, BABAJAFARI S, et al. Different food hydrocolloids and biopolymers as egg replacers: A review of their influences on the batter and cake quality [J/OL]. Food Hydrocolloids, 2022, 128. https://doi.org/10.1016/j.foodhyd.2022.107611.

［8］ JIAO Y, CHEN H D, HAN H, et al. Development and Utilization of Corn Processing by–Products: A Review [J/OL]. Foods, 2022, 11(22). https://doi.org/10.3390/foods11223709.

［9］ KONGWONG P, BOONYAKIAT D, POONLARP P. Extending the shelf life and qualities of baby cos lettuce using commercial precooling systems [J]. Postharvest Biology and Technology, 2019, 150: 60–70.

［10］ KUMAR D, KALITA P. Reducing postharvest losses during storage of grain crops to strengthen food security in developing countries [J/OL]. Foods, 2017, 6(1). https://doi.org/10.3390/foods6010008.

［11］ LI D T, FENG Y, TIAN M L, et al. Gut microbiota–derived inosine from dietary barley leaf supplementation attenuates colitis through PPARγ signaling activation [J/OL]. Microbiome, 2021, 9(1). https://doi.org/10.1186/s40168–021–01028–7.

［12］ LI X J, ZHI H H, LI M, et al. Cooperative effects of slight acidic electrolyzed water combined with calcium sources on tissue calcium content, quality attributes, and bioactive compounds of "Jiancui" jujube [J]. Journal of the Science of Food and Agriculture, 2020, 100(1): 184–192.

［13］ LIU G. Food losses and food waste in China: a first estimate [C]. Paris: OECD Publishing, 2014: 29.

［14］ MA S, WANG Z, GUO X F, et al. Sourdough improves the quality of whole–wheat flour products: Mechanisms and challenges—A review [J/OL]. Food Chemistry, 2021, 360. https://doi.org/10.1016/j.foodchem.2021.130038.

［15］ RODRÍGUEZ GARCÍA S L, RAGHAVAN V. Green extraction techniques from fruit and vegetable waste to obtain bioactive compounds—A review [J]. Critical Reviews in Food Science and Nutrition, 2022, 62(23): 6446–6466.

［16］ SHARMA M, USMANI Z, GUPTA V K, et al. Valorization of fruits and vegetable wastes and by–products to produce natural pigments [J]. Critical Reviews in Biotechnology, 2021, 41(4): 535–563.

［17］ SOLABERRIETA I, MELLINAS C, JIMÉNEZ A, et al. Recovery of Antioxidants from Tomato Seed Industrial Wastes by Microwave–Assisted and Ultrasound–Assisted Extraction [J/OL]. Foods, 2022, 11(19). https://doi.org/10.3390/foods11193068.

［18］ SUI X N, ZHANG T Y, JIANG L Z. Soy Protein: Molecular Structure Revisited and Recent Advances in Processing Technologies [J]. Annual Review of Food Science and Technology, 2021, 12(1): 119–147.

［19］ WU Q Y, FAN L L, TAN H Z, et al. Impact of pectin with various esterification degrees on the profiles of gut microbiota and serum metabolites [J]. Applied Microbiology and Biotechnology, 2022, 106(9–10): 3707–3720.

［20］ ZAINAL B, DING P, ISMAIL I S, et al. Physico–chemical and microstructural characteristics during postharvest storage of hydrocooled rockmelon (Cucumis melo L. reticulatus cv. Glamour) [J]. Postharvest Biology and Technology, 2019, 152: 89–99.

［21］ ZHU K, MAO G Z, WU D M, et al. Highly Branched RG–I Domain Enrichment Is Indispensable for Pectin Mitigating against High–Fat Diet–Induced Obesity [J]. Journal of Agricultural and Food Chemistry, 2020, 68(32):

8688-8701.

［22］白辰雨，王天卉，户昕娜，等. 纤维素纳米化处理技术研究现状［J］. 食品工业科技，2023，44（14）：468-476.

［23］程佳钰，高利，汤晓智. 超微粉碎对苦荞面条品质特性的影响［J］. 食品科学，2021，42（15）：99-105.

［24］国家统计局. 中国统计年鉴—2022［DB/OL］.（2022-9）［2023-4-8］. http://www.stats.gov.cn/sj/ndsj/.

［25］国务院办公厅. 国务院办公厅关于印发"十四五"冷链物流发展规划的通知［EB/OL］.（2021-12-12）［2023-4-8］. http://www.gov.cn/zhengce/content/2021-12/12/content_5660244.htm.

［26］黄晓玲，王永涛，廖小军，等. 超高压和高温短时杀菌对 NFC 橙汁品质的影响［J］. 食品工业科技，2021，42（06）：1-8，14.

［27］江连洲，田甜，朱建宇，等. 植物蛋白加工科技研究进展与展望［J］. 中国食品学报，2022，22（6）：6-20.

［28］江连洲，张鑫，窦薇，等. 植物基肉制品研究进展与未来挑战［J］. 中国食品学报，2020，20（8）：1-10.

［29］兰晓光. 挤压膨化技术在粮油副产品深加工中的应用［J］. 现代食品，2021（12）：112-114.

［30］廖小军，赵婧，饶雷，等. 未来食品：热点领域分析与展望［J］. 食品科学技术学报，2022，40（2）：1-14，44.

［31］刘欣雨，朱瑶，刘雅洁，等. 我国农产品加工业发展现状及对策［J］. 中国农业科技导报，2022，24（10）：6-13.

［32］邰孟雅，袁岐山，杨欣玲，等. 大豆加工副产物资源化利用研究进展［J］. 中国酿造，2023，42（1）：21-26.

撰稿人：廖小军　张德权　隋晓楠　洪　惠　赵　婧　张春江　董一威　王筠钠

ABSTRACTS

Comprehensive Report

Advances in Basic Agronomy

The China Association of Agricultural Science Societies (CAASS) has organized academicians of Chinese Academy of Engineering , experts and scholars from research institutions and universities in China, reviewed the research progress in agronomy in China by disciplines, with the long-term support of the China Association for Science and Technology. The goal is to provide robust support for the high-quality development of agricultural science and predicting future trends. 49 sessions of development research on basic Agronomy have been completed since 2006. 2022–2023 they reviewed six key topics: crop cultivation and farming system, plant protection, agricultural information science, agricultural resources and environment, agricultural biotechnology, and agricultural products storage, transportation, and processing.

1. Latest research progress

(1) Crop cultivation and farming system

Significant progress has been made in exploring high-yield potential, improving water and fertilizer use efficiency, enhancing the synergy between crop yield and quality, constructing precise and intelligent cultivation and farming techniques, optimizing crop layout and configuration, and improving agricultural systems.

- The integration of genomics and proteomics has enabled new insights into cultivation mechanisms, facilitating the exploration of crop high-yield potential.

- New insights into crop-environment-cultivation interactive mechanisms have prompted the innovation in cultivation technologies, fostering high-quality, high-yield, and environmental friendly practices tailored to diverse regional needs.

- The integration of agricultural machinery and agronomy has progressed, with advancements in smart farming technology, to promote the transformation of crop production.

- Multiple-cropping systems that aim to balance productivity enhancement and ecological benefits have been developed, achieving intensive production, promoting the modernization of multiple-cropping systems.

- Climate-resilient and low-carbon farming technologies have been developed to perfect a system for cultivating resilient, high-yield, and environmental friendly cropping.

- Using remote sensing, GIS, model simulation, and expert evaluation, farming system boundaries and regional divisions have been redefined based on big data. This provides a scientific foundation for organizing agricultural industries and adjusting planting structures.

(2) Plant protection

The development of plant protection science has entered a new realm of complexity, and a wealth of high-level original research results have been achieved in recent years through multidisciplinary joint research.

- A system for monitoring, early warning, and sustainable control of fall armyworm has been established effectively, safeguarding China's agricultural biosecurity.

- Exploring, identifying and utilizing multiple disease-resistant and susceptible genes related to main grain crops. This breakthrough has initiated a new phase on prevention and control of pests and diseases.

- Weed harm mechanisms and control techniques have continued to be in-depth, alleviating the severe pressure of herbicide-resistant weeds in China.

- Significant progress has been made in the discovery of molecular targets for original pesticides, elevating new heights of pesticide research and development in China.

- Precision spraying technology integrated with open fields has rapidly advanced. Unmanned aerial vehicles for plant protection have been widely used, propelling China into a new era of intelligent plant protection.

(3) Agricultural information science

Recently, the rapid development of agricultural information science has been significant progressed in foundational theory, technological research and development, and equipment applications.

- Innovations in information acquisition methods has been enhanced data collection efficiency and accuracy to provide crucial support for agricultural decision-making.

- Significant progress has been made in analytical modeling of agricultural information to provide strong support for improving the efficiency of agricultural production.

- Agricultural information technologies, such as agricultural robots, have been widely applied to propel the overall modernization of agriculture.

(4) Agricultural resources and environment

Significant progress has been achieved in soil fertility improvement and restoration of degraded cropland, efficient rainwater utilization and smart irrigation, synergic development of high yield, green, agricultural waste transformation and utilization, and comprehensive prevention and control of non-point source pollution throughout the entire process and chain. These advancements provide robust technological support for ensuring food security and improving the agriculture and rural ecological environment, and accelerate the comprehensive green transformation and upgrading of agricultural development.

- Agricultural green production technologies such as soil improvement, water and fertilizer conservation have steadily developed to comprehensively enhance the quality of farmland.

- Breakthrough have been made in key technologies such as water-saving irrigation for crops, precision high-efficiency irrigation in farmland, efficient water conveyance in irrigation areas, and efficient use of rainwater in dryland agriculture, providing stable and reliable water resource security for food production.

- Adaptation mechanisms to climate change in agricultural production have been deepened, clarifying the interaction mechanism of climate-crop-management and revealing the extent and process of the impact of climate change on food crop production.

- Advances in agricultural waste utilization technologies, including microbe-enhanced transformation, continuous pyrolysis carbonization, and soil restoration, have led to innovative solutions for waste resource utilization and pollution control, supporting the sustainable development of a new green circular industry chain.

- The prevention and control have been integrated across the entire agricultural process, promoting the coordinated development of sustainable agricultural and environmental protection.

(5) Agricultural biotechnology

Agricultural biotechnology has become a revolutionary technology to reshape the global bio-breeding landscape and the world seed industry. In recent years, China's agricultural biotechnology has been establishing a development pattern of "independent genes, independent technologies, and independent varieties," placing herself at the forefront globally.

- Significant breakthroughs have been made in the theory of agricultural biotechnology, strengthening the capability to innovate in biological breeding.

- Novel breeding technologies have been emerged. Breakthroughs in key technologies like genetic engineering, gene editing, whole-genome selection, and synthetic biology are driving a new wave of technological transformation in the biological seed industry.

- The rapid breakthrough and expansion of biotechnology potential are facilitated by the deep integration of interdisciplinary technologies. This integration is enabling intelligent, efficient, and targeted cultivation of new crop varieties, becoming a characteristic of scientific development.

- Breakthroughs in the cultivation of new varieties for crops, along with the development of new animal vaccines, have enhanced the ability to support industrialization.

(6) Storage, transportation and processing of agricultural products

The storage, transportation and processing of agricultural products play a crucial role in ensuring national food security, supplying essential agricultural products, and supporting initiatives such as rural revitalization, Healthy China, and the strategy of building a manufacturing powerhouse.

- Progress has been made in technologies for the high-value utilization of by-products in grain and oil processing, as well as fine extraction and processing techniques, resulting in reduced grain losses and improved quality.

- Progress has been made in the preservation and transportation of fruits and vegetables. Technologies for efficient separation and analysis of active substances in fruits and vegetables have been developed, advancing comprehensive loss reduction and quality improvement.

- Breakthroughs have been made in the processing, manufacturing, storage and quality evaluation of animal products, as well as the high-value utilization and cell-cultured meat, promoting the iterative upgrading of new production and processing methods.

- Breakthroughs in controlling the quality and safety of aquatic products throughout the entire process of production, processing, and distribution have been made, leading to transformative development in storage, transportation, and processing sectors.

2. Comparison of domestic and international research progress

(1) International comparison based on papers and patents

In the field of Basic Agronomy, Chinese scientific papers excel in both quantity and quality, ranking first in both total publications and the number of highly cited papers. From 2018 to 2022, the global scientific community published 656,649 papers in six basic agronomy disciplines, with China contributing 33% (218,972 papers), showing steady growth. China also leads in the accumulation of highly cited papers, contributing to 50% of the global total.

The output level of Chinese agricultural patents has continuously improved and become a significant force in global agricultural invention patents. From 2013 to 2022, China filed 1.4293 million agricultural invention patent applications, ranking first globally. In the period from 2018 to 2022, China was granted 123,300 agricultural invention patents, accounting for approximately 48% of global granted agricultural invention patents, securing the top position globally.

(2) Crop cultivation and farming system

In the field of crop cultivation and farming system, China's research on high-yield-oriented efficient cultivation and farming techniques is at the forefront of the world. The high-yield creation of three major grain crops is at an international leading level. However, there is a gap between China and the international advanced level in the application and comprehensive promotion of modern agricultural technologies and equipment. Precision and intelligent modern production technologies for crops are just beginning to emerge.

(3) Plant protection

China's plant protection science is overall at an advanced international level, with monitoring early warning, and biological control at the forefront. Research on the patterns of crop diseases and pests is deepening, narrowing the gap with the international advanced level. Core technologies and products for pest control have been upgraded, and the control management theoretical system is increasingly refined, leading internationally in integrated control. However, there is insufficient large-scale promotion of independently developed pesticides. Gaps still exist in areas such as the invasive alien species, new pesticide creation, and intelligent plant protection.

(4) Agricultural information science

China's agricultural information science has certain distinctive advantages compared to developed countries, but there are still gaps in high-end agricultural sensors, multi-modal models for agricultural artificial intelligence, and advanced intelligent agricultural equipment. Some products heavily rely on imports, and there is a lack of original innovation. China has basically established an intelligent agricultural machinery equipment technology and product system that meets domestic agricultural production needs. However, key technologies and core components for agricultural intelligent control and agricultural robots are behind those of developed countries such as the United States, Germany, and Japan.

(5) Agricultural resources and environment

China has reached an advanced international level in areas such as improving land quality, rain-adaptive dryland agriculture, and high-value utilization of agricultural waste. Significant breakthroughs have been made in these themes, with internationally leading scientific and technological achievements in agricultural resources, environment, and green development. However, compared to international standards, further efforts are needed in basic theory and technological research in areas such as the integration and innovative application of agricultural resource and environmental information technologies.

(6) Agricultural biotechnology

China's agricultural biotechnology has made significant progress in basic theory, technological innovation, and product creation, positioning herself at the international forefront. However, further strengthening is needed in areas such as original innovation in different directions, effective application of achievements, depth of development, and iterative upgrading of products.

(7) Storage, transportation and processing of agricultural products

The construction of storage, transportation and processing of agricultural products disciplines in China has made significant breakthroughs, showing certain distinctive advantages compared to developed countries, especially in the continuous innovations of agricultural product processing technology and equipment, and the emergence of precise nutrition personalized future foods. However, there are still gaps in original innovation, especially in multidimensional quality evaluation, low-carbon and intelligent processing, comprehensive utilization of all components, and exploration of basic theories and cutting-edge technologies in precision nutrition.

3. Development trends and prospects

(1) Crop cultivation and farming system

Exploring the potential for high crop yields, improving resource utilization efficiency, and enhancing the synergy between high yields and resource efficiency while reducing environmental costs are key objectives. Actively exploring precise and intelligent crop production technologies, continuously improving the technical level of crop production, and applying modern crop production theories, information technology, and agricultural intelligent equipment to crop production management processes are the key directions for the development of crop cultivation and farming.

(2) Plant protection

Focusing on new patterns and countermeasures for crop diseases and pests that adapt to new situations in agricultural production. The emphasis should be on adapting new theories and methods in plant protection to modern technological developments. Research efforts should address the demands for large-area, long-duration crop pest and disease detection, monitoring, and early warning technologies. There is a need for research and development in new equipment and application technologies for smart plant protection that meet the requirements of automation and intelligence.

(3) Agricultural information science

The trends will focus on major scientific issues and key technical challenges in agricultural information acquisition, processing, utilization and services. In terms of agricultural data acquisition technology, the development is towards intelligence, automation, networking and big data. In agricultural information analysis technology, the emphasis will be on refined, model-based, and integrated approaches. Agricultural information technology will be more deeply integrated into various applications such as agricultural production, management, marketing and services.

(4) Agricultural resources and environment

The interdisciplinary integration of biology and information technology with agricultural resources and environment will promote the iterative upgrading of agricultural resources and environmental science towards digitization and quantification. The application of data-intensive research paradigm in agricultural resources and environment will help to leverage the interdisciplinary advantages, enhance theoretical innovation and key technological breakthroughs. The scenario-driven innovation in agricultural resources and environment is the powerful tools to drive iterative upgrading of technologies to achieve the integrative enhancements of agricultural productivity, resource use efficiency and ecological welfares.

(5) Agricultural biotechnology

Enhancing the original innovation capability of agricultural biotechnology, cloning of genes with significant breeding value, and analysis of the genetic basis and regulatory networks of complex traits will be key areas for breakthroughs in the next step. Agricultural biotechnology will advance towards precision and efficiency. Achieving breakthroughs in gene editing technology, developing new core tools for gene editing, and promoting an intelligent breeding technology system based on multidimensional data collection and mining, guided by data modeling and prediction, will be the focus of future research. Agricultural biotech products will gradually transition to large-scale and industrialized production, with the industrial application of transgenic and gene-edited products continuing to advance.

(6) Storage, transportation and processing of agricultural products

The interdisciplinary and multi-technological integration of biology, information, and engineering sciences will empower the innovative development of agricultural product processing technology, opening up new fields, proposing new theories, developing new methods, and fostering new business models. Breaking through the limitations of natural conditions on agricultural production and expanding food source channels to increase food and energy sources for humanity will be an important direction for development. Accelerating the creation of future processing theories and technological breakthroughs in natural conditions such as arable land, expanding food sources, creating new forms of transformation capabilities, and increasing food and energy sources for humans will be crucial development directions. The construction of the technological system for the agricultural product cold chain logistics, storage, and processing of agricultural products technology systems, the development of efficient, low-consumption, green, and low-carbon processing technologies, driving industrial upgrading and transformation, as well as promoting the nutritional and functional transformation of agricultural product processing, and the promotion of the nutritional and functional transformation of agricultural products are key areas for future technological innovation. Personalized nutrition and health products will be a major focus of future research.

Written by Mei Xurong, Chen Fu, Zhou Xueping, Xu Shiwei, Zhao Lixin, Li Xinhai, Liao Xiaojun, Zhang Qingwen, Zhang Dequan, Dong Zhaohui, Zang Liangzhen, Sun Wei, Tian Ruya, Wang Hongyan, Meng Qingfeng, Yin Xiaogang, Cao Lidong, Liu Wende, Li Jin, Zhang Yong'en, Li Denghua, Liu Lianhua, Ma Youzhi, Li Kui, Zhou Jinhui, Liu Rongzhi, Yang Yunlong, Chen Pengfei, Wang Hongwei, Lu Ning, Ouyang Yuqi

Reports on Special Topics

Advances in Crop Cultivation and Farming System

Crop cultivation and farming system is one of the backbone disciplines in agricultural science. This report summarized the development of theoretical innovation, key technology innovation and the contributions of crop cultivation and farming system in promoting high efficiency and high productivity, increase farmers' income and sustainable development during recent years in China. Moreover, we reviewed the development history of crop cultivation and farming system to further to promote the development of the discipline.

During recent years, the crop cultivation and farming system discipline mainly focused on the following six aspects and has achieved great progress. ① Green-high yield and high-quality and high-efficient cultivation on the three major cereal crops, rice, wheat and maize. ② Transformation of crop production driven by full mechanization, especially on the maize mechanical kernel harvesting technology. ③ Smart crop production based on the modern information technology. ④ Innovative multiple-cropping systems construction, including cereal-legume rotations and the modern intercropping systems. ⑤ Development of the theories and technologies of conservation tillage systems. ⑥ Climate resilience and low-carbon green farming constructions, especially the development of climate smart agriculture.

In general, seven major progress/landmark achievements were achieved in the crop cultivation and farming system discipline during the recent years. ① Chinese Academy of Agricultural

Science acquired landmark achievement on the physiology and molecular mechanism of crop high yield with the results published on Science in 2022. ② Water saving, fertilizer saving, high yield and simplified cultivation technology for the wheat-maize double cropping in the North China Plain. ③ Integration and application of key technologies of multi-cropping system in China. ④ Optimization of crop cultivation techniques adapting to climate change. ⑤ New zoning of farming system based on the big data platform. ⑥ High yield and high quality cultivation techniques of regenerative rice. ⑦ Theory and technology of corn-soybean strip compound planting. These achievements contributed greatly to ensure China's food security and agricultural green development with higher environmental and climatic pressures.

Compared to the international advanced crop production countries, China's crop cultivation and cultivation discipline still has obvious gaps in large-scale streamlining crop production, special quality production, integrated management technology level and diversified market supply based on high and stable yields. Thus the strategic needs in the following years should pay more attention to ① The mechanization and precision for the whole processes of crop cultivation and tillage, ② New farming system adapting to resource-environmental protection and green development, ③ Establish low-carbon green crop production management technology model. The key areas and priority development directions in the discipline includes: ① Precise and intelligent crop production technology. ② Constructions of the composite planting modes and its key technologies for the collaborative improvement of grain and legume productivity. ③ Regulation mechanism and key technologies for the synergistic improvement of crop yield and quality. ④ Precise zoning technology for farming system. ⑤ Climate-smart crop cultivation technologies. ⑥ Sustainable cultivation techniques to enhance the ecological function of farmland. The following strategic thinking and countermeasures were raised for the following few years to promote the development of the crop cultivation and farming system discipline: ① Actively adapt to the new demand of production, fully absorb modern new technology. ② We will continue to strengthen the integrated development of disciplines and expand new research fields. ③ We will strengthen training of innovative personnel and bring them into line with advanced international standards.

Written by Chen Fu, Meng Qingfeng, Yin Xiaogang, Zhou Shiwei

Advances in Plant Protection

Crop productions are often threatened by crop insect pests and diseases worsening the insecurity of food. Globalization has rapidly increased the introduction and threats of invasive pests. Climate change results in a changed suitability of landscapes to pests, further increasing the threat and uncertainty of their impact.

There are many species of crop pests widely distributed in China, which are very complex in occurrence and difficult in prevention and control. They may outbreak suddenly, causing serious damages to crops, and thereby have a significant impact on food security and safety. In the past decades, the development of basic research in plant protection in China has made great advances and profound changes, starting from simple agricultural intervention measures to current integrated, biologically-based and environment-friendly protection measures to effectively prevent and control crop pests. These measures are mainly dependent on the progress of innovation in the following fields: better understanding of the epidemic and migration patterns of major crop pests and diseases, elucidation on mechanisms for causing damages to crop by pests, discovery of novel technology and green products for control of crop diseases and pests, and establishment of surveillance, early warning and control systems for management of crop pests. During the 14th Five-Year Plan period, the planting pattern of agriculture in China changed, new technology emerged constantly, and the subject of plant protection should keep up with the times and innovate continuously to adapt to the new application scene and development stage. Thus, the innovation of the future plant protection research will focus on and give priority to the following directions: ① Study on the new regularity and countermeasures of crop insect pests and diseases adapting to the new situation of agricultural production. ② Study on new theory and method of plant protection adapting to new development of modern science and technology. ③ Research on detection, monitoring and early warning technology of insect pests and diseases to meet the requirements of large-scale and long-term effect. ④ Research and development of new technologies and new products for prevention and control of insect pests and diseases to meet the safety requirements of agricultural products. ⑤ Research and development of intelligent new equipment and application technology for plant protection to meet the requirements of automation and intelligentization.

The fundamental objectives of the future plant protection will be to ensure national food security, comprehensively promote the revitalization of rural areas and accelerate the modernization of agricultural and rural areas. With the improvement of the scientific and technological progress in plant protection, the risk of new outbreaks of pests and diseases can be prevented, the losses of agricultural production caused by major pests and diseases can be controlled, the pests and diseases in crop production systems can be effectively treated and the whole process of pest and disease prevention and control can be made green. In conclusion, development of a full-scale national plant protection technical support system would meet the requirements of the food security and safety and natural environment and contribute to the global sustainable development goals.

Written by Zhou Xueping, Cao Lidong, Liu Wende, Lu Yanhui, Chen Jieyin, Zhang Lisheng, Liu Wanxue, Dong Fengshou, Liu Yang, Chen Xuexin, Pan Lang, Wang Yong, Yan Xiaojing

Advances in Agricultural Information Science

Agricultural Information Science is an emerging discipline formed by the intersection and integration of agricultural science and information science. It is based on agricultural science theory, uses information technology as a means, and takes agricultural related activity information as the object to study the acquisition, processing, analysis, and application of agricultural information. Agricultural information technology has provided a strong driving force for the construction of modern agriculture and new impetus for the progress of agricultural technology. With the continuous progress of agricultural information technology, information, like human capital, land resources, agricultural inputs, etc., is playing a decisive role in agricultural efficiency and industrial competitiveness. According to different dimensions, agricultural information technology research has different classification methods. According to the agricultural information workflow, it can include aspects such as agricultural information acquisition, agricultural information analysis, agricultural information management, and agricultural information services.

Currently, the agricultural Internet of Things, agricultural big data, and agricultural intelligent equipment technology are widely applied in the agricultural field. The new generation of agricultural artificial intelligence technology is flourishing, and the development of agricultural information technology has entered a stage of widespread application. In the field of agricultural information acquisition, intelligent search engine technology provides a fast channel for agricultural information acquisition. The integrated remote sensing information acquisition technology of sky and land has accumulated a massive amount of agricultural remote sensing data, and significant breakthroughs have been made in the research and development of new agricultural specialized sensors. Machine vision technology continues to accelerate the digital transformation of agricultural intelligence. In the field of agricultural information analysis, agricultural production model technology has made significant progress in animal and plant growth mechanisms, precise identification of individuals, growth regulation and decision-making, etc. Agricultural product consumption model technology has made progress in agricultural product demand analysis and prediction, consumption structure analysis and prediction, consumption behavior analysis and prediction, etc. Agricultural monitoring and warning technology has made progress in monitoring and warning theory, key technologies, model algorithms, etc Significant progress has been made in application systems, and agricultural artificial intelligence technology has made significant progress in machine learning, intelligent systems, and agricultural robots. In the field of agricultural information application, the development and application of key technologies in agricultural robots have led to the emergence of a number of unmanned farms, and facility factory production represented by plant factories has been widely applied. The intelligent transformation of animal husbandry has achieved significant results, and digital crop breeding technology has greatly improved breeding efficiency.

The development of agricultural informatization based on the new generation of information technology has become a new driving force for promoting high-quality agricultural development. In the coming years, the key areas and priority development directions of agricultural information science include new high-performance agricultural sensors, basic research and core technologies of agricultural big data, animal and plant growth models and algorithms, and agricultural information services based on artificial intelligence. We need to focus on the major needs of improving agricultural quality, efficiency, and competitiveness, concentrate our efforts on tackling major scientific issues and key technical challenges such as agricultural information acquisition, processing, analysis, and application services, and comprehensively promote the "replacement of human resources by machines", "replacement of human brains by computers", and "replacement of imported technologies by independent technologies" in agriculture.

Written by Xu Shiwei, Li Jin, Zhang Yong'en, Li Denghua, Liu Jiajia,
Wang Yu, Guo Meirong, Fan Beibei, Ren Yaxin

Advances in Agricultural Resources and Environment

Agricultural resource and environment focuses on the interaction between agricultural production and agricultural resource & environment factors (such as soil, water, gas, and biomass) as well as the rational allocation and efficient utilization, in order to maximize the utilization efficiency of agricultural resource and environment factors and minimize the negative impacts on environment. The key directions of agricultural resource and environment mainly include arable land resources, water resources, climate resources, biological resources, agricultural waste resources, and non-point source pollution prevention and control. With the integration and development of agricultural information and biotechnology with agricultural resource and environment science, it will empower the transformation and upgrading of green, low-carbon, and high-quality agricultural development in the future.

This report summarized the development history, development status, significant achievements, and dynamic progress of agricultural resource and environment of China during the period of 2022–2023. This report also concentrated on the representative achievements, such as "soil fertilization and improvement of cultivated land, and rehabilitation of degraded farmland", "water-saving and quality regulating irrigation of crops and efficient utilization of rainwater in drylands", "response mechanisms and adaptation strategies of agriculture to climate change", "comprehensive prevention and control of agricultural non-point source pollution throughout the entire process", "resource utilization and high-value utilization of agricultural waste", and "collaborative regulation of biodiversity and multi trophic level biological interactions by nutrient resources". This report also compared with similar foreign disciplines from six aspects (including quality improvement of arable land, efficient water-saving and circular utilization in agriculture, adaptation and resilience of agricultural environment to climate change, prevention and control of agricultural non-point source pollution, and high-value utilization of agricultural waste and protection of biodiversity), and clarified the overall research level, technical advantages and gaps of the disciplines in the world.

Aiming at the development requirements of the agricultural resource and environment discipline in the future, this report confirmed the key areas and priority development directions for six aspects of this discipline. This report also proposed the strategic thinking and countermeasures for discipline development in the next few years: to strengthen the top-level design and systematic strategic layout of the cross integration of agricultural resources and environment; to integrate the advantages of agricultural resources and environment, and build a new technological innovation system that integrates resources and environment; and to strengthen the capacity building of agricultural resources and environment discipline and build national strategic science and technology forces.

Written by Liu Lianhua, Ge Tida, Zheng Zicheng, Zhang Qingwen, Zhao Lixin

Advances in Agricultural Biotechnology

Agricultural biotechnology refers to the biotechnologies, such as genetic engineering, fermentation engineering, cell engineering, and enzyme engineering etc., used for improving the production characteristics of agricultural organisms, breeding new varieties, and producing biopesticides, fertilizers, and vaccines. Along with the rapid development of genomics, systems biology, synthetic biology, computational biology etc., agricultural biotechnology is reshaping the pattern of international agricultural biotechnology industry, giving birth to new industrial clusters, and giving new driving force to promote future socio-economic development. Recently, Chinese agricultural biotechnology develops rapidly. First, China has made considerable headway in the extent and original innovation of agricultural basic research: the collection and study of germplasm resources are more and more comprehensive, the analysis of genetic basis for traits formation is more and more systematic, and the genetic study of agricultural process evolution is more and more in-depth. Secondly, the development, expansion, and upgrading of agricultural biotechnology are constantly progressing new breeding technologies, such as phenomics and intelligent design, are constantly emerging. The frontier biotechnologies, such as transformation, genome editing, genome-wide selection, and synthetic biology, are promoting the new revolution of biological seed industry. Thirdly, the product of agricultural biotechnology is more and more abundant and sufficient, with maturity constantly improving. However, compared to the international level, the depth of basic agricultural study in China needs to be further strengthened. The original innovation of agricultural biotechnology is insufficient. The industrialization and upgrading of agricultural biotechnology products still lag. In the future, China needs to specify the strategic demands and core areas for agricultural biotechnology development, focus on clone genes with greatly significant breeding value, and dissecting the genetic basis of complex traits. For technologies, we need focus on developing new tools and promoting the original innovation for genome editing technology, promoting the intelligent breeding technology system that assisted by multidimensional data collection and mining, guided by data modeling and prediction. For biotechnology products, we need create innovative seed resources, and accelerate the industrial application of transgenic and genome editing products. Thus, it is necessary to strengthen top-level design, set out systematic strategic plans, build new technological innovation system, for promoting the leapfrog development of technologies. Promote the international cooperation, facilitate the introduction and export of technology, for enhancing the innovative impact of Chinese biological agriculture, and promoting the internationalization of independent intellectual property rights. Build national strategic technological forces, promote the concentration of various superior teams, strengthen the collaboration of multi departments, and form an innovative system with agglomeration efficiency.

Written by Li Xinhai, Gu Xiaofeng, Ma Youzhi, Lai Jinsheng, Li Kui,
Wang Haiyang, Wang Baobao

Advances in Storage, Transportation and Processing of Agricultural Products

The discipline of the Storage, Transportation and Processing of Agricultural Products studies the physical, chemical and biological characteristics of edible animal-based, plant-based and microorganism-based agricultural products during storage, transportation and processing, as well as the scientific and technological issues related to the quality such as nutrition, safety and flavor of the processed products. It mainly includes key areas such as storage and processing technologies and equipment for grains and oils, fruits and vegetables, livestock products and aquatic products.

The future development trends for the Storage, Transportation, and Processing of Agricultural Products include: ① Empowering technological innovation and development in agricultural product processing based on interdisciplinary integration. This includes integrating high-tech technologies like biotechnology, nanotechnology, synthetic biology, intelligent sensing, and digital processing with agricultural product processing technologies. The goal is to create new types of healthy and functional agricultural product processing industries, new resource food manufacturing industries, food-medicine common origin industries, and other new business forms. The combination of big data, cloud computing, blockchain, intelligent manufacturing, and cold chain logistics will also be promoted to achieve intelligent processing, safety control, and precise delivery of agricultural products. ② Creating future processing theories and technological breakthroughs to overcome the limitations on agricultural production caused by natural conditions such as arable land. This will involve exploring new fields, putting forward new theories, and developing new methods. The goal is to expand the sources of food and energy for humans by diversifying the food supply system, improving traditional processing methods, opening new areas of resource processing, and utilizing natural energy cycles. ③ Strengthening cold chain logistics and storage. The construction of cold chain logistics systems for fresh agricultural products like fruits, vegetables, livestock, and aquatic products will be accelerated. This will improve the cross-seasonal and regional supply capacity of agricultural products. Technologies such as green storage, comprehensive pest control, and real-time monitoring of grain conditions will be developed to minimize losses during storage and transportation. The focus will be on establishing low-carbon moderate processing concepts, developing green, efficient, and sustainable processing technologies, and promoting the transformation and upgrading of industries through theoretical and technological innovation. ④ Promoting research on nutrition and functional-oriented agricultural product processing. The public's demand for food will shift towards higher-level demands for nutritional health. The construction of a nutrition-oriented agricultural product processing system will be promoted, with a focus on exploring the nutritional components of various agricultural products and developing nutritional health products. The goal is to break through basic theories on the health effects of functional factors in bulk commodities and develop key technologies for the synthesis, enrichment, and targeted delivery of functional factors. Personalized nutritional health products will be also created to help implement the national strategy of "Healthy China 2030".

Written by Liao Xiaojun, Zhang Dequan, Sui Xiaonan, Hong Hui, Zhao Jing,

Zhang Chunjiang, Dong Yiwei, Wang Junna

索 引